高等学校工科计算机类专业系列教材

数据库设计与开发

（C# 语言版）

主　编　武光明　孙捐利

副主编　石　林　魏　彬　张明书

西安电子科技大学出版社

内 容 简 介

　　本书是编者根据多年来的数据库应用系统项目开发实践及数据库原理教学经验编写而成的。书中对数据库应用系统设计与开发过程作了详细的介绍。全书共 12 章：第 1、2 章简单介绍了 C# 语言基础和面向对象技术基础；第 3 章从软件工程角度描述了一个应用案例——教务管理系统；第 4 章介绍了如何使用数据库设计方法学设计上述案例数据库；第 5、6 章介绍了.NET 环境下数据库开发基础知识；第 7 章介绍了.NET 环境下的对象关系映射框架；第 8、9 章介绍了.NET 环境下的数据加密模型；第 10 章介绍了 Windows 窗体技术及其常用控件；第 11 章介绍了教务管理系统的开发过程；第 12 章介绍了当前比较流行的 API 接口开发。

　　本书可作为"数据库原理与安全"课程的实践教材，也可作为数据库应用系统开发人员的参考书，还可作为本科生毕业设计、课程设计等的指导用书。

图书在版编目(CIP)数据

数据库设计与开发/武光明，孙捐利主编. —西安：西安电子科技大学出版社，2022.8
ISBN 978–7–5606–6519–1

Ⅰ. ①数… Ⅱ. ①武… ②孙… Ⅲ. ①关系数据库系统—高等职业教育—教材
Ⅳ. ①TP311.138

中国版本图书馆 CIP 数据核字(2022)第 105253 号

策　　划　陈　婷
责任编辑　陈　婷
出版发行　西安电子科技大学出版社(西安市太白南路 2 号)
电　　话　(029)88202421　88201467　　　　邮　　编　710071
网　　址　www.xduph.com　　　　　　　　　电子邮箱　xdupfxb001@163.com
经　　销　新华书店
印刷单位　陕西天意印务有限责任公司
版　　次　2022 年 8 月第 1 版　　2022 年 8 月第 1 次印刷
开　　本　787 毫米×1092 毫米　1/16　印张 22
字　　数　522 千字
印　　数　1～1000 册
定　　价　57.00 元
ISBN　978–7–5606–6519–1 / TP
XDUP　6821001–1
如有印装问题可调换

前　言

本书从数据库应用系统实际案例分析出发，详细介绍了数据库的设计过程和数据库应用系统的开发过程。全书共 12 章，从内容上可分为以下 5 个部分：

第一部分包括第 1、2 章，主要介绍编程语言基础和面向对象技术基础。这部分内容简明扼要，仅提纲挈领地介绍了数据库应用系统开发的必备知识，如果读者还想更深入地学习这部分内容，请参阅相关书籍自学。

第二部分包括第 3、4 章，主要介绍数据库设计过程。这部分内容采用循序渐进、逐步扩展的方式，介绍了数据库设计方法学在具体案例中的应用，力求符合数据库设计的基本步骤。

第三部分包括第 5～7 章，主要介绍 .NET 环境下数据库开发的必备知识。这部分内容介绍了 ADO.NET 及 Entity Framework 等数据库开发组件，书中给出了大量代码示例，力求使读者尽快上手去完成一个数据库应用项目。

第四部分包括第 8、9 章，主要介绍数据库安全和数据库加密方面的必备知识。这部分内容介绍了.NET 环境下数据加密相关的组件及加密模型的应用，并且给出了大量的代码示例。

第五部分包括第 10～12 章，主要介绍数据库应用系统开发。这部分针对第二部分设计的数据库，详细地介绍了数据库应用系统项目的开发过程，通过多个业务功能的实现，逐步引导读者真正完成一个数据库应用系统的开发实战。

本书代码示例丰富，每段代码都经过作者亲自调试和测试，经验证无误后才加以引用。

由于编者水平有限，书中可能还存在疏漏和不妥之处，恳请读者批评指正。

编　者
2022 年 5 月

目　录

第 1 章　C#语言基础

　　计算机编程语言的核心语法无外乎数据类型、变量、运算符、表达式和控制语句等，因此，要想掌握一种编程语言，也就要从以上这些方面入手进行学习。C# 是一种纯粹的面向对象的类 C 语言，如果读者对 C、C++ 或者 Java 非常熟悉，通过学习就可以很快掌握它。本书的核心内容是数据库的设计与开发，而非 C# 语言的深入学习。鉴于此，本章旨在梳理 C# 语言的基础知识，而非系统学习 C# 编程，如果读者想掌握更深入的 C#语言知识，可参阅相关书籍。

1.1　一个简单的 C# 程序

　　C#要求所有的程序代码必须包含在一个类型定义之中，与其他语言不同，C#不允许创建全局变量和全局函数。代码清单 1-1 演示了一个简单的控制台应用程序。

　　代码清单 1-1　简单的 Hello Database!程序示例。

```
using System;
namespace SimpleCSharpConsoleApplication
{
    class Program
    {
        static void Main(string[] args)
        {
            Console.WriteLine("Hello Database!");
        }
    }
}
```

　　代码第 1 行，使用 using 指令引用了 System 命名空间，该命名空间包含一些最常用的 .NET 类型。使用 using 指令便于对在其他命名空间中定义的命名空间或者类型的使用。

　　代码第 2 行，使用 namespace 关键字声明一个自定义 SimpleCSharpConsoleApplication 命名空间。命名空间提供了一种以分层的方式来组织 C# 程序和库的方法，命名空间中可以包含若干类型，也可以包含其他命名空间。例如，System 命名空间包含若干类型(如代码中引用的 Console 类)以及若干其他命名空间(如 IO 命名空间)。

代码第 4 行，声明一个 Program 类，所有 C# 代码都必须包含在一个类中。

代码第 6 行，声明 Main 方法，名为 Main 的静态方法将作为程序的入口点。

代码第 8 行，调用 System 命名空间中 Console 类的 WriteLine 方法向控制台输出字符串 "Hello Database!"。如果使用 using 指令引用了某一给定命名空间，就可以通过非限定方式使用该命名空间成员的类型。正是由于代码第 1 行使用了 using 指令，该程序才可以采用 Console.WriteLine 这一简化形式来代替 System.Console.WriteLine 这种完全限定形式。

对 C# 应用程序结构有了大致的了解后，下面将介绍在数据库开发过程中需要使用的 C# 核心语法，如果读者需要详细学习 C# 全部语法内容，可参考相关书籍。

1.2 预定义类型

C# 中的类型有两种：值类型和引用类型。值类型的变量直接包含它们的数据，而引用类型的变量存储对它们数据(称为对象)的引用。对于值类型，每个变量都有其自己的数据副本，因此对一个变量的操作不会影响另一个变量。对于引用类型，两个变量可能引用同一个对象，因此对一个变量的操作可能会影响另一个变量所引用的对象。

1.2.1 内置简单类型

C# 提供一组标准的称为简单类型的预定义结构类型集，用来表示整数、浮点数、布尔值、字符等数据类型。简单类型通过保留关键字标识，而这些关键字仅仅是 System 命名空间中预定义结构类型的别名。由于简单类型是预定义结构类型的别名，这些预定义结构类型均从类 System.ValueType 隐式继承，而类 System.ValueType 又从类 System.Object 继承，所以每个简单类型都有成员，每个简单类型都隐式声明一个称为默认的公共无参数实例构造函数，该默认构造函数返回一个零初始化实例，它就是该简单类型的默认值。

1. 整型

C# 内置 8 种整数类型，分别支持 8 位、16 位、32 位和 64 位整数值的有符号和无符号的形式。表 1-1 显示了这 8 种整数类型的宽度、范围和默认值等。

表 1-1　C# 内置的 8 种整数类型

类型	.NET Framework 类型	位数/位	范　　围	后缀	默认值	是否有符号
sbyte	System.SByte	8	$-128\sim127$	—	0	是
byte	System.Byte	8	$0\sim255$	—	0	否
short	System.Int16	16	$-32\,768\sim32767$	—	0	是
ushort	System.UInt16	16	$0\sim65\,535$	—	0	否
int	System.Int32	32	$-2^{31}\sim2^{31}-1$	—	0	是
uint	System.UInt32	32	$0\sim2^{32}-1$	U 或 u	0U	否
long	System.Int64	64	$-2^{63}\sim2^{63}-1$	L 或 1	0L	是
ulong	System.UInt64	64	$0\sim2^{64}-1$	UL 或 ul	0UL	否

由于 C# 具有一个同一类型系统，因此，所有类型都共享一组通用操作，并且任何类型的值都能够以一致的方式进行存储、传递和操作。代码清单 1-2 演示了这些一致的操作。

代码清单 1-2　整型的一致操作代码示例。

```csharp
static void Main(string[] args)
{
    int a = new int();
    Console.WriteLine("a={0}", a);
    int b = 0;
    Console.WriteLine("b={0}", b);
    int c = int.MaxValue;
    Console.WriteLine("c={0}", c);
    int d = System.Int32.MinValue;
    Console.WriteLine("d={0}", d);
    int e = int.Parse("1234");
    Console.WriteLine("e={0}", e);
    Console.WriteLine("e={0}", e.ToString());
}
```

2. 浮点型

C# 内置两种浮点类型，分别是 32 位单精度型和 64 位双精度型，使用 IEEE 754 格式来表示，这些格式提供以下几组值：

(1) 正零和负零。如果浮点运算的结果对于目标格式太小，则运算结果变成正零或负零。

(2) 正无穷大和负无穷大。如果浮点运算的结果对于目标格式太大，则运算结果变成正无穷大或负无穷大。

(3) 非数字值，缩写为 NaN。如果浮点运算无效，则运算的结果变成 NaN。

(4) 以 $s \times m \times 2^e$ 形式表示的非零值的有限集，其中符号 s 为 1 或 -1，m 和 e 由浮点类型确定：对于 float 类型，$0 < m < 2^{24}$ 并且 $-149 \leqslant e \leqslant 104$；对于 double 类型，$0 < m < 2^{53}$ 并且 $-1075 \leqslant e \leqslant 970$。

表 1-2 显示了这两种浮点类型的宽度、范围和默认值等。代码清单 1-3 演示了浮点数的一些操作。

表 1-2　C#内置的两种浮点类型

类型	.NET Framework 类型	位数/位	大致范围	后缀	默认值	有效数字
float	System.Single	32	$\pm 1.5 \times 10^{-45} \sim \pm 3.4 \times 10^{38}$	F 或 f	0.0F	7 位
double	System.Double	64	$\pm 5.0 \times 10^{-324} \sim \pm 1.7 \times 10^{308}$	D 或 d	0.0D	15～16 位

代码清单 1-3 浮点数的操作代码示例。

```
static void Main(string[] args)
{
    float f1 = float.MaxValue;
    Console.WriteLine("f1={0}", f1);
    float f2 = float.MinValue;
    Console.WriteLine("f2={0}", f2);
    double d1 = System.Double.MaxValue;
    Console.WriteLine("d1={0}", d1);
    double d2 = System.Double.MinValue;
    Console.WriteLine("d2={0}", d2);
    Console.WriteLine("f3={0}", float.Epsilon);
    Console.WriteLine("f4={0}", float.Parse("1234.5678"));
    Console.WriteLine("d3={0}", double.Epsilon);
    Console.WriteLine("d4={0}", double.PositiveInfinity);
}
```

3. decimal 类型

decimal 类型的有限值集的形式为 $s \times c \times 10^{-e}$，其中符号 s 是 0 或 1，系数 c 由 $0 \leqslant c < 2^{96}$ 给定，小数位数 e 满足 $0 \leqslant e \leqslant 28$。与浮点数不同，decimal 类型不支持有符号的零、无穷大或 NaN。对于绝对值小于 1.0m 的 decimal 类型，它的值最多精确到第 28 位小数。对于绝对值大于或等于 1.0m 的 decimal 类型，它的值精确到小数点后第 28 或 29 位。十进制小数数字(如 0.1)可以精确地用 decimal 类型表示，而在浮点型中，这类数字通常变成无限小数。与浮点型相比，decimal 类型具有较高的精度，但取值范围较小。因此，从浮点型到 decimal 类型的转换可能会产生溢出异常，而从 decimal 类型到浮点型的转换则可能导致精度损失。表 1-3 显示了 decimal 类型的宽度、范围和默认值等。代码清单 1-4 演示了 decimal 类型的一些操作。

表 1-3　内置的 decimal 类型

类型	.NET Framework 类型	位数/位	大致范围	后缀	默认值	有效数字
decimal	System.Decimal	128	$\pm 1.0 \times 10^{-28} \sim \pm 7.9 \times 10^{28}$	M 或 m	0.0M	28～29 位

代码清单 1-4 decimal 类型的操作代码示例。

```
static void Main(string[] args)
{
    decimal d1 = 123.456M;
    Console.WriteLine("d1={0}", d1);
    Console.WriteLine("d2={0}", decimal.MaxValue);
    Console.WriteLine("d3={0}", decimal.MinValue);
    decimal d4 = decimal.Parse("123.456");
```

```
Console.WriteLine("d5={0}", decimal.ToDouble(d4));
Console.WriteLine("d6={0}", decimal.Negate(d4));
}
```

4. char 类型

char 关键字用于声明.NET Framework 使用 Unicode 字符表示 System.Char 结构的实例，char 类型的值是 16 位数字，其默认值为 '\0'。char 类型的常数可以写成字符、十六进制换码序列或 Unicode 表示形式，也可以显式转换整数字符代码。代码清单 1-5 演示了字符类型的一些操作。

代码清单 1-5　字符类型的操作代码示例。

```csharp
static void Main(string[] args)
{   //在下面的示例中，4 个 char 变量使用同一字符 X 初始化
    char[] chars = new char[4];
    chars[0] = 'X';              //字符
    chars[1] = '\x0058';         //十六进制换码序列
    chars[2] = (char)88;         //显式转换整数字符代码
    chars[3] = '\u0058';         //Unicode 表示形式
    foreach (char c in chars)
    {
        Console.WriteLine(c);
    }
    //处理 char 值的静态方法
    Console.WriteLine(char.IsNumber('8'));
    Console.WriteLine(char.ToUpper('c'));
}
```

5. bool 类型

bool 关键字是 System.Boolean 的别名，用于声明变量来存储布尔值 true 或 false，bool 变量的默认值为 false。在 C++ 中，bool 类型的值可转换为 int 类型的值，也就是说，false 等效于零值，而 true 等效于非零值。在 C# 中，不存在 bool 类型与其他类型之间的相互转换。

1.2.2　内置引用类型

C# 提供两种预定义的引用类型：object 和 string。

1. object 类型

关键字 object 是预定义类 System.Object 的别名。在 C# 中，object 类型是所有其他类型的最终基类，所有内置类型和用户定义类型都是直接或间接从 object 类型派生而来的。object 类型主要有两个用途：

(1) 可以使用 object 引用来绑定任何特定子类型的对象。

(2) object 类型实现了许多通用的基本方法，派生类可以重写其中的某些方法。

2. string 类型

关键字 string 是预定义类 System.String 的别名。string 类型是直接从 object 继承的密封类类型，string 类的实例表示 Unicode 字符串。尽管 string 是引用类型，但对 string 对象进行相等(或者不等)的比较是为了比较 string 对象的值，而不是对象的引用。代码清单 1-6 演示了 string 对象的比较操作，之所以先输出 true 后输出 false，是因为字符串 a 和 b 的内容是相同的，但是 a 和 b 引用的不是同一个字符串的实例。

代码清单 1-6　string 对象比较代码示例。

```
static void Main(string[] args)
{
    string a = "Hello Database";
    string b = "Hello";
    b = b + " Database";
    Console.WriteLine(a == b);          //此行输出 true
    //下面这行输出 false
    Console.WriteLine((object)a == (object)b);
}
```

C# 字符串是不可改变的。在代码清单 1-6 中，字符串对象 b(初始值为"Hello")被创建后，尽管从语法上看似乎改变了其内容，但实际上，编译器会创建一个新字符串对象("Hello Database")来保存新的字符序列，并且将此新字符串对象赋给 b，原来的字符串对象"Hello"将被垃圾回收器回收。

1.3　枚举和结构

枚举和结构是由用户自定义的两种值类型。

1.3.1　枚举

枚举类型使用 enum 关键字声明，它是由一组称为枚举数列表的命名常量组成的独特的值类型。代码清单 1-7 声明并使用一个名为 Color 的枚举类型，该枚举具有 3 个常量值，即 Red、Green 和 Blue。

代码清单 1-7　枚举类型及其应用示例。

```
using System;
namespace EnumTypeExample
{
    enum Color
    {
        Red,
        Green,
```

```
        Blue
    }
class Program
{
    static void PrintColor(Color color)
    {
        switch (color)
        {
            case Color.Red:
                Console.WriteLine("Red");
                break;
            case Color.Green:
                Console.WriteLine("Green");
                break;
            case Color.Blue:
                Console.WriteLine("Blue");
                break;
            default:
                Console.WriteLine("Unknown color");
                break;
        }
    }
    static void Main(string[] args)
    {   Color c = Color.Red;
        PrintColor(c);
        PrintColor(Color.Blue);
        int i = (int)Color.Blue;
        Console.WriteLine("i={0}", i);
        Color c2 = (Color)2;
        PrintColor(c2);
    }
}
```

　　每个枚举类型都有一个相应的整型类型，称为该枚举类型的基础类型，如果没有显式声明基础类型，则该枚举类型所对应的基础类型是 int。默认情况下，第一个枚举数的值为 0，后面每个枚举数的值依次递增 1，比如代码清单 1-7 中，Color.Red 的值为 0，Color.Green 的值为 1，Color.Blue 的值为 2。可以使用强制类型转换将枚举值转换为整型值，反之亦然。

　　也可以显式声明枚举类型的基础类型，或者更改枚举数的默认值。代码清单 1-8 声明了一个名为 Alignment 基础类型为 sbyte 的枚举类型。

代码清单 1-8   声明 Alignment 枚举类型示例。

```
enum Alignment : sbyte
{
    Left = -1,
    Center = 0,
    Right = 1
}
```

1.3.2　结构

结构类型使用 struct 关键字声明。与类相似，结构是可以包含数据成员和函数成员的一种数据结构。与类不同的是，结构是值类型，而类是引用类型。结构类型的变量直接存储该结构的数据，而类类型的变量则存储对动态分配的对象的引用。对小型数据结构而言，使用结构比使用类节省内存。代码清单 1-9 将二维坐标系内的一个点 Point 定义为结构。

代码清单 1-9   声明 Point 结构类型示例。

```
using System;
namespace StructTypeExample
{
    struct Point
    {
        public int x, y;
        public Point(int x, int y)
        {
            this.x = x;
            this.y = y;
        }
    }
    class Program
    {
        static void Main(string[] args)
        {
            Point a = new Point(10, 10);
            Point b = a;
            a.x = 20;
            Console.WriteLine("b.x={0}", b.x);
            Console.WriteLine("a.x={0}", a.x);
        }
    }
}
```

　　结构的实例化可以使用 new 运算符，也可以不使用 new 运算符。即便使用了 new 运算符，也并不进行内存动态分配并返回对它的引用，而是直接返回结构值本身。对于上述代码，结构变量 a 和 b 都有自己的数据副本，对变量 a 的操作不会影响到变量 b。

1.4　数　　组

　　数组是一种包含若干变量的数据结构，这些变量具有相同的类型，称为数组的元素，数组元素可以通过计算索引进行访问。C# 中数组类型为引用类型，因此数组变量的声明只是为数组实例的引用预留了空间，而实际的数组实例在运行时使用 new 运算符动态创建，new 运算符必须指定所创建数组实例的长度，它在该实例的生存期内是固定不变的。C# 中的数组有 3 种：一维数组、多维数组和交错数组。

1.4.1　一维数组

　　代码清单 1-10 演示了一维数组的声明、初始化和数组元素的引用。
　　代码清单 1-10　　一维数组的应用示例。

```
static void Main(string[] args)
{   // 声明一个数组变量，但不将其初始化
    int[] array1;
    // 创建数组并将数组元素初始化为它们的默认值
    array1 = new int[3];
    // 修改数组元素的默认值
    array1[0] = 1;
    array1[1] = 3;
    array1[2] = 4;
    // 声明数组时将其初始化，可以不指定数组长度
    int[] array2 = new int[] { 1, 3, 5, 7, 9 };
    // 上面语句的简化形式
    int[] array3 = { 1, 3, 5, 7, 9 };
    for (int i = 0; i < array3.Length; i++)
    {
        Console.WriteLine("array3[{0}]={1}", i, array3[i]);
    }
}
```

　　System.Array 类型是所有数组类型的抽象基类型，因此所有数组类型都继承了 System.Array 提供的一些方法，这些方法用于创建、处理、搜索数组并对数组进行排序等。比如上述代码中的 array3.Length 属性将返回一个 int 类型整数，表示数组 array3 中元素的总数。

1.4.2　多维数组

代码清单 1-11 演示了多维数组的声明、初始化和数组元素的引用。

代码清单 1-11　多维数组的应用示例。

```
static void MultiDimensionalArraysTest()
{   //声明一个二维数组并初始化
    int[,] array2D = new int[,] { { 1, 2 }, { 3, 4 }, { 5, 6 }, { 7, 8 } };
    //上述语句的等价用法，初始化时指定两个维度的大小
    int[,] array2D1 = new int[4, 2] { { 1, 2 }, { 3, 4 }, { 5, 6 }, { 7, 8 } };
    //声明一个三维数组并初始化
    int[,,] array3D = new int[,,] { { { 1, 2, 3 }, { 4, 5, 6 } }, { { 7, 8, 9 }, { 10, 11, 12 } } };
    // 上述语句的等价用法，初始化时指定三个维度的大小
    int[,,] array3D1 = new int[2, 2, 3] { { { 1,2,3 }, { 4, 5, 6 } }, { { 7, 8, 9 }, { 10, 11, 12 } } };
    // 访问数组元素
    Console.WriteLine(array2D[0, 0]);
    Console.WriteLine(array2D[0, 1]);
    Console.WriteLine(array2D[1, 0]);
    Console.WriteLine(array2D[1, 1]);
    Console.WriteLine(array2D[3, 0]);
    Console.WriteLine(array3D1[1, 0, 1]);
    Console.WriteLine(array3D[1, 1, 2]);
    // 获取多维数组中所有维度中的元素总数
    Console.WriteLine("array3D.Length={0}", array3D.Length);
    // 获取多维数组的维数
    Console.WriteLine("array3D.Rank={0}", array3D.Rank);
    // 获取指定维度中的元素数
    Console.WriteLine("array3D.GetLength(0)={0}", array3D.GetLength(0));
}
```

1.4.3　交错数组

多维数组的每一维必须有一致的大小。交错数组是数组构成的数组，每一维度可以大小不同。代码清单 1-12 演示交错数组的应用。

代码清单 1-12　交错数组的应用示例。

```
static void JaggedArraysTest()
{   // 声明交错数组
    int[][] arr = new int[2][];
    // 初始化
    arr[0] = new int[5] { 1, 3, 5, 7, 9 };
```

```
arr[1] = new int[4] { 2, 4, 6, 8 };
// 遍历数组元素
for (int i = 0; i < arr.Length; i++)
{
    Console.Write("Element({0}): ", i);
    for (int j = 0; j < arr[i].Length; j++)
    {
        Console.Write("{0}{1}", arr[i][j], j == (arr[i].Length - 1) ? "" : ", ");
    }
    Console.WriteLine();
}
}
```

1.5　类 和 对 象

类是一种构造，通过使用该构造，可以将其他类型的变量、方法和事件组合在一起，从而创建自己的自定义类型。类就像一个蓝图，它定义类型的数据和行为。

1.5.1　类的声明

类使用 class 关键字进行声明，代码清单 1-13 声明了一个 Point 类，用来表示二维空间中的一个点。

代码清单 1-13　类的声明示例。

```
namespace ClassTypeExamples
{   /// <summary>
    /// 提供有序的 x 坐标和 y 坐标整数对
    /// 该坐标对在二维平面中定义一个点
    /// </summary>
    public class Point
    {   // 字段，是与类的实例关联的变量
        private int x;
        private int y;
        // 静态只读字段，是与类关联的变量
        // 表示一个 Point，其 X 和 Y 值设为零
        public static readonly Point Empty = new Point();

        // 属性，获取或设置此 Point 的 X 坐标
        public int X
        {
```

```
        get { return x; }
        set { this.x = value; }
    }
    // 属性，获取或设置此 Point 的 Y 坐标
    public int Y
    {
        get { return y; }
        set { this.y = value; }
    }
    // 属性，获取一个值，该值指示此 Point 是否为空
    // 如果 X 和 Y 均为 0，则为 true；否则为 false
    public bool IsEmpty
    {
        get { return this.X == 0 && this.Y == 0; }
    }
    /// <summary>
    /// 默认实例构造函数，初始化一个 Point 类的空实例
    /// </summary>
    public Point()
    {
        this.x = 0;
        this.y = 0;
    }
    /// <summary>
    /// 实例构造函数，用指定坐标初始化 Point 类的新实例
    /// </summary>
    /// <param name="x">该点的水平位置</param>
    /// <param name="y">该点的垂直位置</param>
    public Point(int x, int y)
    {
        this.x = x;
        this.y = y;
    }
    /// <summary>
    /// 实例方法，将此 Point 平移指定的 Point
    /// 此方法将此 Point 的 X 和 Y 值分别调整为
    /// 此 Point 的 X 和 Y 值与 p 之和
    /// </summary>
    /// <param name="p">偏移量表示的 Point</param>
```

```csharp
public void Offset(Point p)
{
    this.X += p.X;
    this.Y += p.Y;
}
/// <summary>
/// 实例方法,将此 Point 平移指定的量
/// </summary>
/// <param name="dx">偏移 X 坐标的量</param>
/// <param name="dy">偏移 Y 坐标的量</param>
public void Offset(int dx, int dy)
{
    this.X += dx;
    this.Y += dy;
}
/// <summary>
/// 重写方法，将此 Point 转换为可读字符串
/// </summary>
/// <returns>返回(X,Y)形式的字符串</returns>
public override string ToString()
{
    return "(" + this.X + "," + this.Y + ")";
}
/// <summary>
/// Point.Equality 运算符，比较两个 Point 对象
/// 此结果指定两个 Point 对象的 X 和 Y 属性值是否相等
/// 如果 left 和 right 的 X 和 Y 值均相等，则为 true; 否则为 false
/// </summary>
/// <param name="left">要比较的 Point</param>
///<param name="right">要比较的 Point</param>
/// <returns></returns>
public static bool operator ==(Point left, Point right)
{
    if (left.X == right.X
        && left.Y == right.Y)
        return true;
    else
        return false;
}
```

```
/// <summary>
/// Point.Inequality 运算符，比较两个 Point 对象
/// 指定两个 Point 对象的 X 或 Y 属性的值是否不等
/// 如果 left 和 right 的 X 属性值或 Y 属性值不等，则为 true；否则为 false
/// </summary>
/// <param name="left">要比较的 Point</param>
/// <param name="right">要比较的 Point</param>
/// <returns></returns>
public static bool operator !=(Point left, Point right)
{
    if (left.X != right.X || left.Y != right.Y)
        return true;
    else
        return false;
}
}
}
```

1.5.2　创建对象

类和对象是不同的概念。类定义了对象的类型，但它不是对象本身。对象是类的具体实体，有时称为类的实例。通过使用 new 关键字可以创建对象。

类是一种引用类型。创建类的对象时，对象赋值变量只保存对该内存的引用。将对象引用赋给新变量时，新变量引用的是原始对象。通过一个变量做出的更改将反映在另一个变量中，因为两者引用同一数据。代码清单 1-14 演示了 Point 对象的创建及其使用。

代码清单 1-14　对象的创建与使用示例。

```
public static void CreatePointObject()
{   // 使用默认构造函数实例化 point1
    Point point1 = new Point();
    Console.WriteLine(point1.ToString());
    // 使用实例构造函数实例化 point2
    Point point2 = new Point(3, 5);
    Console.WriteLine(point2.ToString());
    // 使用静态只读字段初始化 point3
    Point point3 = Point.Empty;
    Console.WriteLine(point3.ToString());
    // 使用运算符比较相等
    if (point1 == point3)
        Console.WriteLine("point1 == point3");
```

```
else
        Console.WriteLine("point1 != point3");
// 使用运算符比较不等
if (point1 != point2)
        Console.WriteLine("point1 != point2");
else
        Console.WriteLine("point1 == point2");
// 通过属性改变坐标后，比较是否相等
point1.X = 3;
point1.Y = 5;
if (point1 == point2)
        Console.WriteLine("point1 == point2");
else
        Console.WriteLine("point1 != point2");
// 通过调用方法改变坐标后，比较是否相等
point3.Offset(3, 5);
if (point3 == point2)
        Console.WriteLine("point3 == point2");
else
        Console.WriteLine("point3 != point2");
}
```

1.5.3　类的继承性

继承是指一个对象直接使用另一对象的属性和方法。代码清单 1-15 声明了一个 Point3D 类，用来表示三维空间中的一个点，它继承了 Point 类的成员。

代码清单 1-15　类的继承示例。

```
namespace ClassTypeExamples
{   /// <summary>
    /// 提供有序的 x 坐标、y 坐标和 z 坐标，在三维坐标系中定义一个点
    /// </summary>
    public class Point3D : Point
    {
        private int z;
        public static readonly Point3D Empty = new Point3D();
        public int Z
        {
            get { return z; }
```

```csharp
        set { this.z = value; }
    }
    public bool IsEmpty
    {
        get { return base.IsEmpty && this.Y == 0; }
    }
    public Point3D() : base()
    {
        this.z = 0;
    }
    public Point3D(int x, int y, int z) : base(x, y)
    {
        this.z = z;
    }
    public void Offset(Point3D p)
    {
        this.X += p.X;
        this.Y += p.Y;
        this.Z += p.Z;
    }
    public void Offset(int dx, int dy, int dz)
    {
        base.Offset(dx, dy);
        this.Z += dz;
    }
    public override string ToString()
    {
        return "(" + this.X + "," + this.Y + "," + this.Z + ")";
    }
    public static bool operator ==(Point3D left, Point3D right)
    {
        if (left.X == right.X && left.Y == right.Y && left.Z == right.Z)
            return true;
        else
            return false;
    }
    public static bool operator !=(Point3D left, Point3D right)
    {
```

```
        if (left.X != right.X || left.Y != right.Y || left.Z == right.Z)
            return true;
        else
            return false;
    }
  }
}
```

代码清单 1-16　测试类的继承特性示例。

```
public static void InheritanceTest()
{
    Point3D point3d1 = new Point3D();
    Console.WriteLine(point3d1.ToString());
    Point3D point3d2 = new Point3D(3, 4, 5);
    Console.WriteLine(point3d2.ToString());
    Point3D point3d3 = Point3D.Empty;
    Console.WriteLine(point3d3.ToString());
    Console.WriteLine(point3d3.IsEmpty);
    point3d3.Offset(3, 4, 5);
    Console.WriteLine(point3d3.ToString());
    Console.WriteLine(point3d3.IsEmpty);
}
```

1.5.4　类的多态性

多态指同一个实体同时具有多种形式，用于改写对象的行为。在 C# 语言中，接口的多种不同的实现方式即为多态。代码清单 1-17 演示了类的多态性。

代码清单 1-17　测试类的多态性示例。

```
public static void PolymorphismTest()
{
    Point point;
    point = new Point(3, 4);
    Console.WriteLine(point.ToString());
    point = new Point3D(3, 4, 5);
    Console.WriteLine(point.ToString());
}
```

1.5.5　类的成员

类具有表示其数据和行为的成员。类的成员包括在类中声明的所有成员，以及在该类的继承层次结构中的所有类中声明的所有成员。基类中的私有成员被继承，但不能从派生类访问。表1-4列出了类中可包含的成员类型。

表1-4　类 的 成 员

成　　员	说　　明
常量	与类关联的常量值
字段	类的变量
方法	类可执行的计算和操作
属性	与读写类的命名属性相关联的操作
索引器	与以数组方式索引类的实例相关联的操作
事件	可由类生成的通知
运算符	类所支持的转换和表达式运算符
构造函数	初始化类的实例或类本身所需的操作
析构函数	在永久丢弃类的实例之前执行的操作
类型	类所声明的嵌套类型

1.5.6　访问修饰符

所有类型和类型成员都具有可访问性级别，用来控制是否可以在程序集的其他代码中或其他程序集中使用它们。表1-5列出可能使用的5种访问修饰符。

表1-5　访 问 修 饰 符

可访问性	含　　义
public	访问不受限制。同一程序集中的任何其他代码或引用该程序集的其他程序集都可以访问该类型或成员
private	只有同一类或结构中的代码可以访问该类型或成员
protected	只有同一类或结构或者此类的派生类中的代码才可以访问的类型或成员
internal	同一程序集中的任何代码都可以访问该类型或成员，但其他程序集中的代码不可以
protected internal	由其声明的程序集或另一个程序集派生的类中任何代码都可访问的类型或成员

1.5.7　静态类和静态成员

静态类与非静态类基本相同，但存在一个区别：静态类不能被实例化。换言之，不能使用 new 关键字创建静态类的变量。因为没有实例变量，所以要使用类名来访问静态类的成员。创建静态类与创建仅包含静态成员和私有构造函数的类基本相同。私有构造函数阻止类被实例化。静态类是密封的，不可被继承。静态类不能包含实例构造函数，但可以包含静态构造函数。

非静态类可以包含静态的方法、字段、属性或事件。即使没有创建类的实例，也可以调用该类中的静态成员。无论对一个类创建多少个实例，它的静态成员都只有一个副本。静态方法和属性不能访问其包含类型中的非静态字段和事件，并且不能访问任何对象的实例变量，除非在方法参数中显式传递。

常见的做法是声明具有一些静态成员的非静态类，而不是将整个类声明为静态类。静态字段有两个常见的用法：一是记录已实例化对象的个数，二是存储必须在所有实例之间共享的值。

1.6　接　　口

一个接口定义一个协定。实现某接口的类或结构必须遵守该接口定义的协定。接口可以包含方法、属性、事件和索引器，但接口本身不提供它所定义的成员的实现。一个接口可以从多个基接口继承，而一个类或结构可以实现多个接口。

1.6.1　接口声明

接口只指定实现该接口的类或结构必须提供的成员。

代码清单 1-18　接口声明示例。

```
namespace InterfaceExamples
{
    public interface IPerson
    {
        string Id { get; set; }
        string Name { get; set; }
        string Address { get; set; }
        void ShowMessage();
    }
}
```

1.6.2　接口实现

若要实现接口成员，实现类的相应成员必须是公共的、非静态的，并且具有和接口相同名称和签名的成员。

代码清单 1-19　类 Student 实现接口 IPerson 示例。

```
namespace InterfaceExamples
{
    public class Student : IPerson
    {
        private string id;
```

```csharp
        private string name;
        private string address;
        public Student(string id, string name, string address)
        {
            this.id = id;
            this.name = name;
            this.address = address;
        }
        public string Id
        {
            get { return this.id; }
            set { this.id = value; }
        }
        public string Name
        {
            get { return this.name; }
            set { this.name = value; }
        }
        public string Address
        {
            get { return this.address; }
            set { this.address = value; }
        }
        public void ShowMessage()
        {
            System.Console.WriteLine("我是一名学生," +
                "我的学号是{0}, 姓名是{1}, 住址是{2}",
                this.id, this.name, this.address);
        }
    }
}
```

代码清单 1-20　类 Teacher 实现接口 IPerson 示例。

```csharp
namespace InterfaceExamples
{
    public class Teacher:IPerson
    {
        public string Id
        {
```

```
            get;
            set;
        }
        public string Name
        {
            get;
            set;
        }
        public string Address
        {
            get;
            set;
        }
        public Teacher(string id, string name, string address)
        {
            this.Id = id;
            this.Name = name;
            this.Address = address;
        }
        public void ShowMessage()
        {
            System.Console.WriteLine("我是一名老师，" +
                "我的教师号是{0}，姓名是{1}，住址是{2}",
                this.Id, this.Name, this.Address);
        }
    }
}
```

1.6.3　接口测试

代码清单 1-21　使用接口实现多态示例。

```
public static void Main(string[] args)
{   // 测试接口和多态
    IPerson person;
    person = new Student("2012001", "张三", "教学区");
    person.ShowMessage();
    person = new Teacher("2012001", "张三", "家属区");
    person.ShowMessage();
}
```

1.7　语　　句

1.7.1　if 语句

if 语句用来实现分支结构，在 C# 中 if 语句可以采用两种基本形式：

(1) if-else 语句。其代码结构如下：

```
if (condition)
{
    then - statements;
}
else
{
    else-statements;
}
```

(2) 只有 if 语句，没有 else 语句。其代码结构如下：

```
if (condition)
{
    then - statements;
}
```

1.7.2　switch 语句

switch 语句包含一个或多个开关部分，每个开关部分包含一个或多个 case 标签，后接一个或多个语句。其代码结构如下：

```
switch (caseSwitch)
{
    case 1:
        statements-1;
        break;
    case 2:
        statements-2;
        break;
    default:
        default statements;
        break;
}
```

1.7.3　while 语句

(1) while 循环。while 语句执行一个语句或语句块，直到指定的表达式计算为 false。while 表达式的测试在每次执行循环前发生，因此 while 循环执行零次或更多次。当 break、goto、return 或 throw 语句将控制权转移到 while 循环之外时，可以终止该循环。若要将控制权传递给下一次迭代但不退出循环，即可使用 continue 语句。

(2) do…while 循环。与 while 语句不同的是，do-while 循环会在计算条件表达式之前执行一次。

1.7.4　foreach 语句

foreach 语句对实现 IEnumerable 或 IEnumerable<T>接口的数组或对象集合中的每个元素重复一组嵌入式语句。可以在 foreach 块的任何点使用 break 关键字跳出循环，或使用 continue 关键字进入循环的下一轮迭代。

foreach 语句用于循环访问集合，以获取需要的信息，但不能用于在源集合中添加或移除项，否则可能产生不可预知的负面影响。如果需要在源集合中添加或移除项，则必须使用 for 循环。

代码清单 1-22　对数组使用 foreach 示例。

```
int[] numbers = { 4, 5, 6, 1, 2, 3, -2, -1, 0 };
foreach (int i in numbers)
{
    System.Console.Write("{0} ", i);
}
```

代码清单 1-23　使用 foreach 访问集合类示例。

```
List<string> names = new List<string>();
names.Add("Mary");
names.Add("Sunny");
foreach (string name in names)
{
    Console.WriteLine(name);
}
```

本 章 小 结

本章简单介绍了 C# 语言的基本语法，包括变量、数组、结构、类和接口等；同时还介绍了基本的语句结构，包括选择结构和循环结构。本章力求让读者对 C# 语言有一个直观的认识，如果需要应用 C# 更高级的功能，可参阅相关参考书。

思 考 题

1. 定义一个类，实现栈的功能。
2. 定义一个类，实现线性表的功能。
3. 定义一个类，实现集合的功能。
4. 使用 foreach 语句测试第 2 题中对线性表的遍历。
5. 使用 foreach 语句测试第 3 题中对集合元素的遍历。

第 2 章 面向对象技术基础

面向对象与面向过程的分离开始于需求分析阶段，面向对象分析与设计和传统的结构化设计在本质上是不同的。面向对象技术建立在很好的工程基础之上，它的要素简称为"对象模型"，包括抽象、封装、模块化、层次结构、类型、并发和持久等要素，面向对象技术将这些要素以一种相互配合的方式结合起来。本章介绍面向对象技术最基本的概念，它是开发高效数据库应用系统的基础。

2.1 对象模型基础

结构化的设计方法指导开发人员利用算法作为基本构建块来构建复杂系统，面向对象设计方法利用类和对象作为基本构建块，指导开发人员探索基于对象和面向对象编程语言的表现力。

1. 面向对象编程

面向对象编程(Object-Oriented Programming，OOP)是一种实现方法，在这种方法中，程序被组织成许多组相互协作的对象，每个对象代表某个类的一个实例，而类则属于一个通过继承关系形成的层次结构。这个定义具有 3 个要点：

(1) 利用对象作为面向对象编程的基本逻辑构建块，而不是利用算法；

(2) 每个对象都必须是某个类的一个实例；

(3) 类与类之间可以通过继承关系联系在一起。

2. 面向对象设计

面向对象设计(Object-Oriented Design，OOD)是一种设计方法，包括面向对象分解的过程和一种表示法，这种表示法用于展现被设计系统的逻辑模型和物理模型、静态模型和动态模型。这个定义包含两个要点：

(1) 面向对象设计导致了面向对象分解；

(2) 面向对象设计使用不同的表示法来表达系统逻辑设计和物理设计的不同模型以及系统的静态特征和动态特征。

3. 面向对象分析

面向对象分析(Object-Oriented Analysis，OOA)是一种分析方法，这种方法利用从问题域的词汇表找到的类和对象来分析需求。

面向对象分析的结果可以作为面向对象设计的模型，面向对象设计的结果可以作为蓝图，利用面向对象编程方法最终实现具体的系统。

2.2 类 与 对 象

2.2.1 对象的本质

(1) 一个对象是一个具有状态、行为和标识符的实体。结构和行为类似的对象定义在它们共同的类中。

(2) 对象的状态包括这个对象的所有属性以及每个属性当前的值。

(3) 行为是对象在状态改变和消息传递方面的动作和反应的方式。

(4) 标识符是一个对象的属性，它用来区分这个对象与其他所有对象。

2.2.2 对象之间的关系

对象不是孤立存在的，一个对象通过与其他对象协作，共同实现系统的行为。在面向对象的分析和设计中有两种对象关系特别重要，分别是链接关系和聚合关系。

(1) 链接关系：表示对象之间物理或逻辑上的联系。一个对象通过与其他对象的关联与其他对象进行协作。通常表现在一个对象请求另一个对象的服务，或者从一个对象导航到另一个对象。

(2) 聚合关系：表示一个对象是另一个对象的一部分。聚合表示一种整体与局部的层次结构，提供了从整体导航到部分的能力。

链接表达了对象之间的一种松耦合关系，聚合则表示了整体对各个部分的一种封装，在具体应用中，究竟是使用链接还是使用聚合需要折中考虑。

2.2.3 类的本质

类是一组对象，它们拥有共同的结构、共同的行为和共同的语义。

一个对象就是类的一个实例，在系统中扮演某个角色，而类则记录了所有相关对象的共同结构和行为。因此，类的作用就是在一种抽象类型和所有它的实例之间建立起契约。

2.2.4 类之间的关系

类和对象一样，也不是孤立存在的。总体来说，有 3 种基本的类关系。

(1) 关联关系：表示某种语义上的依赖关系。关联关系是最常见的关系，也是语义上最弱的一种关系。

(2) 继承关系：表示"是一种"的关系，代表了一般/特殊关系。

(3) 聚合关系：表示"组成部分"的关系，代表了整体/部分关系。

2.2.5 类与对象的关系

类和对象既是相互独立的概念，又密切相关。具体来说，每个对象都是某个类的一个实例，每个类都有零个或多个对象。在具体应用中，类是静态的、相对稳定的，对象通常会频繁地被创建和销毁。

2.3　面向对象三大机制

人类认识世界的思维总是针对一个个具体的客观事物来认识，包括它的形状、大小等属性，以及行为、功能、动作等。从宏观角度讲，面向对象方法是将世界看作一个个相互独立的对象，这些对象相互之间具有一定的关系；从微观角度说，这些独立的对象有着一系列奇妙的特性，比如封装、继承、多态等特性。

1. 封装——隐藏内部实现

隐藏对象的属性和实现细节，对外仅公开接口，控制在程序中属性的读取和修改的访问级别；将抽象得到的数据和行为相结合，形成一个有机整体，也就是将数据与数据操作进行有机结合，形成"类"，其中数据和操作都是类的成员。

封装的目的是增强安全性和简化编程，使用者不必了解具体的实现细节，只需通过外部接口，以特定的访问权限来使用类的成员。

2. 继承——复用现有代码

继承使现有代码具有可重用性和可扩展性。其成员被继承的类称为"基类"或"超类"，继承这些成员的类称为"派生类"或"子类"。

3. 多态——改写对象行为

多态指同一个实体同时具有多种形式。多态意味着一个对象有着多重特征，可以在特定的情况下，表现不同的状态，从而对应着不同的属性和方法。在面向对象语言中，接口的多种不同的实现方式即为多态。

2.4　面向对象设计原则

SOLID 是面向对象设计中几个重要编码原则的首字母缩写，应用这些编码原则，能提高代码适应变更的能力。

1. 单一职责原则

单一职责原则(the Single Responsibility Principle，SRP)要求：开发人员所编写的代码有且只有一个变更理由。如果一个类有多个变更理由，那么它就具有多个职责。多职责类应该被分解为多个单职责类。

2. 开放封闭原则

开放封闭原则(the Open Closed Principle，OCP)要求：软件实体应该允许扩展，但禁止修改，也就是说，它对扩展是开放的，而对修改是封闭的。

对于扩展是开放的，意味着模块的行为是可以扩展的。当应用程序的需求改变时，可以对其模块进行扩展，使其具有满足那些需求变更的新行为。

对于修改是封闭的，即对模块行为进行扩展时，不必改动该模块的源代码或二进制代码。模块的二进制可执行版本，无论是可链接的库、DLL 还是 Java 的.jar 文件，都无须改动。

3. 里氏替换原则

里氏替换原则(the Liskov Substitution Principle，LSP)要求：如果 S 是 T 的子类型，那么所有 T 类型的对象都可以在不破坏程序的情况下被 S 类型的对象替换。

4. 接口分离原则

接口分离原则(the Interface Segregation Principle，ISP)要求：不能强迫用户依赖那些他们不使用的接口，换句话说，使用多个专门的接口比使用单一的总接口要好。

5. 依赖注入原则

依赖注入原则(the Dependency Inversion Principle，DIP)要求：高层模块不应该依赖于低层模块，二者都应该依赖于抽象；抽象不应该依赖于细节，细节应该依赖于抽象。

2.5　设　计　模　式

每一个设计模式都描述了一个不断重复发生的问题，以及该问题解决方案的核心。这样，开发人员就能一次次地使用该方案而不必做重复的劳动。面向对象设计模式解决的是类与相互通信的对象之间的组织关系，包括它们的角色、职责、协作方式等。

从使用目的来看，设计模式分为创建型模式、结构型模式和行为型模式 3 类。创建型模式主要负责对象的创建，结构型模式主要用来处理类与对象之间的组合，行为型模式用来解决类与对象之间交互的职责分配。

从使用范围来看，设计模式分为类设计模式和对象设计模式。类设计模式处理类与子类之间的静态关系，对象设计模式处理对象之间的动态关系。

本　章　小　结

设计面向对象软件比较困难，而设计可以复用的面向对象软件更加困难。面向对象三大机制可以表达面向对象的所有概念，但它并没有刻画出面向对象的核心思想。开发人员可以用这三大机制设计出好的面向对象软件，也可以设计出差的面向对象软件。所谓好的面向对象设计，是指那些能够应对变化并提高复用的设计。本章介绍的面向对象设计原则和设计模式都是软件工程应用中的经验总结，其基本思想是保持组件之间的松耦合，需要读者在应用中不断揣摩、消化和理解。

思　考　题

1. 设计一个集合接口。
2. 设计一个线性表，实现第 1 题的集合接口。
3. 设计一个集合类，实现第 1 题的集合接口。
4. 设计一个简单程序，充分应用面向对象特性和思想。

第 3 章　案例介绍与需求分析

本章将从软件工程角度来描述一个实际案例——教务管理系统，着重讲述系统的需求分析过程，包括业务功能分析及其主要流程分析。案例的分析将遵循软件工程开发的特点，本书中的实例均来自本案例。

3.1　案　例　介　绍

3.1.1　项目描述

教务管理系统是实现教务管理信息化的重要手段，它能够保证教务信息的准确性，减少相关环节的工作量，提高工作效率。本项目研发具有课程管理、教员管理、学员管理、考试管理和教学评价功能的教务管理系统，构建由机关、学院和教研室协同工作的教学管理机制，使用数据库设计和开发工具实现符合需求的教务管理系统软件项目。

3.1.2　项目目标

本项目进行教务管理系统数据库设计及其相关功能的软件开发，在实施过程中将达到如下目标：

(1) 完成教务管理系统需求分析，构建系统功能结构图；

(2) 完成系统数据库概念结构设计，构建 E-R 图；

(3) 完成系统数据库逻辑结构设计，构建关系模型；

(4) 完成系统数据库物理结构设计，构建数据库和基本表；

(5) 设计系统访问权限，提高系统访问安全性；

(6) 设置维护计划并进行数据库备份，提高系统稳定性；

(7) 设计教务管理系统界面；

(8) 实现教务管理系统功能。

3.2　系　统　需　求　分　析

需求分析是设计数据库的起点，它是整个设计过程的基础，也是最困难、最耗时的一步。需求分析的结果是否能准确反映用户的实际要求，将直接影响到后续各个阶段的设计。

3.2.1 系统业务分析

教务管理系统是典型的管理信息系统(Management Information System，MIS)，系统开发的内容主要包括两个方面：后台数据库的建立、维护和前台应用程序的开发。对于后台，要求建立符合一致性、完整性和安全性的高性能数据库。对于前台，要求应用程序具备功能完备、方便使用等特点。系统开发的总体任务是实现各种信息的规范化、系统化和自动化。

根据项目描述和实际情况，经过分析，将教务管理系统功能细分为基础信息管理、考务管理和教学评价 3 个子模块，如图 3.1 所示。

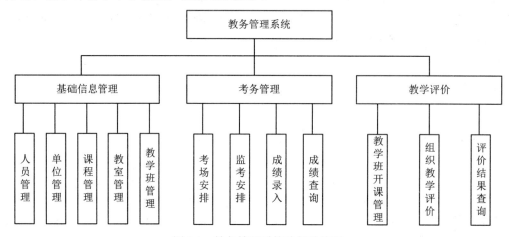

图 3.1　教务管理系统功能结构图

1. 基础信息管理子模块

该子模块主要管理变化不太频繁、相对稳定的基础数据。

(1) 人员管理：系统涉及的人员主要包括学员、教员和机关管理人员。人员管理的功能主要涉及两个方面：一是系统提供对人员类型的维护，及对不同类型人员的增、删、改操作；二是不同类型的人员在系统中登录账户的角色权限管理，如图 3.2 所示。

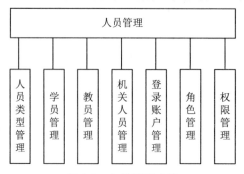

图 3.2　人员管理功能

(2) 单位管理：系统涉及的单位主要包括机关、二级学院、教研室、学员大队、学员队等，为简化系统功能，根据实际编制情况，将单位按隶属关系分级进行管理。其中，一级单位为学校；二级单位包括一办七处及其各部、各学院、各中心；三级单位包括教研室和学员大队；四级单位为学员队。

(3) 课程管理：教学大纲和人才培养方案涉及的所有课程信息的增、删、查、改操作，在考务管理和教学评价中要使用。

(4) 教室管理：所有教学楼和实验楼等供学员上课的教室信息的增、删、查、改操作，在考务管理中要使用。

(5) 教学班管理：教学班信息的增、删、查、改操作，在考务管理和教学评价中要使用。

2. 考务管理子模块

该子模块主要管理与考试相关的工作。

(1) 考场安排：为简化系统功能，假设某个教学班的所有学员都安排在同一个考场参加考试，考场安排实际上就是维护教室、教学班和课程之间的一组对应关系。

(2) 监考安排：为简化系统功能，假设所有的监考任务都由教员担任，监考安排实际上是维护某一考场和数名教员之间的一组对应关系。

(3) 成绩录入：成绩的录入由任课教员完成，要求任课教员只能给自己担负的课程及其相应教学班的学员录入成绩。

(4) 成绩查询：实现各种常见条件下的成绩查询功能。

3. 教学评价子模块

该子模块主要管理学员评教相关的工作。

(1) 教学班开课管理：为简化系统功能，开课管理可以看作简单的课表管理，主要维护教学班、课程、任课教员和教室之间的一组对应关系，该信息在教学评价、成绩录入中需要使用。

(2) 组织教学评价：为简化系统功能，教学评价功能被设计为某学员给所在教学班上课的所有教员打分的过程。

(3) 评价结果查询：实现各种常见条件下的教学评价结果查询功能。

3.2.2　数据字典范例

数据字典是系统中各类数据描述的集合，是进行详细的数据收集和数据分析所获得的主要成果，在数据库设计中占有非常重要的地位。

数据字典通常包括数据项、数据结构、数据流、数据存储和处理过程 5 个部分。其中，数据项是数据的最小组成单位，若干个数据项可以组成一个数据结构。数据字典通过对数据项和数据结构的定义来描述数据流、数据存储的逻辑内容。

1. 数据项示例

数据项是不可再分的数据单位。对数据项的描述通常包括以下内容：

数据项描述 = {数据项名，含义说明，别名，数据类型，长度，取值范围，取值含义，
　　　　　　　与其他数据项的逻辑关系，数据项之间的联系}

以学生学号为例，其数据项可以描述如下：

　　数据项：学号

含义说明：唯一标识每位学员

别名：学员编号、学生编号

数据类型：字符串

长度：12 字符

取值范围：000000000000～999999999999

取值含义：以"902021528001"为例，前 5 位表示学校代码，比如 90202 代表×大学；6、7 两位表示入学年份，比如 15 表示 2015 年入学，即 15 级学员；8、9 两位表示学员队的编号，比如 28 表示 28 队；最后 3 位表示以学员队为单位的顺序编号。

与其他数据项的逻辑关系：学员队编号(8、9 两位)取自四级单位的单位编码。

数据项之间的联系：无

2. 数据结构示例

数据结构反映了数据之间的组合关系。一个数据结构可以由若干个数据项组成，也可以由若干个数据结构组成，或由若干个数据项和数据结构混合而成。对数据结构的描述通常包括以下内容：

数据结构描述 = {数据结构名，含义说明，组成：{数据项或数据结构}}

以课程为例，其数据结构可以描述如下：

数据结构：课程

含义说明：是教务管理系统中的核心数据结构之一，定义了课程的相关信息。

组成：课程编号，课程名称，课程类别，学时，考试类型，开课学期，开课单位，……

3. 数据流示例

数据流是数据结构在系统内传输的路径。对数据流的描述通常包括以下内容：

数据流描述 = {数据流名，含义说明，数据流来源，数据流去向，组成：{数据结构}，平均流量，高峰期流量}

以课程考核成绩为例，其数据流可以描述如下：

数据流名：课程考核成绩

含义说明：学员结束一门课程后的最终考核结果

数据流来源：成绩录入

数据流去向：成绩审核

组成：教员，学员，课程

平均流量：……

高峰期流量：……

4. 数据存储示例

数据存储是数据结构停留或保存的地方，也是数据流的来源和去向之一。对数据存储的描述通常包括以下内容：

数据存储描述 = {数据存储名，含义说明，编号，输入的数据流，输出的数据流，组成：{数据结构}，数据量，存取频度，存取方式}

以成绩登记表为例，其数据存储可以描述如下：

数据存储名：成绩登记表

含义说明：学期结束后，记录学员每门课的考试成绩

编号：教学班编码＋课程编码＋年度＋学期

输入的数据流：成绩审核

输出的数据流：成绩打印

组成：教学班，课程，学员

数据量：$\sum\limits_{i=1}^{n}$课程$_i$×教学班人数

存取频度：……

存取方式：随机存取

5. 处理过程示例

处理过程的具体处理逻辑一般用判定表或判定树来描述。数据字典中只需要描述处理过程的说明性信息，通常包括以下内容：

处理过程描述 = {处理过程名，含义说明，输入：{数据流}，输出：{数据流}，处理：{简要说明}}

以考场安排为例，其处理过程可以描述如下：

处理过程名：考场安排

含义说明：为参加考试的学员安排考场(教室)

输入：课程，教室，教学班

输出：考场安排

处理：在课程结束后，为考试安排考场。要求：同一个教学班的全体学员安排在同一个教室参加考试；每个教室只安排一门课程的考试；同一课程多个教学班开课的，要安排多个考场。

为节省篇幅，这里省略了数据字典中其他部分的描述。

本 章 小 结

本章作为数据库设计的第一步(需求分析)引入教务管理系统案例，明确了整个项目的开发目标。后续章节将依据数据库设计的原则与步骤，详细说明如何设计并开发一个数据库应用系统。数据字典是关于数据库中数据的描述信息，即元数据，而不是数据本身。它是在需求分析阶段建立，在数据库设计过程中不断修改、充实和完善的。数据字典通常包括数据项、数据结构、数据流、数据存储和处理过程 5 个部分，以案例为基础，本章最后给出了这 5 个部分的示例，简要说明如何定义数据字典。

思 考 题

1. 以 2～3 人为一组，展开对"图书管理系统"的需求分析，完成以下各项内容：

(1) 写出项目描述。

(2) 画出系统功能结构图。

(3) 描述主要的数据字典中的 5 个部分。

2. 以 2～3 人为一组，展开对"学员宿舍管理系统"的需求分析，完成以下各项内容：

(1) 写出项目描述。

(2) 画出系统功能结构图。

(3) 描述主要的数据字典中的 5 个部分。

3. 以 2～3 人为一组，自拟项目并展开需求分析，完成以下各项内容：

(1) 写出项目描述。

(2) 画出系统功能结构图。

(3) 描述主要的数据字典中的 5 个部分。

第 4 章　数据库设计与实现

在数据库设计方法学中，设计过程被分成 3 个主要阶段：概念数据库设计、逻辑数据库设计和物理数据库设计。设计方法学的每一个阶段都由若干步骤组成，这些步骤指导设计人员在工程的各个阶段采用相应的技术。本章将针对第 3 章引入的案例，详细介绍数据库的设计过程。

4.1　概念数据库设计

数据库设计的第一阶段称为概念数据库设计，在这一阶段，将根据用户需求建立概念数据模型。在概念数据库设计阶段，仅生成数据库的概念表示，包括实体、联系以及属性的定义，无需考虑目标 DBMS、应用程序、编程语言、硬件平台等实现细节。描述概念数据模型的有力工具是 E-R 图。

4.1.1　标识实体类型

创建概念数据模型的第一步是定义用户关心的主要对象，这些对象就是模型的实体类型。确定实体的主要依据是数据字典中的数据结构。教学管理系统中的基础信息管理子模块涉及的每一个概念基本上都可以看作一个实体，根据系统需求分析，可以确定如下实体类型：

1. 与人员相关的实体

任何一个管理信息系统都是由人来使用的，都离不开对人员的建模。对人员建模看似简单实则复杂得多。教学管理系统中涉及的人员，主要包括学员、教员和机关管理人员三大类。学员分为博士、硕士、本科、大专、专升本等，此外还有任职培训学员；教员分为技术警官、文职干部、非现役文职人员、士官教员、外聘教员等；机关管理人员既有行政警官，又有非现役文职人员。对这些不同类别承担不同职能的人员进行建模，在某种程度上，这个过程依赖于设计人员的判断力和经验。数据库设计人员必须对现实世界做出一定的取舍，并对所建模的业务领域内部情况进行分类。为简化系统功能，与人员相关的实体初步设计如图 4.1 所示，如果设计不合理，则在后续阶段还需要局部调整。

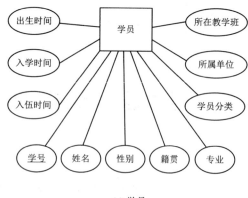

(a) 学员

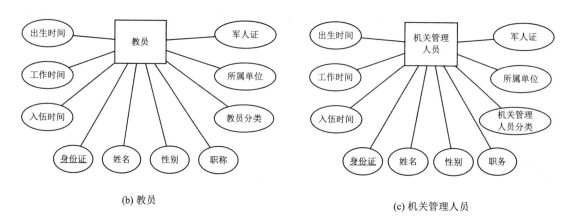

(b) 教员　　　　　　　　　　　　　　　　　(c) 机关管理人员

图 4.1　人员相关实体 E-R 图

2. 与登录账号相关的实体

与登录账号相关的实体初步设计如图 4.2 所示。

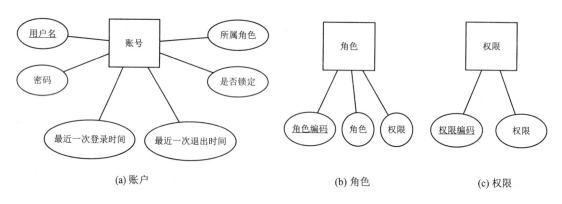

(a) 账户　　　　　　　　　　　　(b) 角色　　　　　　(c) 权限

图 4.2　登录账号相关实体 E-R 图

3. 单位实体

教务管理系统涉及的单位很多，这些单位之间符合层次结构，各层之间存在隶属关系，为简化系统功能，与单位相关的实体初步设计如图 4.3 所示。

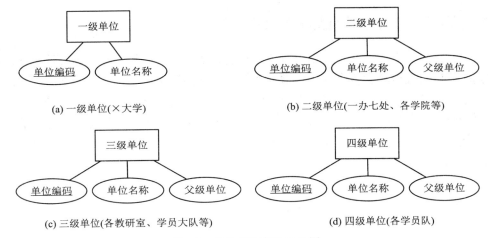

(a) 一级单位(×大学)　　　　　(b) 二级单位(一办七处、各学院等)

(c) 三级单位(各教研室、学员大队等)　　　(d) 四级单位(各学员队)

图 4.3　单位相关实体 E-R 图

4. 课程实体

课程实体初步设计如图 4.4 所示。

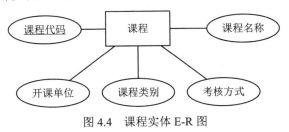

图 4.4　课程实体 E-R 图

5. 教室实体

教室实体初步设计如图 4.5 所示。

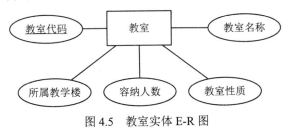

图 4.5　教室实体 E-R 图

6. 教学班实体

教学班实体初步设计如图 4.6 所示。

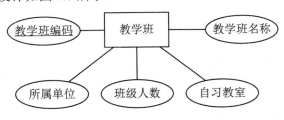

图 4.6　教学班实体 E-R 图

4.1.2 标识联系类型及设计局部 E-R 图

标识实体后，下一步就是标识所有存在于这些实体间的联系。在大多数情况下，联系是二元的，但也应该注意多个实体类型之间的复杂联系和单个实体类型内部的联系。设计人员必须仔细分析，确保识别出需求分析中显式和隐式说明的所有联系。原则上讲，应该检查每一对实体类型，找出所有潜在的联系。对于大型应用来说，这是非常复杂的。在某种程度上，这个过程也依赖于设计人员的判断力和经验。根据需求分析，系统设计了以下局部 E-R 图。

1. 与人员相关的局部 E-R 图

在独立标识人员实体时，每一类人员都具有人员分类属性，该属性实际表达的是人员与人员类别之间的联系，在标识联系时，应当对人员实体作一定的调整(将人员分类属性从人员实体中移除)。根据需求，每一个人员只能属于某一特定的类别，但是属于某具体类别的人员却不止一人，因此该联系是 1：n 的联系，如图 4.7 所示。

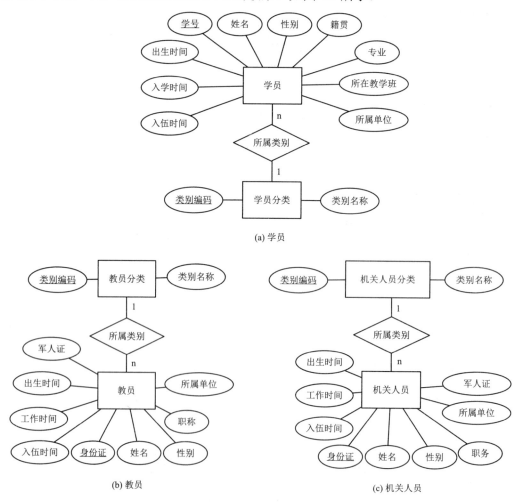

(a) 学员

(b) 教员

(c) 机关人员

图 4.7　人员相关局部 E-R 图

2. 与账号相关的局部 E-R 图

类似地，与账号相关的局部 E-R 图如图 4.8 所示。

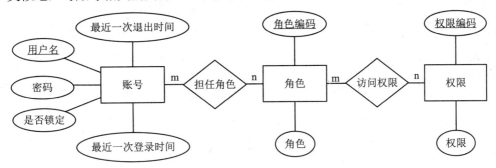

图 4.8　账号相关局部 E-R 图

3. 与单位相关的局部 E-R 图

不同级别的单位之间是层次关系，其局部 E-R 图如图 4.9 所示。

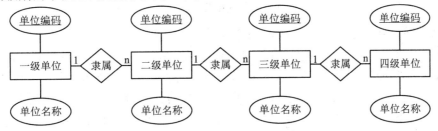

图 4.9　单位相关局部 E-R 图

4. 与考试相关的局部 E-R 图

考试相关部分主要维护教学班、监考老师和教室之间的一组关联关系。其中，同一教学班的学员都在同一教室考试，一个教室只安排某一教学班开设的某一门课程进行考试；每个教室可以安排多名教员监考，每名教员只在一个教室监考。其局部 E-R 图如图 4.10 所示。

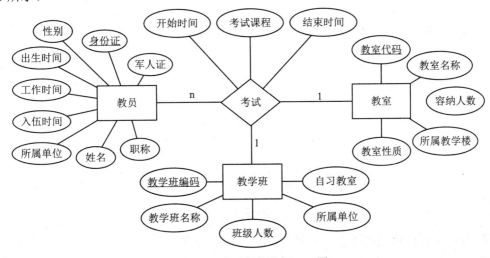

图 4.10　考试相关局部 E-R 图

5. 与成绩相关的局部 E-R 图

与成绩相关的局部 E-R 图如图 4.11 所示。

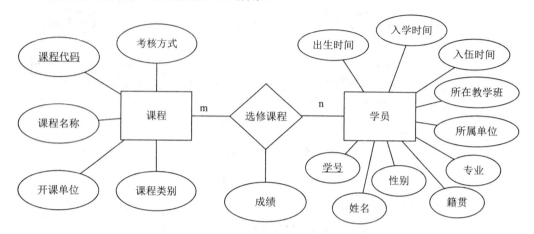

图 4.11　成绩相关局部 E-R 图

6. 与教学班开课相关的局部 E-R 图

教学班开课部分主要维护教学班、课程和任课教员之间的一组关联关系。其中，一个教学班可以开若干门课程，同一课程也可以在不同教学班开课；每名教员可以代几门课程，同一课程也可以被多名教员讲授；每一门课程必须安排上课地点，可以安排在教学班自习教室，也可以安排在实验室、游泳馆等。其局部 E-R 图如图 4.12 所示。

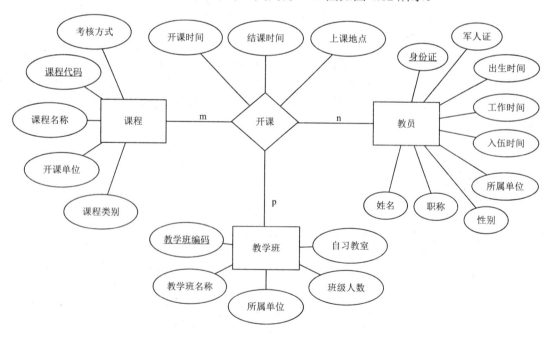

图 4.12　教学班开课相关局部 E-R 图

7. 与教学评价相关的局部 E-R 图

教学评价为某学员给所在教学班上课的所有教员打分的过程，每名学员可以给多名教员打分，每名教员要被多名学员打分，其局部 E-R 图如图 4.13 所示。

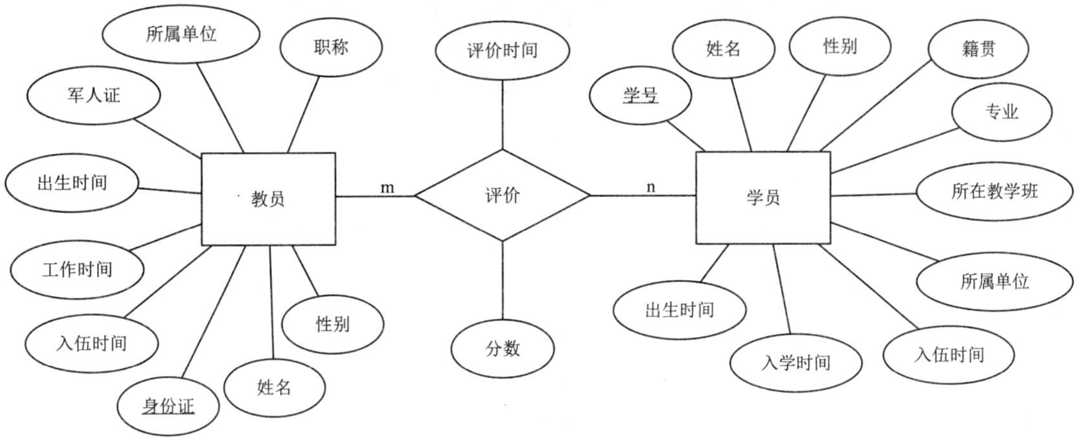

图 4.13　教学评价相关局部 E-R 图

在设计了局部 E-R 图之后，还要检查模型中每个实体和联系是否准确描述了现实世界，确保每一个实体至少参与了一种联系。通常情况下，模型中不应该包含那些未与其他实体发生联系的实体。

4.1.3　对局部 E-R 图的再讨论

在为局部 E-R 图标识实体、联系和属性时，常常会出现遗漏一个或多个实体、联系或属性的情况。比如，为了方便工作，系统中的所有人员可能还需要一个联系方式，这就需要考虑如何来建模"联系方式"。此时，需要返回前面的步骤，记下新标识的实体、联系或属性，重新审查相关的联系，然后修改相应的需求文档或数据字典。

一个特定的对象是实体、属性还是联系并非显而易见，不同设计人员可能有不同的设计理念，但是这些设计都是合理、有效的。因此，在某种程度上讲，设计过程依赖于设计人员的判断力和经验。数据库设计人员必须对现实世界做一定的取舍，并对事物进行分类，直到对设计的局部 E-R 图比较满意为止。

1. 对属性的再讨论

对属性需要讨论的问题包括：是否遗漏属性，属性是否有默认值，属性取值是原子的还是复合的，属性取值只有一个还是可以包含多个，属性取值是不是可以由其他属性导出等。除此之外，还需要对属性域、候选关键字和主关键字做进一步的讨论。

1) 原子/复合属性

原子属性是不可再细分的属性，比如人的"性别"属性。复合属性是由原子属性组成的。判断属性是原子属性还是复合属性取决于用户需求。比如学员信息中的"籍贯"属性，如果用户不需要访问籍贯中的细节，可以将"籍贯"作为一个原子属性。如果用户需要频繁地搜索籍贯为某地的学员，则应将"籍贯"作为复合属性，它由省级行政区、地级行政区和县级行政区 3 个简单属性构成。

具有复合属性的学员实体 E-R 图如图 4.14 所示。

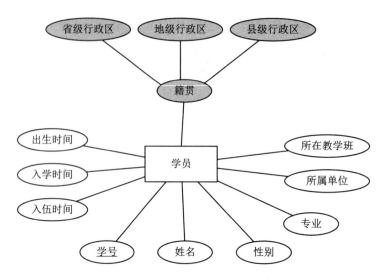

图 4.14　具有复合属性的学员实体 E-R 图

2) 单值/多值属性

大多数原子属性都是单值的，但也有个别属性可以取多个值。比如，考虑为教员(类似机关人员)增加一个"联系方式"属性，用来存储手机号码。有的教员可能只有一个手机号码，而有的教员可能拥有多个手机号码，显然，"联系方式"属性是一个多值属性。

具有多值属性的教员、机关人员实体 E-R 图如图 4.15 所示。

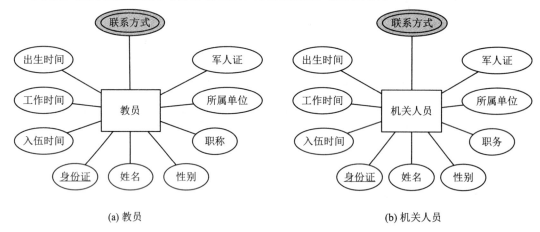

(a) 教员　　　　　　　　　　　　　　　　(b) 机关人员

图 4.15　具有多值属性的教员、机关人员实体 E-R 图

3) 导出属性

其值依赖于其他属性值的属性称为导出属性，典型的示例是"年龄"属性。人的年龄每年都在发生变化，在进行数据库设计时，往往不直接设计"年龄"属性，而是设计"出生时间"属性，因为年龄可以由出生时间计算得到。

导出属性通常不在概念模型中描述。然而，有时导出属性依赖的属性在迭代设计过程中会被修改或移除，此时导出属性必须要在概念模型中描述，以避免潜在的信息丢失。

具有导出属性的教员、机关人员实体 E-R 图如图 4.16 所示。

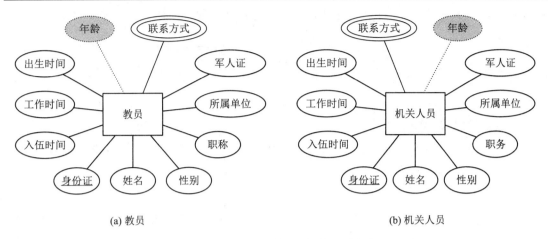

图 4.16 具有导出属性的教员、机关人员实体 E-R 图

4) 属性域

在确定了复合属性、多值属性和导出属性之后,还要为模型中的所有属性确定一个符合用户需求的属性域。对于属性域,需要重点讨论属性合法值的集合及其属性的大小和格式等。以"单位编码"属性为例,单位是按层次分级进行组织的,从一级单位到四级单位的编码是按定长进行编码,还是各级采用不定长度的编码,这取决于实际的需求。

高校内部单位个数总和约有几十到几百个,且单位编制基本稳定,一旦组织数据入库基本很少修改数据。因此,可以考虑将"单位编码"采用 16 位无符号整型数据进行存储,既节省存储空间,又提高了访问效率。但是,这种编码也存在问题,即看到编码值很难确定是什么级别的单位,它的上级单位又是什么,需要单独属性存储其父级单位。

"单位编码"也可以采用不定长度的编码方式,即将二级、三级、四级单位采用"父级单位编码+相对编码"的形式,如果一级单位编码形式为 AA,则二级单位编码形式为 AABB,其中 AA 为其父级单位(一级单位)编码,BB 为二级单位按编制序列形成的两位相对编码,其值为 01~99。与此类似,三级单位编码形式为 AABBCC,其中 AABB 为其父级单位(二级单位)编码,CC 为某二级单位下属的三级单位的两位相对编码;四级单位编码形式为 AABBCCDD,其中 AABBCC 为其父级单位(三级单位)编码,DD 为某三级单位下属的四级单位的两位相对编码。因为这种编码逻辑段具有特殊含义,不需要单独属性去存储父级单位。

5) 候选/主关键字

有的实体比较容易确定候选关键字,有的实体则需要斟酌之后才能确定。主关键字的作用是方便数据库内部操作,有的教材建议为所有实体指定一个无任何语义但具有唯一性的 ID 属性作为其主关键字,这时需要注意,实体原来的候选关键字,除了具有实际语义外,还要保证其唯一性的约束条件。

在确定主关键字的过程中,还需注意一个实体是强实体还是弱实体。如果能为一个实体指定主关键字,就说该实体是强实体,否则为弱实体,弱实体依赖于其他实体而存在。例如,图 4.15 中的多值属性"联系方式"用来存储人员的手机号码或者固定电话号码等,也可以将该多值属性建模为一个实体,该实体本身没有关键字且依赖于人员实体而存在,因此被看作是弱实体。弱实体用双线矩形框表示，如图 4.17 所示。

图 4.17 联系方式弱实体 E-R 图

2. 对实体的再讨论

对实体需要讨论的问题包括是否遗漏实体，是否需要合并实体，是否需要将属性建模为实体，是否使用增强的建模概念等。

1) 建模遗漏实体

对照局部 E-R 图和需求文档，分析当前建立的模型是否符合用户要求，是否有遗漏信息，如果有，则需要返回到前面的步骤，找到新的实体类型，建模新实体的属性集，标识新实体与其他实体的联系。新实体建模完毕，还需要修改相应的需求文档和数据字典。

2) 合并相似实体

有些实体类型表达的概念类似，实体的属性也基本相同，可以考虑将这些实体合并。比如，教务管理系统中的单位实体，每个单位都有一个单位编码和单位名称，多个下级单位都隶属于同一个上级单位，因此可以将单位实体进行合并，合并后的单位实体及单位实体内的联系如图 4.18 所示。

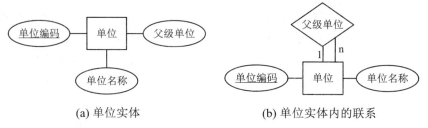

(a) 单位实体　　　　　　　　　(b) 单位实体内的联系

图 4.18 单位实体 E-R 图

3) 将属性建模为实体

通过进一步分析，有些实体的属性取值为某固定集合的元素之一，可以考虑将该属性建模为一个新的实体，原来属性表达的语义可以通过两个实体型之间的联系来刻画。比如，人员实体中的职称、职务、专业、性别，课程实体中的课程类别、考核方式，教室中的教室性质等。

4) 使用增强建模概念

E-R 模型的基本概念已足以对大多数数据库特征进行建模，但是数据库的某些方面可以通过对基本的 E-R 模型进行扩展来表述。通过进一步分析需求，教务管理系统中最复杂的功能之一是人员的管理，我们再来详细讨论与人员相关的实体。首先，三类人员具有很多重复的属性；其次，通过分析，教员和机关管理人员具有更多的相似性，某些人员可能既是教员又是机关管理人员；第三，所有人员必须以一致的模型登录系统，登录系统后根据自己的角色正确使用权限。鉴于此，我们需要更恰当地对人员进行建模。

(1) 对学员重新建模。通过进一步分析，教务管理系统中的学员分为生长警官、现役警官、士官和硕博研究生四大类别。同时，学科专业也是按照这四大类别进行设置的。在四类学员中，现役警官学员没有学号，而其余三类学员有统一编码的学号。因此，在学员实体增加了无具体语义的 ID 属性作为主键。针对这些具体需求，我们考虑使用 EE-R 模型中的"特殊化"概念来对学员实体重新进行建模，新的模型如图 4.19 所示。

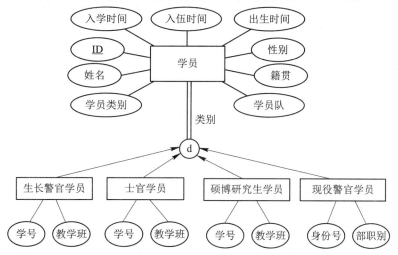

图 4.19　学员实体 EE-R 图

在图 4.19 中，学员实体类型称为超类(概化)，四类学员(生长警官、士官、硕博研究生、现役警官)实体类型称为子类(特殊化)，子类除拥有自己特定的属性外，还具有超类的所有属性。在上述特殊化/概化上存在两类约束，一是超类中的每个成员必须是子类中的成员；二是超类中的每个成员只能是一个子类中的成员，不能是多个子类中的成员。

(2) 对工作人员重新建模。教员和机关管理人员不仅具有相似性，而且同一人员可能既是教员又是机关管理人员。因此，我们考虑使用 EE-R 模型中的"概化"概念，将教员和机关管理人员的共性概化为工作人员(超类)，新的模型如图 4.20 所示。

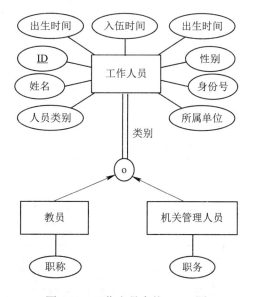

图 4.20　工作人员实体 EE-R 图

在上述特殊化/概化上存在两类约束，一是超类中的每个成员必须是子类中的成员；二是超类中的某些成员可能是多个子类中的成员。

3. 对联系的再讨论

对联系需要讨论的问题包括是否需要将属性建模为联系，已有联系的类型是否正确等。

1) 将属性建模为联系

在对实体的再讨论过程中，我们已经将有些实体的部分属性建模为新的实体，为了保证信息不被丢失，原来的实体类型和新的实体类型之间需要建模为联系。

以学员实体为例，可以将原来的性别、专业、教学班、学员队、类别等属性建模为学员实体和新实体之间的联系，学员局部 E-R 图如图 4.21 所示，为方便表达，图中省略了实体的属性。

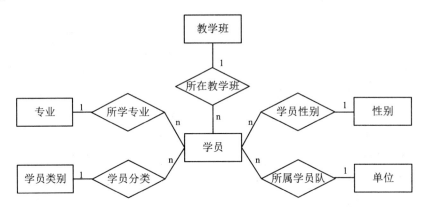

图 4.21　学员局部 E-R 图

工作人员实体与学员实体又有些不同，工作人员在超类和子类中都需要将属性建模为联系，子类不仅继承超类的属性，也继承超类的联系，工作人员局部 E-R 图如图 4.22 所示。

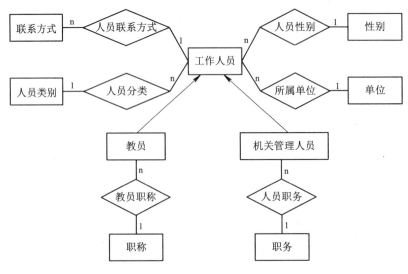

图 4.22　工作人员局部 E-R 图

2) 修改错误的联系

主要检查联系是单个实体类型的递归联系,还是多个实体类型之间的联系,联系有没有属性,联系的多样性是否准确描述等。

4. E-R 图的集成

局部 E-R 图通常由不同人员设计,肯定会存在很多不一致的地方,合并时首先要消除这些不一致。其次,局部 E-R 图中还可能存在一些冗余的数据或者联系,哪些冗余信息必须消除,哪些冗余信息允许存在,需要根据整体需求来确定。最终形成的教务管理系统总E-R 图如图 4.23 所示。

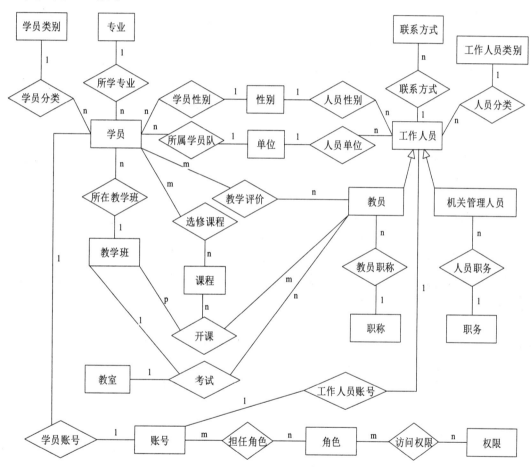

图 4.23 教务管理系统总 E-R 图

4.2 逻辑数据库设计

数据库设计的第二阶段称为逻辑数据库设计,在这一阶段,将根据已有的概念数据模型建立逻辑数据模型。在逻辑数据库设计阶段,需要知道目标 DBMS 是关系模型、网状模型、层次模型还是面向对象模型，但无需考虑 DBMS 的物理实现细节。本节以关系模型为基础，介绍逻辑数据库设计。

4.2.1　E-R 图向关系模型转换

将 E-R 图转换为关系模型的过程称为映射，用一组映射规则来解决具体转换过程中面对的问题。比如，如何将实体和实体之间的联系转换为关系模式，如何确定关系模式的属性，如何确定主键或外键，如何计算导出属性等。

映射规则 1：映射强实体类型。

对于每一个强实体创建一个关系，强实体的候选键作为关系的主键，如果候选键多于一个，选择其中一个作为主键。

映射规则 2：映射简单属性。

对于具有简单属性的实体，将实体映射为关系，将每一个简单属性映射为关系的列。

在教务管理系统中，包含以下具有简单属性的强实体，为方便后续章节使用，我们将映射的关系统一进行编号。

(1) 性别(性别代码，性别)。

(2) 专业(专业代码，专业)。

(3) 职称(职称代码，职称)。

(4) 职务(职务代码，职务)。

(5) 课程(课程代码，课程名称，课程类别，考核方式，开课单位)。

(6) 教室(教室代码，教室名称，教室性质，容纳人数，所属教学楼)。

(7) 教学班(教学班代码，教学班名称，班级人数，所属单位，自习教室)。

(8) 权限(权限代码，权限)。

(9) 角色(角色代码，角色)。

(10) 账号(用户名，密码，是否锁定，最近一次登录时间，最近一次退出时间)。

映射规则 3：映射组合属性。

对于具有组合属性的实体，将实体映射为关系，将组合属性的每一部分都映射为关系的列。

在教务管理系统中，学员"籍贯"是组合属性，将学员实体映射如下关系：

(11) 学员(ID，姓名，性别，学员类别，入学时间，入伍时间，出生时间，所在学员队，籍贯.省，籍贯.市，籍贯.县)。

映射规则 4：映射多值属性。

对于具有多值属性的实体，将多值属性映射为新的关系，并将多值属性从原有实体中移除。在新关系中包含原有实体的主键，作为新关系的外键，新关系的主键是多值属性和原有实体的主键的组合。

在教务管理系统中，如果将工作人员的"联系方式"作为多值属性，将创建如下关系：

(12) 工作人员(ID，姓名，性别，人员类别，出生时间，入伍时间，工作时间，所属单位)。

(13) 联系方式(人员 ID，联系方式)。

映射规则 5：映射弱实体类型。

对于每一个弱实体创建一个关系，包含弱实体的所有简单属性。为了表达弱实体和所有者的联系，在弱实体中需要包含所有者实体的主键作为弱实体的外键，弱实体的主键是弱实体的候选键和所有者实体的主键的组合。

在教务管理系统中，如果将工作人员的"联系方式"作为弱实体，映射结果和作为多值属性一样，在此不再赘述。

映射规则 6：映射多对多二元联系。

为多对多二元联系创建一个新的关系，并包含属于这个联系的所有属性。新关系还包含参与这个联系的两个实体的主键属性，作为新关系的外键，新关系的主键是参与联系的两个实体的主键的组合。

在教务管理系统中，针对所有多对多二元联系，将创建如下关系：

(14) 学员选修课程(学员 ID，课程代码，成绩)，其中：学员 ID 是外键，引用学员(ID)；课程代码是外键，引用课程(课程代码)。

(15) 学员评价教员(学员 ID，教员 ID，分数，评价时间)，其中：学员 ID 是外键，引用学员(ID)；教员 ID 是外键，引用教员(ID)。

(16) 账号担任角色(用户名，角色代码)，其中：用户名是外键，引用账号(用户名)；角色代码是外键，引用角色(角色代码)。

(17) 角色访问权限(角色代码，权限代码)，其中：角色代码是外键，引用角色(角色代码)；权限代码是外键，引用权限(权限代码)。

映射规则 7：映射只有一方强制参与的一对一二元联系。

联系中可选参与的实体被指定为父实体，强制参与的实体被指定为子实体。父实体的主键作为子实体的外键，联系的所有属性也作为子实体的属性。

映射规则 8：映射双方都可选参与的一对一二元联系。

此时有两种处理方式，一是将联系的任意一方指定为父实体，另一方指定为子实体，按映射规则 7 映射；二是可以根据实际语义将联系创建为一个新的关系，按映射规则 6 映射。

映射规则 9：映射双方都强制参与的一对一二元联系。

此时有三种处理方式，一是合并联系的双方为一个新的关系，并选择原实体中的一个主键作为新关系的主键；二是根据实际语义，在联系的任意一方包含另一方的主键作为其主键；三是可以根据实际语义将联系创建为一个新的关系，按映射规则 6 映射。

在图 4.23 中，学员与账号、工作人员与账号之间的联系被设计为 1:1 的联系，实际表达的语义是：每一名学员都分配一个固定的账号，每一个工作人员也都分配一个固定的账号。从这个角度讲，学员实体和工作人员实体都是强制参与的；从账号这一端看，每一个账号，要么是学员的账号，要么是工作人员的账号，不可能存在其他的账号。从这个角度讲，账号实体也可被看作是强制参与的。然而，账号实体实际对应两个不同的表，某个账号，要么和学员对应，要么和工作人员对应，从这个角度讲，也可以把账号实体看作强制参与的，学员实体和工作人员实体被看作是可选参与的。

综合考虑映射规则 7、映射规则 9 及其实际的语义，我们将"学员账号"和"工作人员账号"这两个联系跟账号实体合并，更新账号关系如下：

(10) 账号(<u>用户名</u>，密码，是否锁定，最近一次登录时间，最近一次退出时间，<u>人员类别</u>，<u>人员 ID</u>)，其中：人员类别是外键，引用人员类别(类别代码)；人员 ID 是外键，根据人员类别的取值，分别引用学员(ID)或工作人员(ID)。

映射规则 10：映射多方强制参与的一对多二元联系。

在联系的"多方"实体中加入"1方"实体的主键，作为其外键。

在教务管理系统中，将学员分类、学员性别、所学专业、所在教学班、所在学员队 5 个 1:N 联系和学员实体合并，修改学员实体如下：

(11) 学员(<u>ID</u>，姓名，<u>性别</u>，<u>学员类别</u>，入学时间，入伍时间，出生时间，<u>所在学员队</u>，<u>所学专业</u>，<u>所在教学班</u>，籍贯.省，籍贯.市，籍贯.县)，其中：性别是外键，引用性别(性别代码)；学员类别是外键，引用学员类别(类别编码)；所在学员队是外键，引用单位(单位代码)；所学专业是外键，引用专业(专业代码)；所在教学班是外键，引用教学班(教学班代码)。

将人员性别、人员单位、人员分类 3 个 1:N 联系和工作人员实体合并，修改工作人员实体如下：

(12) 工作人员(<u>ID</u>，姓名，<u>性别</u>，<u>人员类别</u>，出生时间，入伍时间，工作时间，<u>所属单位</u>)，其中：性别是外键，引用性别(性别代码)；人员类别是外键，引用工作人员类别(类别编码)；所属单位是外键，引用单位(单位代码)。

映射规则 11：映射多方可选参与的一对多二元联系。

跟多对多二元联系类似，按映射规则 6 映射。

映射规则 12：映射一对多递归联系。

对于一对多递归联系，在同一个关系中再增加主键属性列，将新增加的列重新命名后作为外键，引用原来的主键。

在教务管理系统中，单位实体之间具有一对多递归联系，将单位实体映射如下关系：

(18) 单位(<u>单位代码</u>，单位名称，<u>父级单位</u>)，其中：父级单位是外键，引用单位(单位代码)。

映射规则 13：映射多对多递归联系。

将多对多递归联系创建为一个单独的关系，按映射规则 6 映射。

映射规则 14：映射多元联系。

为多元联系创建一个新的关系，并包含属于这个联系的所有属性。新关系还包含参与这个联系的所有实体的主键属性，作为新关系的外键，新关系的主键是参与联系的所有实体的主键的组合。

在教务管理系统中，教学班开课和安排考试是多元联系，映射如下关系：

(19) 开课(<u>教学班</u>，<u>课程</u>，<u>任课教员</u>，<u>上课地点</u>，开课时间，结课时间)，其中：教学班是外键，引用教学班(教学班代码)；课程是外键，引用课程(课程代码)；任课教员是外键，引用教员(ID)；上课地点是外键，引用教室(教室代码)。

(20) 考试(<u>教室</u>, <u>教学班</u>, <u>监考</u>, <u>考试课程</u>, 开始时间, 结束时间)，其中：教室是外键，引用教室(教室代码)；教学班是外键，引用教学班(教学班代码)；监考是外键，引用教员(ID)；考试课程是外键，引用课程(课程代码)。

映射规则 15：映射超类/子类联系类型。

对于超类/子类联系，可以将超类实体作为父实体，子类实体作为子实体。将这种联系表示为一个或多个关系有多重选择依据。通常有以下映射规则：

① 为超类实体创建一个关系，为每个子类实体各创建一个独立的关系，每个关系都包含实体各自的所有属性。在子类关系中包含超类实体的主键，子类关系和超类关系使用相同的主键。

② 为每个子类实体各创建一个独立的关系，每个关系包含子类实体各自的所有属性。在所有子类关系中还包括超类实体的主键和超类实体的其他属性，所有子类关系的主键都是超类实体的主键。

③ 为超类实体创建一个关系，包括超类实体的所有属性。为所有子类实体创建一个关系，包含每个子类实体的所有属性，并在子类关系中包含超类实体的主键，子类关系还包含一个或多个标志属性以区别元组类型。子类关系和超类关系使用相同的主键。

④ 创建一个关系，包含超类实体的所有属性，同时包含每个子类实体的所有属性，关系还包含一个或多个标志属性以区别元组类型。关系的主键是超类实体的主键。

综合考虑映射规则 15 及其实际的语义，我们将与人员相关的实体映射为如下关系：

(21) 人员类别(<u>类别编码</u>, 类别含义)，其编码和含义如表 4-1 所示。

表 4-1　人员类别编码及其含义

人员类别编码	人员类别含义
00	系统管理员
01	博士研究生学员
02	硕士研究生学员
03	生长警官学员
04	士官学员
05	现役警官学员
11	教员
12	机关工作人员

(22) 生长警官、士官、研究生学员(<u>ID</u>, 学号, 姓名, <u>性别</u>, <u>学员类别</u>, 入学时间, 入伍时间, 出生时间, <u>所在学员队</u>, <u>所学专业</u>, <u>所在教学班</u>, 籍贯.省, 籍贯.市, 籍贯.县)，其中：性别是外键，引用性别(性别代码)；学员类别是外键，引用人员类别(类别编码)；所在学员队是外键，引用单位(单位代码)；所学专业是外键，引用专业(专业代码)；所在教学班是外键，引用教学班(教学班代码)。

(23) 现役警官学员(<u>ID</u>, 身份号, 姓名, <u>性别</u>, <u>学员类别</u>, 入学时间, 入伍时间, 出生时间, <u>所在学员队</u>, <u>所学专业</u>, 部职别, 籍贯.省, 籍贯.市, 籍贯.县)，其中：性别是外键，引用性别(性别代码)；学员类别是外键，引用人员类别(类别编码)；所在学员队是外键，引用单位(单位代码)；所学专业是外键，引用专业(专业代码)。

(24) 工作人员(<u>ID</u>，身份号，姓名，<u>性别</u>，出生时间，入伍时间，工作时间，<u>所属单位</u>，<u>教员标志</u>，<u>职称</u>，<u>机关人员标志</u>，<u>职务</u>)，其中：性别是外键，引用性别(性别代码)；人员类别是外键，引用工作人员类别(类别编码)；所属单位是外键，引用单位(单位代码)；职称是外键，引用职称(职称代码)；职务是外键，引用职务(职务代码)；教员标志是外键，引用人员类别(类别编码)，值为 11 或 null；机关人员标志是外键，引用人员类别(类别编码)，值为 12 或 null。

4.2.2　关系模型优化

逻辑数据库设计的结果不是唯一的。为了进一步提高数据库应用系统的性能，还应该根据实际需要适当地修改或调整关系模型的结构，这就是关系模型的优化。关系模型的优化通常以规范化理论为指导。需要注意的是，并不是规范化程度越高的关系就越优。现在的计算机比几年前的功能更强大，在实现中用额外的性能成本来获得易用性也是合理的。

4.3　物理数据库设计

数据库设计的最后一个阶段称为物理数据库设计，在这一阶段，将根据全局逻辑数据模型确定数据库的物理实现细节。在物理数据库设计阶段，将定义索引、完整性约束和安全措施等。本节以 SQL Server 2016 为例，创建教务管理系统数据库，为后续数据库开发奠定基础。

4.3.1　SQL Server 简介

SQL Server 是微软公司开发的典型的关系数据库管理系统，包括多种数据管理和分析技术。

1. SQL Server 数据库引擎

SQL Server 数据库引擎是用于存储、处理和保护数据的核心服务，利用数据库引擎可控制访问权限并快速处理事务，从而满足企业内要求极高而且需要处理大量数据的应用需求。使用数据库引擎可以创建多种数据库对象，比如用于存储数据的表和用于查看、管理和保护数据安全的数据库对象(索引、视图和存储过程等)，可以使用 SQL Server Management Studio 管理这些数据库对象。

2. 数据库引擎实例

SQL Server 数据库引擎实例是作为操作系统服务运行的 sqlservr.exe 可执行程序的副本，每个实例管理几个系统数据库以及一个或多个用户数据库。每台计算机都可以运行数据库引擎的多个实例，应用程序连接到数据库引擎的实例，以便在该实例管理的数据库中执行任务。

一个实例可以是默认实例也可以是命名实例。默认实例没有名称，如果某一连接请求仅指定计算机的名称，则建立与默认实例的连接。命名实例是在安装实例时指定实例名称的一种实例，为了连接到该实例，连接请求必须同时指定计算机名称和实例名称。

如果应用程序和数据库引擎实例位于单独计算机上，则应用程序连接通过网络连接运行。如果应用程序和实例位于同一台计算机上，则连接可作为网络连接或内存中连接运行。在完成某一连接后，应用程序跨连接将 Transact-SQL 语句发送给已连接的实例，该实例将这些 Transact-SQL 语句解析为针对数据库中的数据和对象的操作，检索的任何数据都将返回到应用程序。

3. SQL Server Management Studio

SQL Server 管理平台(SQL Server Management Studio，SSMS)是一种集成环境，提供用于配置、监视和管理 SQL Server 实例的工具。SSMS 工具有一个图形用户界面，用于创建数据库和数据库中的对象。SSMS 还具有一个查询编辑器，用于通过编写 Transact-SQL 语句与数据库进行交互。图 4.24、图 4.25 演示了如何打开并使用 SSMS 工具连接到本机数据库引擎的默认实例。

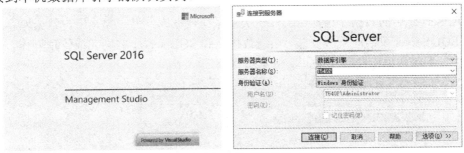

图 4.24　启动与连接到服务器对话框

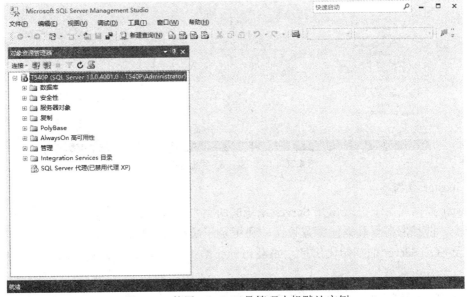

图 4.25　使用 SSMS 工具管理本机默认实例

4.3.2　创建数据库

SQL Server 中的数据库由表的集合组成，这些表用于存储一组特定的结构化数据。表中包含行(也称为记录或元组)和列(也称为属性)的集合。表中的每一列都用于存储某种类型的信息,例如,日期、名称、金额和数字。

1. 数据库对象结构

在数据库中,有一个或多个对象所有权组,称为架构。架构是一种允许对数据库对象进行分组的容器对象,在每个架构中,都存在数据库对象,如表、视图和存储过程等。架构对如何引用数据库对象具有很大的影响,在 SQL Server 中,一个数据库对象通常由 4 个命名部分组成的结构来引用,即:服务器.数据库.架构和数据库对象。

如果应用程序引用了一个没有限定架构的数据库对象,将尝试在用户架构(通常为 dbo)中找出这个对象。例如,引用服务器 T540P 上的数据库 EduAdminDB 中的学生表 student 时,完整的引用格式为 T540P.EduAdminDB.dbo.student。实际应用中,在能够区分对象的情况下,前 3 部分内容可以根据实际情况省略。

2. 系统数据库

SQL Server 中的数据库包括两类,一类是系统数据库,另一类是用户数据库。系统数据库在 SQL Server 安装时就被安装,系统数据库和 SQL Server 共同完成管理操作。在 SQL Server 中,系统数据库共有 4 个,如图 4.26 所示。

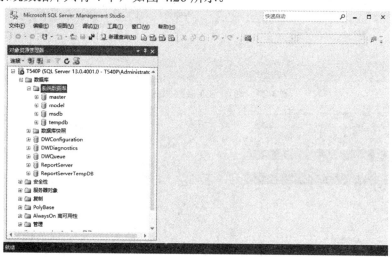

图 4.26　SQL Server 系统数据库

1) master 数据库

master 数据库用于记录 SQL Server 系统的所有系统级信息,不仅包括实例范围的元数据、端点、链接服务器和系统配置设置,还记录了所有其他数据库的存在、数据库文件的位置以及 SQL Server 的初始化信息。如果 master 数据库不可用,则 SQL Server 无法启动。

2) model 数据库

model 数据库是 SQL Server 实例上创建的所有数据库的模板,在创建数据库时,将通过复制 model 数据库中的内容来创建数据库的第一部分,然后用空页填充新数据库的剩余部分。因为每次启动 SQL Server 时都会创建 tempdb 数据库,所以 model 数据库必须始终存在于 SQL Server 系统中。

3) msdb 数据库

msdb 数据库用于 SQL Server 代理计划警报和作业，SQL Server 在 msdb 数据库的表中自动保留一份完整的联机备份与还原历史记录。

4) tempdb 数据库

tempdb 数据库是一个工作空间，用于保存临时对象或中间结果集。tempdb 数据库是一个全局资源，可供连接到 SQL Server 实例的所有用户使用。每次启动 SQL Server 时都会重新创建 tempdb，从而在系统启动时总是保持一个干净的数据库副本。

3. 创建教务管理系统数据库

打开 SSMS 工具，在"对象资源管理器"中，展开默认数据库引擎实例。右键单击"数据库"节点，选择"新建数据库"命令，如图 4.27 所示。

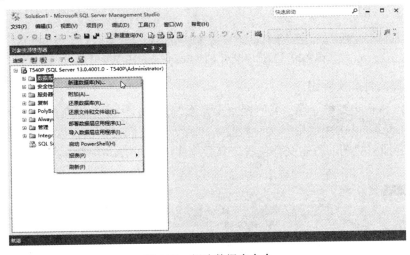

图 4.27　新建数据库命令

在弹出的"新建数据库"对话框的"常规"选项卡中，输入数据库名称 EduAdminDB，其他选项选择默认值，单击"确定"按钮，如图 4.28 所示。

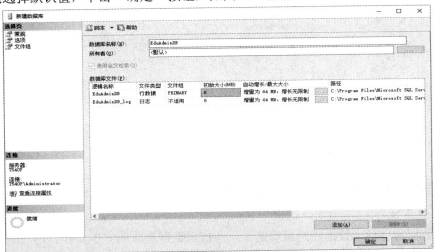

图 4.28　新建数据库对话框

此时，新建数据库将出现在"数据库"节点下面，如图4.29所示。

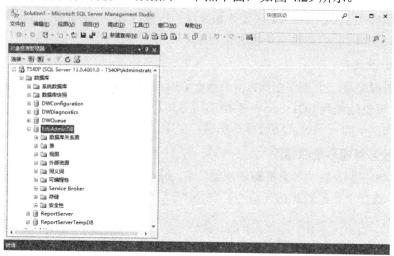

图4.29　数据库节点下的EduAdminDB数据库

4. 数据库文件和文件组

每个SQL Server数据库至少具有两个操作系统文件：一个数据文件和一个日志文件，上节创建的EduAdminDB数据库文件如图4.30所示。数据文件包含数据和对象，例如表、索引、存储过程和视图。日志文件包含恢复数据库中的所有事务所需的信息。

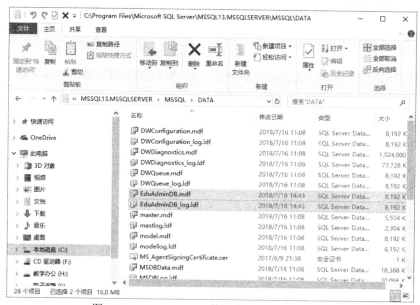

图4.30　EduAdminDB数据库文件和日志文件

SQL Server数据库具有3种类型的文件：

1) 主要文件

主要数据文件包含数据库的启动信息，并指向数据库中的其他文件。用户数据和对象可存储在此文件中，也可以存储在次要数据文件中。每个数据库有一个主要数据文件，主要数据文件的文件扩展名是 .mdf。

2) 次要文件

次要数据文件是可选的，由用户定义并存储用户数据。通过将每个文件放在不同的磁盘驱动器上，次要文件可用于将数据分散到多个磁盘上。另外，如果数据库超过了单个 Windows 文件的最大大小，可以使用次要数据文件，这样数据库就能继续增长。次要数据文件的文件扩展名是 .ndf。

3) 事务日志

事务日志文件保存用于恢复数据库的日志信息。每个数据库必须至少有一个日志文件，事务日志的文件扩展名是 .ldf。

每个数据库有一个主要文件组，此文件组包含主要数据文件和未放入其他文件组的所有次要文件。可以创建用户定义的文件组，用于将数据文件集合起来，以便于管理、数据分配和放置。

可以将数据库的数据文件分别放置在多个磁盘上，并行访问多个磁盘上数据库中的数据。也可以通过指定表所属的文件组来调整数据的存放位置，从而使数据库得到良好的配置。因此使用文件和文件组可以提高数据库的性能。

4.3.3　创建表

创建 EduAdminDB 数据库之后，接下来要做的工作是向该数据库添加表。表是包含数据库中所有数据的数据库对象。数据在表中的逻辑组织是按行和列的格式组织的，每一行代表一条唯一的记录，每一列代表记录中的一个字段。

在"对象资源管理器"中，展开"数据库"节点，然后展开刚创建的 EduAdminDB 数据库。右键单击数据库的"表"节点，然后单击"新建表"命令，将启动表设计器，如图 4.31 所示。

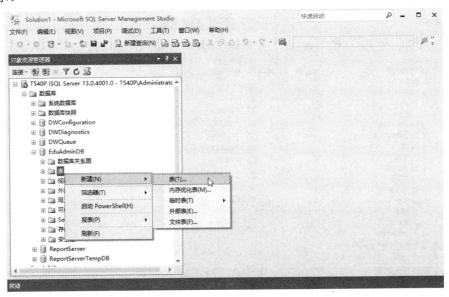

图 4.31　新建表命令

　　键入列名，选择数据类型，并选择各个列是否允许空值。可以在列属性选项卡中，为某个列指定更多属性，如图 4.32 所示。

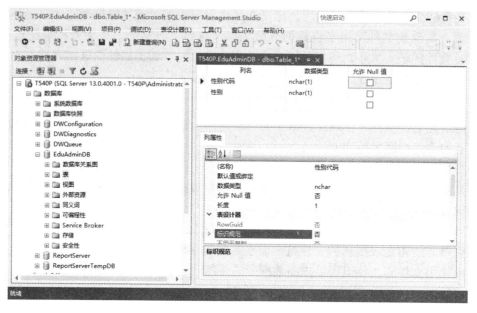

图 4.32　定义性别表结构

　　在"表设计器"中，单击要定义为主键的数据库列的行选择器(若要选择多个列，需在单击其他列的行选择器时按住 Ctrl 键)，右键单击该列的行选择器，然后选择"设置主键"，如图 4.33 所示。最后输入表的名称，保存该表。

图 4.33　为性别表定义主键

　　右键单击"性别"表，在弹出的快捷菜单上选择"编辑前 200 行"命令，在数据显示区域就会显示出这个表中的所有数据，用户可以直接在表中输入或者修改数据，如图 4.34 所示。在某行上右键单击，在弹出的快捷菜单上选择"删除"命令，可以删除该行，如图 4.35 所示。

　　按上述操作，为教务管理系统中所有关系创建相应的表，如图 4.36 所示。

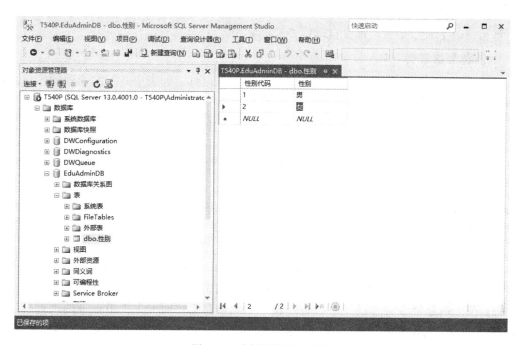

图 4.34　向性别表插入数据

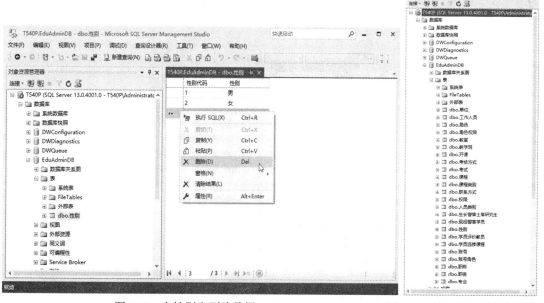

图 4.35　在性别表删除数据　　　　　　　图 4.36　教务管理系统数据库

4.3.4 创建索引

索引是与表关联的磁盘上的结构，包含由表中的一列或多列生成的键，可以加快从表中检索行的速度。表中可以包含两种类型的索引：聚集索引和非聚集索引。聚集索引和非聚集索引都可以是唯一的，这意味着任何两行都不能有相同的索引键值。也可以不是唯一的，即多行可以共享同一键值。

每当修改了表数据后，都会自动维护表的索引。

1. 创建聚集索引

聚集索引基于索引键按顺序排序和存储表中的数据行，即表中各行的物理顺序与键值的逻辑(索引)顺序相同，每个表只能有一个聚集索引。

在 SQL Server 中，在创建主键约束时，如果不存在该表的聚集索引且未指定唯一非聚集索引，则将自动对一列或多列创建唯一聚集索引。

在教务管理系统中，涉及基础数据的表，比如单位、性别、专业、职称、职务、角色、权限、课程、教室、教学班等，这些表中的数据相对比较稳定，为加快查询速度，适合为这些表建立聚集索引。因此创建主键时，已自动为主键列创建了唯一聚集索引，所以对这些表可以使用默认创建的索引。

对于表"生长警官士官研究生"，在实际业务中，更多的业务查询是针对非主键列"学号"，而主键列"ID"仅用于数据库内部的增删改操作。因此，可以删除自动创建的基于主键列的聚集索引，重新为"学号"列创建唯一聚集索引。具体步骤为：

(1) 在"对象资源管理器"中，展开表"生长警官士官研究生"节点下的"索引"节点，右键单击自动生成的聚集索引，在弹出的快捷菜单上选择"删除"命令，删除为"ID"创建的聚集索引(注意此时会同时删除主键列 ID)，如图 4.37 所示。

图 4.37　删除索引

(2) 右键单击"索引"节点，在弹出的快捷菜单上依次选择"新建索引""聚集索引"命令，打开"新建索引"对话框，如图 4.38 所示。

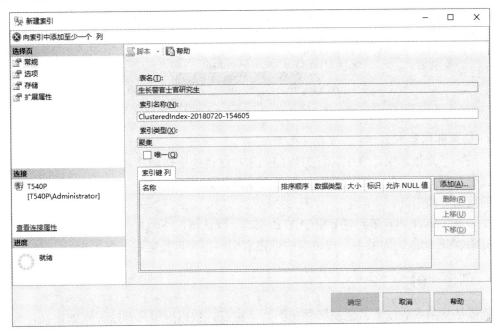

图 4.38　新建索引对话框

(3) 在"新建索引"对话框中，添加索引键列为"学号"列，选中"唯一"选项，并给索引起个名字，然后单击"确定"按钮，如图 4.39 所示。

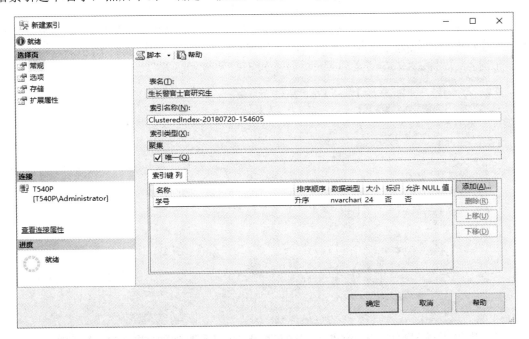

图 4.39　学号列新建聚集索引

(4) 为表重新设置主键并保存修改，此时会自动在主键列创建一个非聚集唯一索引，如图 4.40 所示。

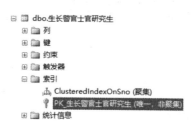

图 4.40　主键列自动创建非聚集唯一索引

2. 创建非聚集索引

如果不是聚集索引，表中各行的物理顺序与键值的逻辑顺序就不匹配。非聚集索引具有独立于数据行的结构，每个索引行都包含非聚集索引键值，每个键值项都有指向包含该键值的数据行的指针。

在 SQL Server 中，在创建 UNIQUE 约束时，默认情况下将创建唯一非聚集索引，以便强制 UNIQUE 约束。如果不存在该表的聚集索引，则可以指定唯一聚集索引。

4.3.5　创建视图

视图是从基本表或者其他视图导出的一个虚表，数据库中只存放视图的定义，而不存放视图对应的数据，这些数据仍然存放在原来的基本表当中。当基本表中的数据发生变化，从视图查询的数据也会随之变化。从这个意义上讲，视图就像一个窗口，透过它可以看到用户自己感兴趣的数据及其变化。

下面以"课程"相关的表为例，创建一个视图。

在"对象资源管理器"中，展开"数据库"节点，然后展开 EduAdminDB 数据库。右键单击数据库的"视图"节点，然后单击"新建视图"命令，如图 4.41 所示。

图 4.41　新建表命令

在"视图设计器"面板添加表，并选择查询的列，然后保存即可，如图 4.42 所示。其对应的 Create View 语句如代码清单 4-1 所示。

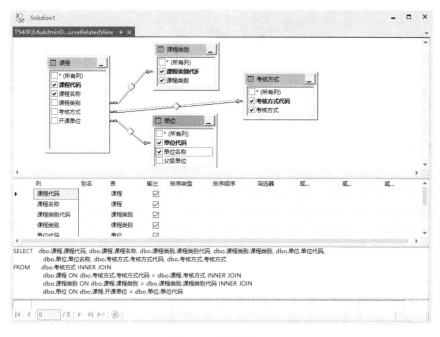

图 4.42 视图设计器

代码清单 4-1 创建 CourseRelatedView 视图示例。

```
CREATE VIEW dbo.CourseRelatedView
AS
SELECT    dbo.课程.课程代码, dbo.课程.课程名称, dbo.课程类别.课程类别代码,
          dbo.课程类别.课程类别, dbo.单位.单位代码, dbo.单位.单位名称,
          dbo.考核方式.考核方式代码, dbo.考核方式.考核方式
FROM      dbo.考核方式 INNER JOIN
          dbo.课程 ON dbo.考核方式.考核方式代码 = dbo.课程.考核方式 INNER JOIN
          dbo.课程类别 ON dbo.课程.课程类别 = dbo.课程类别.课程类别代码 INNER JOIN
          dbo.单位 ON dbo.课程.开课单位 = dbo.单位.单位代码
```

本 章 小 结

针对上一章引入的教务管理系统案例，本章依据数据库设计的原则与步骤，详细介绍了数据库的概念结构设计、逻辑结构设计和物理结构设计。概念结构设计阶段通过分析数据字典来标识业务系统中的实体及其实体之间的联系，得到系统总 E-R 图。逻辑结构设计阶段介绍了一系列的映射规则，通过相应的映射规则，解决实体及其实体之间的联系向关系模型的转换问题。物理结构设计阶段首先简单介绍了 SQL Server 数据库产品，

然后介绍如何在 SQL Server 中创建基本表、索引和视图，为后续数据库应用系统的开发奠定了基础。

思　考　题

1. 以 2～3 人为一组，针对上一章"图书管理系统"的需求，完成以下各项内容：

(1) 进行概念数据库设计，画出 E-R 图。

(2) 进行逻辑数据库设计，写出关系数据库模式。

(3) 以 SQL Server 为基础，建立基本表和必要的视图。

2. 以 2～3 人为一组，针对上一章"学员宿舍管理系统"的需求，完成以下各项内容：

(1) 进行概念数据库设计，画出 E-R 图。

(2) 进行逻辑数据库设计，写出关系数据库模式。

(3) 以 SQL Server 为基础，建立基本表和必要的视图。

3. 以 2～3 人为一组，针对上一章自拟项目的需求，完成以下各项内容：

(1) 进行概念数据库设计，画出 E-R 图。

(2) 进行逻辑数据库设计，写出关系数据库模式。

(3) 以 SQL Server 为基础，建立基本表和必要的视图。

第 5 章　.NET 数据库开发基础

在软件开发领域，很多应用程序的开发都需要与数据库进行交互，这就需要一种机制来访问数据库。ADO.NET 对象模型是在.NET 环境下开发数据库应用程序的基础，它是一组向.NET Framework 程序员公开数据访问服务的类，本章主要介绍 ADO.NET 的核心组件(用于数据访问的类和接口)。

5.1　ADO.NET 概述

5.1.1　数据访问技术

在.NET 诞生之前，开发人员使用 ODBC、OLE DB 和 ADO 等技术访问数据库。

开放数据库互连(Open Database Connectivity，ODBC)是微软公司开放服务体系结构中有关数据库的一个组成部分，它建立了一组规范，并提供一组对数据库访问的标准 API。ODBC 通过引入 ODBC 驱动作为应用程序和 DBMS 的中间翻译层，来实现 ODBC 接口与 DBMS 的无关性。应用程序要访问一个数据库，首先必须使用 ODBC 管理器注册一个数据源，管理器根据数据源提供的数据库位置、数据库类型及 ODBC 驱动程序等信息，建立起 ODBC 与具体数据库的联系。

对象链接与嵌入数据库(Object Linking and Embedding Database，OLE DB)也是微软公司提出的访问不同数据源的低级应用程序编程接口。OLE DB 是基于 COM(Component Object Model，组件对象模型)技术的通用编程模型，它提供一种统一访问数据的手段，而不管存储数据时所使用的方法如何，并且可以在不同的数据源中进行转换。OLE DB 包含了一个连接 ODBC 的桥梁，提供对各种 ODBC 关系型数据库驱动程序的支持。

ActiveX 数据对象(ActiveX Data Objects，ADO)也是微软公司提出的用于访问不同数据源的应用程序编程接口。由于 OLE DB 太底层化，微软公司通过 COM 技术封装了 OLE DB 使其成为 ADO。可以说 ADO 是应用程序和底层 OLE DB 的一个中间层，它通过 OLE DB 间接取得数据源中的数据。

JDBC 是由 Java 的开发者 Sun 公司制定的 Java 数据库连接技术的简称，其在应用程序中的作用类似于 ODBC，是 Java 实现数据库访问的应用程序编程接口。

ADO.NET 并不是 ADO 的新版本，它是一种全新的数据访问技术。实际上，ADO.NET 是.NET Framework 的一部分，它是为.NET 开发人员提供的一组访问数据服务的类。

5.1.2　ADO.NET 结构

早期的数据处理主要依赖于基于连接的双层模型。随着应用程序开发技术的发展，数据处理越来越多地使用多层体系结构，在这种体系结构中，组件之间松散耦合，也更易于维护和重用；数据处理也由连接方式向断开方式转换，以便为应用程序提供更好的可伸缩性。

ADO.NET 提供两种体系结构组件来建立以数据为中心的应用程序，即连接的组件和断开连接的组件，如图 5.1 所示。

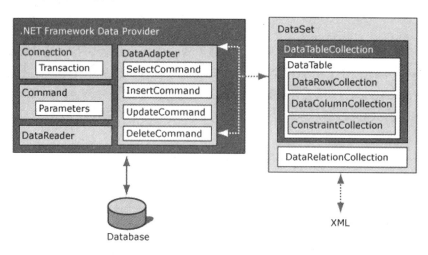

图 5.1　ADO.NET 结构

1. 数据提供程序

数据提供程序(.NET Framework Data Provider)是专门为数据操作以及快速、只进、只读访问数据而设计的基于连接的组件，用于连接到数据库、执行命令和检索结果，这些结果可以被直接处理，也可以放置在 DataSet 中以便根据需要向用户公开或与多个数据源中的数据进行组合，或者在层之间进行远程处理。.NET Framework 数据提供程序是轻量的，它在数据源和代码之间创建最小的分层，并在不降低功能性的情况下提高性能。表 5-1 列出了.NET Framework 所包含的数据提供程序。

表 5-1　.NET Framework 所包含的数据提供程序

.NET Framework 数据提供程序	描　　述	命名空间
用于 SQL Server 的数据提供程序	使用自己的协议与 SQL Server 进行通信	System.Data.SqlClient
用于 OLE DB 的数据提供程序	通过 COM 互操作使用本机 OLE DB 来启用数据访问	System.Data.OleDb
用于 ODBC 的数据提供程序	使用本机 ODBC 驱动程序管理器来启用数据访问	System.Data.Odbc
用于 Oracle 的数据提供程序	通过 Oracle 客户端连接软件启用对 Oracle 数据源的数据访问	System.Data.OracleClient

.NET Framework 数据提供程序	描 述	命名空间
EntityClient 提供程序	提供对实体数据模型应用程序的数据访问	System.Data.EntityClient
用于 SQL Server Compact 4.0 的数据提供程序	提供对 SQL Server Compact 4.0 的数据访问	System.Data.SqlServerCe

表 5-2 列出了 .NET Framework 数据提供程序的核心组件。

表 5-2 .NET Framework 数据提供程序的核心组件

组 件	描 述	基 类
Connection	建立与特定数据源的连接	DbConnection
Command	对数据源执行命令，公开 Parameters，并可在 Transaction 范围内从 Connection 执行	DbCommand
DataReader	从数据源中读取只进且只读的数据流	DbDataReader
DataAdapter	使用数据源填充 DataSet 并解决更新，用来在连接的和断开连接的体系结构之间架起一座桥梁	DbDataAdapter

表 5-3 列出了 .NET Framework 数据提供程序的其他组件。

表 5-3 .NET Framework 数据提供程序的其他组件

组 件	描 述	基 类
Transaction	将命令登记在数据源处的事务中	DbTransaction
CommandBuilder	自动生成 DataAdapter 的命令属性或从存储过程中派生参数信息，并填充 Parameters 对象的 Command 集合	DbCommandBuilder
ConnectionStringBuilder	提供一种用于创建和管理由 Connection 对象使用的连接字符串的内容的简单方法	DbConnectionStringBuilder
Parameter	定义命令和存储过程的输入、输出和返回值参数	DbParameter
Exception	数据源引发的所有异常	DbException
Error	公开数据源返回的警告或错误中的信息	—
ClientPermission	确保用户具有足够的安全级别来访问数据	DBDataPermission

2. DataSet

DataSet 是专门为独立于任何数据源的数据访问而设计的基于断开连接的组件，表示包括相关表、约束和表间关系在内的整个数据集。DataSet 中的方法和对象与关系数据库模型中的方法和对象一致，它是数据的一种内存驻留表示形式，无论它包含的数据来自什么数据源，都会提供一致的关系编程模型。DataSet 对象模型如图 5.2 所示。

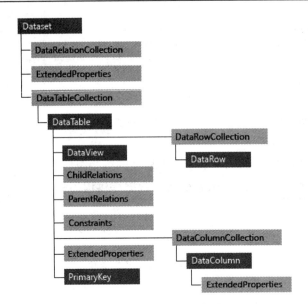

图 5.2　DataSet 对象模型

表 5-4 列出了 DataSet 包含的主要组件。

表 5-4　DataSet 包含的主要组件

组　件	描　述
DataTableCollection	表示 DataSet 中所有 DataTable 对象的集合
DataTable	DataTable 是 ADO.NET 库中的核心对象，表示内存驻留数据的单个表，包含由 DataColumnCollection 表示的列集合以及由 ConstraintCollection 表示的约束集合,这两个集合共同定义了表的架构;还包含由 DataRowCollection 所表示的行的集合，包含表中的数据
DataColumnCollection	表示 DataTable 中 DataColumn 对象的集合。它定义 DataTable 的架构，并确定每个 DataColumn 可以包含什么类型的数据
ConstraintCollection	表示 DataTable 中约束的集合，可以包含 UniqueConstraint 和 ForeignKey Constraint 对象，UniqueConstraint 对象确保特定列中的数据总是唯一的，以保持数据完整性;ForeignKeyConstraint 确定在更新或删除 DataTable 中的数据时在相关表中将如何操作
DataRowCollection	DataRowCollection 是 DataTable 的主要组件,表示 DataTable 中行的集合。它包含表的实际数据
DataRow	DataRow 是 DataTable 的主要组件，表示 DataTable 中的一行数据，可以使用 DataRow 对象及其属性和方法检索、评估、插入、删除和更新 DataTable 中的值
DataRelationCollection	表示 DataSet 中 DataRelation 对象的集合，允许在相关的父级/子级 DataTable 对象之间导航
DataView	DataView 用来表示 DataTable 中数据的子集,可以使用 DataView 创建存储在 DataTable 中的数据的不同视图

5.2 数据访问三步曲

数据库应用程序的主要功能是连接数据源并检索数据源中包含的数据，不管使用何种数据访问技术，使用数据都需要 3 个基本步骤：建立连接、执行命令和检索结果。本章及后续章节以 Microsoft SQL Server 为基础，介绍 ADO.NET 相关数据访问技术。

5.2.1 建立连接

在对数据库进行任何操作之前，需要建立与数据服务器的连接。在 ADO.NET 中，通过在连接字符串中提供必要的验证信息，使用 Connection 对象连接到数据源。适用于 SQL Server 的.NET Framework 数据提供程序使用 SqlConnection 对象来建立与 SQL Server 数据服务器的连接。

1. 连接字符串

连接字符串包含源数据库名称和建立初始连接所需的其他参数。

连接字符串的语法取决于数据提供程序，并且会在试图打开连接的过程中对连接字符串进行分析。语法错误会生成运行时异常，其他错误只有在数据源收到连接信息后才会发生。

连接字符串的格式是使用分号分隔的键/值参数对列表：keyword1= value; keyword2 = value。关键字不区分大小写，并将忽略键/值对之间的空格。根据数据源的不同，值可能是区分大小写的。表 5-5 列出了 SQL Server 数据提供程序常用的连接字符串参数。

表 5-5 SQL Server 数据提供程序常用的连接字符串参数

名　称	别　名	默认值	说　　明
Data Source	Server、Address、Addr、Network Address	不可用	要连接的 SQL Server 实例的名称或网络地址，本地实例可用使用 (local) 或 .
Initial Catalog	Database	不可用	数据库的名称
Integrated Security	Trusted_Connection	false	当为 false 时，将在连接中指定用户 ID 和密码；当为 true 时，将使用当前的 Windows 账户凭据进行身份验证
User ID	UID	不可用	SQL Server 登录账户
Password	PWD	不可用	SQL Server 账户登录的密码

下面的示例阐释了典型的连接字符串。

"Network Address=(local);Initial Catalog=EduAdminDB;Trusted_Connection=true"
"Network Address=.;Initial Catalog=EduAdminDB;User ID=sa;Password=12345678"

2. 打开和关闭连接

创建一个连接，并非是创建数据库会话，只是创建了用于打开会话的连接对象，还需要调用连接对象的 Open 方法，以建立与服务器的会话。如果创建会话失败，则抛出一个异常。使用完连接后需要调用连接对象的 Close 方法显式关闭连接，以便连接可以返回到连接池。如果在代码中使用了 Using 语句块，将自动断开连接，不必显式调用 Close 方法。代码清单 5-1 演示如何创建并打开与 SQL Server 数据库的连接。

代码清单 5-1　创建与 SQL Server 数据库连接的通用代码示例。

```
string connectionString= "Network Address=(local);
                          Initial Catalog=EduAdminDB;Trusted_Connection=true";
using (SqlConnection connection = new SqlConnection(connectionString))
{
    connection.Open();
    Console.WriteLine("连接状态:{0}", connection.State);
    Console.WriteLine("数据库名称:{0}", connection.Database);
    Console.WriteLine("数据库实例名称:{0}", connection.DataSource);
    Console.WriteLine("数据库实例版本:{0}", connection.ServerVersion);
    Console.WriteLine("数据库客户端:{0}", connection.WorkstationId);
}
```

5.2.2　执行命令

建立与数据库的连接后，就可以对数据库中的数据执行增、删、查、改操作，或者以其他方式修改数据库。无论要完成什么任务，都可以使用 Command 对象来执行。适用于 SQL Server 的.NET Framework 数据提供程序使用 SqlCommand 对象来执行命令，该命令使用 CommandText 属性封装了要在数据源中执行的 Transact-SQL 语句。根据命令类型和所需的返回值，SqlCommand 对象提供了几种不同的方法来执行命令，表 5-6 列出了这些常用方法。SqlCommand 对象还提供了如何解释命令字符串的 CommandType 属性，表 5-7 列出了 CommandType 枚举值的含义。代码清单 5-2 演示如何创建并执行命令。

表 5-6　执行命令的方法

命　令	返　回　值	说　　明
ExecuteNonQuery	执行不返回任何行的命令	对连接执行 SQL 语句并返回受影响的行数
ExecuteScalar	返回一个标量值	执行查询，并返回查询所返回的结果集中第一行的第一列
ExecuteReader	返回一个 DataReader 对象	将 CommandText 发送到 Connection 并生成一个 SqlDataReader

表 5-7　CommandType 枚举值

枚举值	说　　明
Text(默认值)	当 CommandType 属性设置为 Text 时，CommandText 属性应设置为要执行的 SQL 语句
StoredProcedure	当 CommandType 属性设置为 StoredProcedure 时，CommandText 属性应设置为要访问的存储过程的名称
TableDirect	当 CommandType 属性设置为 TableDirect 时，CommandText 属性应设置为要访问的表的名称

代码清单 5-2 创建并执行命令的通用代码示例。

```
void CreateCommand(string queryString, string connectionString)
{
    using (SqlConnection connection = new SqlConnection(connectionString))
    {
        SqlCommand command = new SqlCommand(queryString, connection);
        command.Connection.Open();
        command.ExecuteNonQuery();
    }
}
```

5.2.3 检索结果

Command 对象提供了几种不同的方法来执行 SQL 查询，查询能返回多种结果，应用在不同的数据访问场景。

1. 执行不返回任何行的命令

命令的 ExecuteNonQuery 方法执行由 DML 组成的 SQL 语句，主要包括 SQL Server 的 Insert、Update、Delete 功能。该方法不返回任何记录，仅返回受影响的行数。代码清单 5-3 演示如何使用 ExecuteNonQuery 方法的返回值。

代码清单 5-3 使用 ExecuteNonQuery 方法的返回值示例。

```
class Program
{
    static void Main(string[] args)
    {
        string connectionString = "Network Address=(local);" +
            "Initial Catalog=EduAdminDB;Trusted_Connection=true";
        InsertPersonType(connectionString, "99", "测试人员类型");
    }

    private static void InsertPersonType(string connectionString, string personType, string personTypeValue)
    {    // 参数化查询命令
        string queryString = "insert into 人员类别(类别编码, 类别含义)
            values(@PersonType, @PersontTypeVale)";
        using (SqlConnection connection = new SqlConnection(connectionString))
        {
            SqlCommand command = new SqlCommand(queryString, connection);
            // 创建参数：人员类别编码
            SqlParameter parameter1 = new SqlParameter();
            parameter1.ParameterName = "@PersonType";
```

```
        parameter1.SqlDbType = System.Data.SqlDbType.NVarChar;
        parameter1.Direction = System.Data.ParameterDirection.Input;
        parameter1.Value = personType;
        command.Parameters.Add(parameter1);
        // 创建参数：人员类别含义
        SqlParameter parameter2 = new SqlParameter();
        parameter2.ParameterName = "@PersontTypeVale";
        parameter2.SqlDbType = System.Data.SqlDbType.NVarChar;
        parameter2.Direction = System.Data.ParameterDirection.Input;
        parameter2.Value = personTypeValue;
        command.Parameters.Add(parameter2);
        // 打开连接
        command.Connection.Open();
        // 执行命令，检索命令返回值
        int result = command.ExecuteNonQuery();
        // 使用检索结果
        if (result != 0)
        {
            Console.WriteLine("添加人员类别成功");
        }
        else
        {
            Console.WriteLine("添加人员类别失败");
        }
    }
}
}
```

2. 执行返回标量值的命令

命令的 ExecuteScalar 方法用于执行包含集函数的 SQL 语句，集函数只从表的全部数据行中返回一个值(返回查询结果集中的第一行的第一列)。比如 Count( )、Min( )、Max( )、Sum( )等就是返回标量的集函数的例子。代码清单 5-4 演示如何使用 ExecuteScalar 方法返回标量值。

代码清单 5-4　使用 ExecuteScalar 方法返回标量值示例。

```
class Program
{
    static void Main(string[] args)
    {
        string connectionString = "Network Address=(local); " +
```

```
                "Initial Catalog=EduAdminDB;Trusted_Connection=true";
            string queryString = "select Count(*) from 人员类别";
            PersonTypeCount(queryString, connectionString);
    }


    private static void PersonTypeCount(string queryString, string connectionString )
    {
            using (SqlConnection connection = new SqlConnection(connectionString))
            {
                SqlCommand command = new SqlCommand(queryString, connection);
                command.Connection.Open();
                // 执行命令，检索命令返回值
                string result = command.ExecuteScalar().ToString();
                // 使用检索结果
                Console.WriteLine("人员类型表包含数据:{0} 行", result);
            }
    }
}
```

3. 执行返回 DataReader 对象的命令

如果希望返回多行多列的查询，可使用命令的 ExecuteReader 方法，该方法返回一个数据读取器。数据读取器提供的接口允许在结果集中读取连续的数据行，并检索各列的值。代码清单 5-5 演示如何使用 ExecuteReader 方法返回数据行集合。

代码清单 5-5　　使用 ExecuteReader 方法返回数据行集合示例。

```
class Program
{
    static void Main(string[] args)
    {
            string connectionString = "Network Address=(local);" +
                "Initial Catalog=EduAdminDB;Trusted_Connection=true";
            string queryString = "select * from 人员类别";
            PersonTypeReader(queryString, connectionString);
    }


    private static void PersonTypeReader(string queryString, string connectionString)
    {
            using (SqlConnection connection = new SqlConnection(connectionString))
            {
                SqlCommand command = new SqlCommand(queryString, connection);
```

```
command.Connection.Open();
// 执行命令，检索命令返回值
SqlDataReader reader = command.ExecuteReader();
// 获取一个值，该值指示 Reader 是否包含一个或多个行
if (reader.HasRows)
{
    while (reader.Read())
    {
        Console.WriteLine("{0}: {1:C}", reader[0], reader[1]);
    }
}
else
{
    Console.WriteLine("No rows found.");
}
// 关闭 Reader
reader.Close();
    }
  }
}
```

本 章 小 结

本章主要介绍 ADO.NET 的结构，它是一组向.NET Framework 程序员公开数据访问服务的类。ADO.NET 的核心组件分为两类：基于连接的组件和断开连接的组件。使用 ADO.NET 访问数据一般分为 3 个步骤：建立连接、执行命令和检索结果。本章介绍的这 3 个步骤都是使用基于连接的模型实现的，下一章将详细介绍如何使用断开连接的组件来访问数据。

思 考 题

1. 针对上一章"图书管理系统"建立的基本表，使用数据访问的 3 个基本步骤测试对基本表的访问。

2. 针对上一章"学员宿舍管理系统"建立的基本表，使用数据访问的 3 个基本步骤测试对基本表的访问。

3. 针对上一章自拟项目建立的基本表，使用数据访问的 3 个基本步骤测试对基本表的访问。

第 6 章　基于 ADO.NET 的数据库开发

ADO.NET 提供了两种体系结构组件来建立以数据为中心的应用程序：基于连接的组件和断开连接的组件。上一章主要介绍如何使用基于连接的组件来访问数据，本章将详细介绍使用断开连接的组件 DataSet 及其 DataAdapter 来访问数据。

6.1　数据集和数据适配器

6.1.1　数据集和数据读取器的选取

如果需要对数据执行大量的处理，而且不需要与数据源保持打开的连接，则需要使用数据集(DataSet)。应用程序可以将从数据源中检索到的数据缓存在本地，以便可以对数据进行处理。如果应用程序仅仅是读取和显示数据，可以考虑使用数据读取器(DataReader)，数据读取器以只进、只读方式返回数据，从而提高应用程序的性能。

虽然数适配器使用数据读取器来填充数据集，但使用数据读取器节省了数据集所使用的内存，并省去了创建填充数据集的额外处理开销，因此可以大大提升应用程序的性能。

6.1.2　数据集简介

DataSet 是 ADO.NET 的主要组件，表示一个存放于内存中的数据副本，由表、关系和约束的集合组成。DataSet 中的方法和对象与关系数据模型中的方法和对象一致，不管数据源是什么，它都可提供一致的关系编程模型。

6.1.3　DataTable、DataColumn 和 DataRow 简介

在 ADO.NET 中，DataTable 对象用于表示 DataSet 中的表。DataTable 表示一个内存中关系数据的表，数据对于应用程序来说是本地数据，但可以从数据源中导入，可以独立创建和使用 DataTable，也可以作为 DataSet 的成员创建和使用。

表的架构或结构由列和约束表示。使用 DataColumn 对象以及 ForeignKeyConstraint 和 UniqueConstraint 对象来定义 DataTable 的架构。表中的列可以映射到数据源中的列，包含从表达式计算所得的值、自动递增的值，或包含主键值。还可以使用表中的一个或多个相关的列来创建表之间的父子关系。DataTable 之间的关系可使用 DataRelation 来创建。

除架构外，DataTable 还必须具有行。DataRow 表示表中包含的实际数据，其属性和方

法用于检索、计算和处理表中的数据。在访问和更改行中的数据时，DataRow 对象会维护其当前状态和原始状态。代码清单 6-1 演示以编程方式在 DataSet 中创建 DataTable 和 DataRelation。

代码清单 6-1 以编程方式创建 DataSet、DataTable、DataRelation 示例。

```
public void DataSetExample()
{    // 创建 DataSet
     DataSet classroomClassesDataSet = new DataSet("ClassroomClassesDataSet");
     // 创建[单位]DataTabel
     DataTable unitTable = new DataTable("Unit");
     // 为[单位]DataTabel 添加列
     DataColumn pkUnitId = unitTable.Columns.Add("单位代码", typeof(string));
     unitTable.Columns.Add("单位名称", typeof(string));
     unitTable.Columns.Add("父级单位", typeof(string));
     // 为[单位]DataTabel 定义主键
     unitTable.PrimaryKey = new DataColumn[] { pkUnitId };
     // 将[单位]DataTabel 添加到 DataSet;
     classroomClassesDataSet.Tables.Add(unitTable);
     // 创建[教室]DataTable, 并将其添加到 DataSet
     DataTable classroomTable = classroomClassesDataSet.Tables.Add("Classroom");
     // 为[教室]DataTable 添加列
     DataColumn pkClassroomId = classroomTable.Columns.Add("教室代码", typeof(Guid));
     classroomTable.Columns.Add("教室名称", typeof(string));
     classroomTable.Columns.Add("教室性质", typeof(string));
     classroomTable.Columns.Add("容纳人数", typeof(short));
     classroomTable.Columns.Add("所属教学楼", typeof(string));
     // 为[教室]DataTable 定义主键
     classroomTable.PrimaryKey = new DataColumn[] { pkClassroomId };
     // 创建[教学班]DataTable, 并将其添加到 DataSet
     DataTable classTable = classroomClassesDataSet.Tables.Add("Class");
     // 为[教学班]DataTable 添加列
     DataColumn pkClassId = classTable.Columns.Add("教学班代码", typeof(Guid));
     classTable.Columns.Add("教学班名称", typeof(string));
     classTable.Columns.Add("班级人数", typeof(short));
     classTable.Columns.Add("所属单位", typeof(string));
     classTable.Columns.Add("自习教室", typeof(Guid));
     // 为[教学班]DataTable 定义主键
     classTable.PrimaryKey = new DataColumn[] { pkClassId };
     // 创建[单位]和[教学班]父/子关系
```

```
        // 关系是在父表和子表中的匹配的列之间创建的
        // 两个列的 DataType 值必须相同
        classroomClassesDataSet.Relations.Add("UnitClassRelation",
        classroomClassesDataSet.Tables["Unit"].Columns["单位代码"],
        classroomClassesDataSet.Tables["Class"].Columns["所属单位"]);
        // 创建[教室]和[教学班]父/子关系
        classroomClassesDataSet.Relations.Add("ClassroomClassRelation",
        classroomTable.Columns["教室代码"],
        classTable.Columns["自习教室"]);
    }
```

6.1.4　数据适配器简介

DataAdapter 在 DataSet 对象和数据源之间起到桥梁作用，用于从数据源检索数据并填充 DataSet 中的表，还可以将对 DataSet 所做的更改解析回数据源。DataAdapter 使用.NET Framework 数据提供程序的 Connection 对象连接到数据源，并使用 Command 对象从数据源检索数据以及将更改解析回数据源。

DataAdapter 具有四个用于从数据源检索数据和更新数据源中数据的属性：SelectCommand 属性用于返回数据源中的数据；InsertCommand、UpdateCommand 和 DeleteCommand 属性用于管理数据源中的更改。在调用 DataAdapter 的 Fill 方法之前必须设置 SelectCommand 属性。在调用 DataAdapter 的 Update 方法之前必须设置 InsertCommand、UpdateCommand 或 DeleteCommand 属性，具体取决于对 DataTable 中的数据做了哪些更改。例如，如果已添加行，在调用 Update 之前必须设置 InsertCommand。当 Update 正在处理已插入、已更新或已删除的行时，DataAdapter 将使用相应的 Command 属性来处理该操作。代码清单 6-2 演示如何使用 DataAdapter 检索和更新数据源中的数据。

代码清单 6-2　使用 DataAdapter 检索和更新数据示例。

```
public static void DataSetExample()
{    // 创建 DataSet
    DataSet classroomClassesDataSet = new DataSet("ClassroomClassesDataSet");
    // 创建[单位]DataTabel
    DataTable unitTable = new DataTable("Unit");
    // 为[单位]DataTabel 添加列
    DataColumn pkUnitId = unitTable.Columns.Add("单位代码", typeof(string));
    unitTable.Columns.Add("单位名称", typeof(string));
    unitTable.Columns.Add("父级单位", typeof(string));
    // 为[单位]DataTabel 定义主键
    unitTable.PrimaryKey = new DataColumn[] { pkUnitId };
    // 将[单位]DataTabel 添加到 DataSet;
    classroomClassesDataSet.Tables.Add(unitTable);
```

```
// 创建[教室]DataTable, 并将其添加到 DataSet
DataTable classroomTable = classroomClassesDataSet.Tables.Add("Classroom");
// 为[教室]DataTable 添加列
DataColumn pkClassroomId = classroomTable.Columns.Add("教室代码", typeof(Guid));
classroomTable.Columns.Add("教室名称", typeof(string));
classroomTable.Columns.Add("教室性质", typeof(string));
classroomTable.Columns.Add("容纳人数", typeof(short));
classroomTable.Columns.Add("所属教学楼", typeof(string));
// 为[教室]DataTable 定义主键
classroomTable.PrimaryKey = new DataColumn[] { pkClassroomId };
// 创建[教学班]DataTable, 并将其添加到 DataSet
DataTable classTable = classroomClassesDataSet.Tables.Add("Class");
// 为[教学班]DataTable 添加列
DataColumn pkClassId = classTable.Columns.Add("教学班代码", typeof(Guid));
classTable.Columns.Add("教学班名称", typeof(string));
classTable.Columns.Add("班级人数", typeof(short));
classTable.Columns.Add("所属单位", typeof(string));
classTable.Columns.Add("自习教室", typeof(Guid));
// 为[教学班]DataTable 定义主键
classTable.PrimaryKey = new DataColumn[] { pkClassId };
// 创建[单位]和[教学班]父/子关系
// 关系是在父表和子表中的匹配的列之间创建的
// 两个列的 DataType 值必须相同
classroomClassesDataSet.Relations.Add("UnitClassRelation",
classroomClassesDataSet.Tables["Unit"].Columns["单位代码"],
classroomClassesDataSet.Tables["Class"].Columns["所属单位"]);
// 创建[教室]和[教学班]父/子关系
classroomClassesDataSet.Relations.Add("ClassroomClassRelation",
classroomTable.Columns["教室代码"],
classTable.Columns["自习教室"]);
// 连接字符串
string connectionString = "Network Address=(local); "+ "Initial Catalog=EduAdminDB;
    Trusted_Connection=true";
// 创建一个连接对象, 连接到数据库
using (SqlConnection connection = new SqlConnection(connectionString))
{    // 创建一个数据适配器
    SqlDataAdapter adapter = new SqlDataAdapter();
    // 将数据源中的[单位]表映射到 DataSet 中的[Unit]DataTable
    adapter.TableMappings.Add("单位", "Unit");
```

```
// 打开连接
connection.Open();
// 创建一个命令用于检索数据源中的数据
SqlCommand command = new SqlCommand("SELECT 单位代码, 单位名称, 父级单位
    FROM dbo.单位;", connection);
command.CommandType = CommandType.Text;
// 设置数据适配器的 SelectCommand 命令
adapter.SelectCommand = command;
// 填充数据集中的[单位]DataTable
// 返回成功添加或刷新的行数
int result = adapter.Fill(classroomClassesDataSet,"Unit");
Console.WriteLine("成功检索数据:{0} 行", result);
// 检索每行数据
foreach (DataRow row in classroomClassesDataSet.Tables["Unit"].Rows)
{
    Console.WriteLine("{0}, {1}, {2}", row["单位代码"].ToString(),row ["单位名称"].ToString(),
        row["父级单位"].ToString());
}
// 创建 Insert 命令
adapter.InsertCommand = new SqlCommand(
    "INSERT INTO dbo.单位(单位代码, 单位名称,
    父级单位)" + " VALUES(@Code, @Name, @Parent) ", connection);
// 创建参数
adapter.InsertCommand.Parameters.Add("@Code", SqlDbType.NVarChar, 8, "单位代码");
adapter.InsertCommand.Parameters.Add("@Name", SqlDbType.NVarChar, 20, "单位名称");
adapter.InsertCommand.Parameters.Add("@Parent", SqlDbType.NVarChar, 8, "父级单位");
// 添加一个新行
DataRow newRow = classroomClassesDataSet.Tables["Unit"].NewRow();
newRow["单位代码"] = "1199";
newRow["单位名称"] = "测试二级单位";
newRow["父级单位"] = "11";
classroomClassesDataSet.Tables["Unit"].Rows.Add(newRow);
int insetResult = adapter.Update(classroomClassesDataSet.Tables["Unit"]);
// 关闭连接
connection.Close();
if (insetResult!=0)
{
    Console.WriteLine("成功添加数据:{0}行", insetResult);
}
```

```
            else
            {
                Console.WriteLine("添加数据失败");
            }
        }
    }
```

6.2　强类型数据集

6.2.1　强类型数据集简介

强类型数据集(typed DataSet)是从 DataSet 派生的类，它继承了 DataSet 的所有方法、属性和事件。强类型数据集提供强类型的方法、属性和事件，使得开发人员可以使用名称而不是基于集合的方法访问表和列。强类型数据集除了提高代码的可读性之外，还允许在编译时以正确的类型访问值，使用强类型数据集，将在编译时而不是在运行时捕获类型不匹配错误。

6.2.2　数据集设计器

数据集设计器是用于创建和编辑强类型数据集的可视化工具，并且提供类型化数据集所包含对象的可视化表达形式。可以使用数据集设计器创建和修改 TableAdapter、DataTable、DataColumn、DataRelation 及其 TableAdapter 查询。

在 Visual Studio 解决方案资源管理器中右键单击项目名称，在弹出的快捷菜单中选择"添加"→"新建项"，在打开的"添加新项"对话框中选择"数据"→"数据集"，输入数据集名称，单击"添加"按钮，将添加新的 DataSet 项并打开"数据集设计器"，其中包含一个空数据集可供编辑，如图 6.1 所示。

图 6.1　包含空数据集的数据集设计器

可以在服务器资源管理器或者数据集工具箱面板将数据集对象拖到数据集设计器中。例如，在服务器资源管理器面板上分别将单位、教室、教学班拖到数据集设计器，将创建单位、教室、教学班相关的强类型数据集及其包含的对象。除此之外，还会为每个表生成一个数据适配器，并为每个数据集生成一个默认的主查询，默认主查询定义了对应表的架构，还定义了对表进行各种操作的方法。图 6.2 所示为强类型数据集示例。

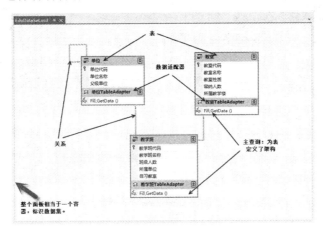

图 6.2　强类型数据集示例

在项目对应的类视图上，可以清晰地看到自动生成的强类型数据类型及其包含的所有对象之间的关系。应用过程中需要特别注意，强类型化 DataTable 和 DataRow 是作为强类型 DataSet 的嵌套类定义的，数据集和数据适配器分别在不同的命名空间中定义，如图 6.3 所示。

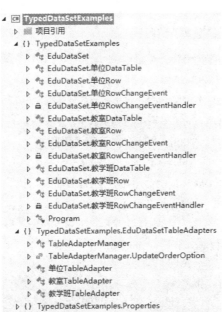

图 6.3　强类型数据集对应的类视图

在数据集设计器面板上，右键单击自动生成的主查询，选择预览数据，在打开的预览数据对话框上可以显示查询方法的执行结果，如图 6.4 所示。

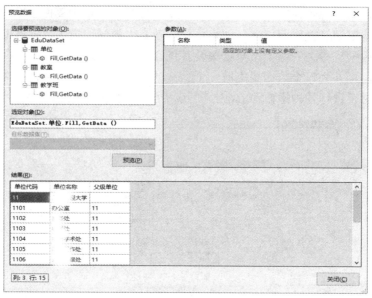

图 6.4　预览数据对话框

6.2.3　代码范例

默认自动生成的强类型数据集及其相应的对象功能十分强大，基本可以实现对应表的所有增、删、查、改操作。另外，开发人员还可以通过数据集设计器定制更多方法实现特定的功能。以下代码演示使用强类型数据集的操作方法。

1. 查询单位表所有数据

代码清单 6-3　查询所有数据示例。

```
public static void Main(string[] args)
{   // 第一步：创建强类型数据适配器
    EduDataSetTableAdapters.单位 TableAdapter adapter =
        new EduDataSetTableAdapters.单位 TableAdapter();
    // 第二步：调用数据适配器相应方法从数据源检索数据
    EduDataSet.单位 DataTable table = adapter.GetData();
    // 第三步：使用强类型 DataRow，遍历强类型 DataTable
    Console.WriteLine("单位代码\t 单位名称");
    Console.WriteLine("----------------------------------");
    foreach (EduDataSet.单位 Row row in table.Rows)
    {
        Console.WriteLine("{0}\t\t{1}",
        row.单位代码,
        row.单位名称);
    }
}
```

2. 在单位表插入一行数据

代码清单 6-4　插入一行数据示例。

```
public static void Main(string[] args)
{    // 第一步：创建强类型数据适配器
     EduDataSetTableAdapters.单位 TableAdapter adapter =
        new EduDataSetTableAdapters.单位 TableAdapter();
     // 第二步：调用数据适配器 Insert 方法
     try
     {
         adapter.Insert("1199", "测试二级单位", "11");
         Console.WriteLine("插入数据成功");
     }
     catch
     {
         Console.WriteLine("插入数据失败");
     }
}
```

3. 在单位表删除一行数据

代码清单 6-5　删除一行数据示例。

```
public static void Main(string[] args)
{    // 第一步：创建强类型数据适配器
     EduDataSetTableAdapters.单位 TableAdapter adapter =
        new EduDataSetTableAdapters.单位 TableAdapter();
     // 第二步：调用数据适配器 Delete 方法
     try
     {
         adapter.Delete("1199", "测试二级单位", "11");
         Console.WriteLine("删除数据成功");
     }
     catch
     {
         Console.WriteLine("删除数据失败");
     }
}
```

以上 3 段代码的思路依然是传统的增、删、查、改思想，在使用强类型数据集时，通常的做法是：首先从数据源检索符合查询条件的数据，然后对该部分数据进行修改(包括 Insert、Update 和 Delete)，最后调用 Update 方法将修改统一解析回数据源。

4. 使用查询配置向导添加查询

默认生成的强类型数据集只生成了返回所有数据行的主查询,如何添加符合其他条件的查询,则需要使用查询配置向导添加一个新的查询。具体步骤为:

(1) 在数据集设计器面板上右键单击相应的数据适配器,选择"添加查询",弹出"查询配置向导"对话框,如图 6.5 所示。

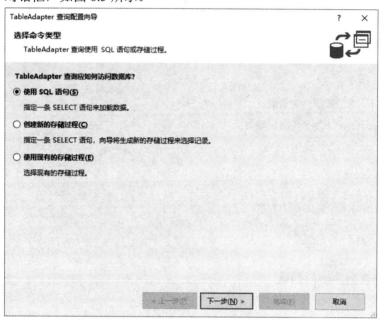

图 6.5　查询配置向导对话框

(2) 在查询配置向导对话框上选择命令类型"使用 SQL 语句",单击"下一步",选择查询类型"SELETE(返回行)",单击"下一步",然后指定相应 SELECT 语句,如图 6.6 所示。

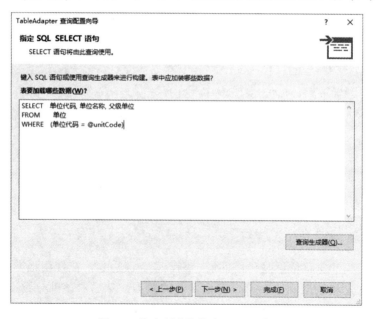

图 6.6　为定制查询指定 SQL 语句

(3) 通常情况下应该调出查询生成器，通过查询生成器设置查询条件，如图 6.7 所示。

图 6.7　查询生成器对话框

(4) 在查询配置向导面板上选择要生成的方法，填写相应的方法名字，单击"完成"按钮，如图 6.8 所示。

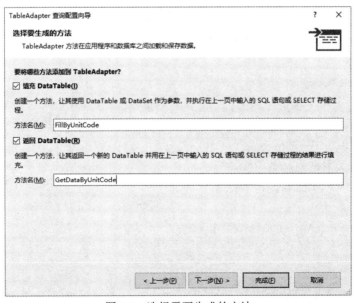

图 6.8　选择需要生成的方法

(5) 类似地，可以根据"父级单位编码"新建一个查询。最终生成的强类型数据集如图 6.9 所示。

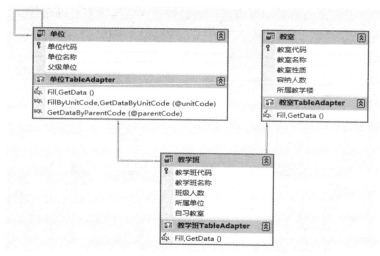

图 6.9　附加查询返回不同的数据视图

5. 修改指定单位代码的数据行

代码清单 6-6　修改数据的通用操作示例。

```
public static void Main(string[] args)
{    // 第一步：创建强类型数据适配器
    EduDataSetTableAdapters.单位 TableAdapter adapter =new EduDataSetTableAdapters.
        单位 TableAdapter();
    // 第二步：调用数据适配器相应方法从数据源检索数据
    // 该方法是通过主码进行查询，查询结果至多只有一行数据
    EduDataSet.单位 DataTable table = adapter.GetDataByUnitCode("1199");
    if (table.Rows.Count != 1) // 未检索到数据
    {
        Console.WriteLine("未检索到数据");
    }
    else // 检索到数据并修改{
        EduDataSet.单位 Row row = table[0];
        row.单位名称  = "修改的单位名称";
        int result = adapter.Update(row);
        if (result != 0){
            Console.WriteLine("指定数据修改成功");
        }
        else{
            Console.WriteLine("指定数据修改失败");
        }
    }
}
```

6.3　在数据集中使用 LINQ

6.3.1　LINQ 简介

查询是一种从数据源检索数据的表达式，通常用专门的查询语言来表示。随着时间的推移，人们已经为各种数据源开发了不同的查询语言，例如，用于关系数据库的 SQL 和用于可扩展标记语言(XML)的 XQuery。因此，开发人员不得不针对每种数据源或数据格式而学习新的查询语言。

语言集成查询(LINQ)是一组技术的名称，这些技术将查询功能直接集成到 C# 语言上。LINQ 通过提供一种跨数据源和数据格式使用数据的一致模型，在对象领域和数据领域之间架起一座桥梁，简化了查询操作。所有 LINQ 查询操作都由 3 个不同的操作组成：

1. 获取数据源

LINQ 数据源是支持泛型 IEnumerable<T>接口或从该接口继承的接口的任意对象，这些对象不需要进行修改或特殊处理就可以用作 LINQ 数据源。

2. 创建查询

查询指定要从数据源中检索信息。查询还可以指定在返回这些信息之前如何对其进行排序、分组和结构化。查询存储在查询变量中，并用查询表达式进行初始化。需要注意的是，在 LINQ 中，查询变量本身不执行任何操作并且不返回任何数据，它只是存储在以后某个时刻执行查询时为生成结果而必需的信息。

3. 执行查询

查询变量本身只是存储查询命令，实际的查询执行会延迟到访问查询变量时发生，此概念称为"延迟执行"。

代码清单 6-7 演示 LINQ 查询操作的 3 个部分，此示例将一个整数数组用作数据源。图 6.10 显示了完整的查询操作。在 LINQ 中，查询的执行与查询本身截然不同。换句话说，如果只是创建查询变量，则不会检索任何数据。

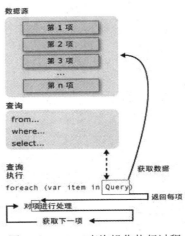

图 6.10　LINQ 查询操作执行过程

代码清单 6-7　修改数据的通用操作示例。

```
static void Main(string[] args)
{    // 1. 数据源
    int[] numbers = new int[7] { 0, 1, 2, 3, 4, 5, 6 };
    // 2. 创建查询
    var numQuery = from num in numbers
                   where (num % 2) == 0
                   select num;
    // 3. 执行查询
    foreach (int num in numQuery)
    {
        Console.Write("{0,1}", num);
    }
}
```

6.3.2　LINQ to DataSet 简介

DataSet 是 ADO.NET 基于断开连接编程模型的关键元素，具有突出的优点，但其查询功能存在很多限制。使用 LINQ to DataSet 可以更快更容易地查询在 DataSet 对象中缓存的数据，这些查询使用编程语言表示，而不是通过使用单独的查询语言(比如 SQL)来编写查询。

LINQ to DataSet 功能主要通过 DataRowExtensions 和 DataTableExtensions 类中的扩展方法公开。由于 LINQ to DataSet 基于并使用现有的 ADO.NET 体系结构生成，在应用程序代码中不能替换 ADO.NET。LINQ to DataSet 与 ADO.NET 和数据存储区的关系如图 6.11 所示。

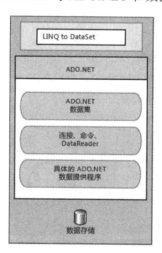

图 6.11　LINQ to DataSet 与 ADO.NET 和数据存储区的关系

对于强类型数据集，可以直接使用 LINQ to DataSet 对其进行查询。

6.3.3　强类型数据集核心组件介绍

强类型数据集继承了 DataSet 的所有方法、属性和事件，此外，强类型数据集还提供了强类型方法、属性和事件。以下简单介绍通过数据集设计器自动生成的强类型数据集包含的主要组件，项目类视图如图 6.12 所示。

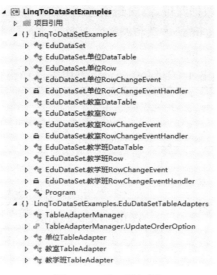

图 6.12　项目类视图

1. TableAdapter 简介

TableAdapter 是使用数据集设计器在强类型数据集中创建的，但生成的 TableAdapter 类并不是作为 DataSet 的嵌套类生成的，他们位于特定的每个数据集的独立命名空间中。如图 6.12 所示，与名为 EduDataSet 的数据集中的 DataTable 关联的 TableAdapter 位于 EduDataSetTableAdapters 命名空间中，比如"单位 TableAdapter""教室 TableAdapter"等。以"单位 TableAdapter"为例，其类结构如图 6.13 所示，主要负责应用程序和数据库中"单位"表之间的通信。

图 6.13　单位 TableAdapter 类结构

TableAdapter 通过封装经过配置的 DataAdapter，扩展了标准数据适配器的功能。数据集设计器生成的TableAdapter提供一些强类型方法对与关联的强类型DataTable共享公共架构的查询进行封装。此外，开发人员还可以在TableAdapter上添加任意数量的查询，只要这些查询返回符合同一架构的数据即可。添加到TableAdapter的每个查询都被公开为公共方法。表 6-1 列举了常用的 TableAdapter 方法和属性，要通过编程方式访问特定的 TableAdapter，必须声明 TableAdapter 的新实例。

表 6-1　TableAdapter 常用方法和属性

成　员	描　述
TableAdapter.Fill	用 TableAdapter 的 Select 命令的结果填充 TableAdapter 的关联 DataTable
TableAdapter.Update	将更改发送回数据库并返回一个整数，该整数表示更新所影响的行数
TableAdapter.GetData	返回一个用数据填充了的新的 DataTable
TableAdapter.Insert	在 DataTable 中创建新行
TableAdapter.ClearBeforeFill	确定在调用 Fill 方法之前是否清空 DataTable

2. TableAdapterManager 简介

默认情况下，在项目中创建强类型数据集时将生成一个 TableAdapterManager 类，它位于与 TableAdapter 相同的命名空间中。TableAdapterManager 具有将数据保存在相关数据表中的功能，它通过利用与数据表关联的外键关系来确定将 Insert、Update 和 Delete 从数据集发送到数据库的正确顺序，而不违反数据库的参照完整性约束。TableAdapterManager 类结构如图 6.14 所示。

图 6.14　TableAdapterManager 类结构

调用 TableAdapterManager.UpdateAll( )方法时，TableAdapterManager 会尝试在单个事务中更新所有表的数据。只要存在表的某一更新环节失败，则将回滚整个事务。表 6-2 列举了 TableAdapterManager 的常用方法和属性。

表 6-2　TableAdapterManager 常用方法和属性

成　员	描　述
UpdateAll 方法	保存所有数据表中的所有数据
BackupDataSetBefourUpdate 属性	布尔型，确定在执行 TableAdapterManager.UpdateAll 方法之前，是否创建该数据集的备份副本
tableNameTableAdapter 属性	表示一个 TableAdapter，生成的 TableAdapterManager 对它所管理的每个 TableAdapter 包含一个属性
TableAdapter.Insert	在 DataTable 中创建新行
UpdateOrder 属性	控制 Insert、Update 和 Delete 命令的执行顺序，此属性应设置为 TableAdapterManager.UpdateOrderOption 枚举中的一个值

3. DataSet、DataTable 和 Row 简介

强类型数据集是数据集设计器生成的核心组件，它除了继承 DataSet 的所有方法、属性和事件外，还提供了强类型的方法、属性和事件，使得开发人员可以使用名称而不是基于集合的方法访问对象。数据集设计器在生成强类型数据集的同时，会在该数据集内生成强类型的 tableNameDataTable、tableNameRow 和 tableNameRowChangeEvent 嵌套类，如图 6.15 所示。

图 6.15　EduDataSet 类结构

6.3.4　使用 LINQ 查询强类型数据集

如果在应用程序设计时已知数据集的架构，则可以在使用 LINQ to DataSet 时使用强类

型数据集。由于 DataSet 中包括类型信息，因此属性名称在编译时可用，LINQ to DataSet 提供对正确类型的列值的访问，以便可以在编译代码时而非运行时捕获类型不匹配错误，这使得查询更简单、更具可读性。代码清单 6-8 演示使用 LINQ 表达式对强类型 DataSet 进行查询，代码清单 6-9 演示使用 Lambda 表达式实现同样的功能。

代码清单 6-8　使用 LINQ 查询强类型数据集示例。

```
static void Main(string[] args)
{    // 1. 数据源
    EduDataSet.单位 DataTable units = new EduDataSetTableAdapters.单位 TableAdapter().GetData();
    // 2. 创建查询，在单位表中查询所有二级单位
    var query = from u in units where u.单位代码.Length == 4
            select u;
    // 3. 执行查询
    foreach (var u in query)
    {
        Console.WriteLine("{0}\t{1}\t\t{2}", u.单位代码, u.单位名称, u.父级单位);
    }
}
```

代码清单 6-9　使用 Lambda 查询强类型数据集示例。

```
static void Main(string[] args)
{    // 1. 数据源
    EduDataSet.单位 DataTable units = new EduDataSetTableAdapters.单位 TableAdapter().GetData();
    // 2. 创建查询，在单位表中查询所有二级单位
    var query = units.Where<EduDataSet.单位 Row>(u => u.单位代码.Length == 4);
    // 3. 执行查询
    foreach (var u in query)
    {
        Console.WriteLine("{0}\t{1}\t\t{2}", u.单位代码, u.单位名称, u.父级单位);
    }
}
```

6.4　在 N 层应用程序中使用数据集

6.4.1　N 层数据应用程序简介

　　N 层数据应用程序是以数据为中心并且分为多个逻辑层的应用程序。通过将应用程序

组件分离到相对独立的层中，可以提高应用程序的可维护性和可伸缩性。

典型的 N 层数据应用程序包括表示层、中间层和数据层。

表示层是用户与应用程序交互的层，它不直接访问数据层，而是通过中间层中的数据访问组件与数据层进行通信。

中间层通常包括数据访问组件、业务逻辑和共享组件。中间层通常将敏感信息存储在数据访问组件中，目的是将它们与访问表示层的最终用户隔离。

数据层基本上是将应用程序的数据存储在服务器上，不能直接从表示层中的客户端访问数据层。

在 N 层应用程序中，分离各层的有效方法是将应用程序中的每一层分别创建相互独立的项目。强类型数据集经过改进，可以在相互独立的项目中生成 TableAdapter 和数据集类。

6.4.2　创建类库来保存数据集

创建类库用来保存数据集的操作步骤如下：

(1) 在解决方案中添加一个"新建项目"，弹出"添加新项目"对话框。

(2) 在"添加新项目"对话框中，选择"类库"模板，并将项目命名为"DataEntityTier"，如图 6.16 所示。

图 6.16　在解决方案中添加 DataEntityTier 类库项目

(3) 单击"确定"按钮，将创建一个 DataEntityTier 类库项目。

6.4.3　创建类库来保存数据适配器

创建类库用来保存数据适配器的操作步骤如下：

(1) 在解决方案中添加一个"新建项目"，弹出"添加新项目"对话框。

(2) 在"添加新项目"对话框中,选择"类库"模板,并将项目命名为"DataAccessTier",如图 6.17 所示。

(3) 单击"确定"按钮,将创建一个 DataAccessTier 类库项目。

图 6.17　在解决方案中添加 DataAccessTier 类库项目

6.4.4　创建强类型数据集

创建强类型数据集的操作步骤如下:

(1) 在项目 DataAccessTier 中添加一个"新建项",弹出"添加新项"对话框。

(2) 在"添加新项"对话框中,选择"数据集"模板,并将数据集命名为"EduDataSet",如图 6.18 所示。

图 6.18　在 DataAccessTier 项目中添加 EduDataSet 数据集

(3) 单击"添加"按钮,打开"数据集设计器",在"服务器资源管理器"中将单位、教室和教学班 3 个表拖到"数据集设计器"面板，如图 6.19 所示。

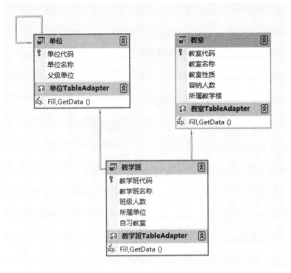

图 6.19 使用数据集设计器创建强类型数据集

6.4.5 将数据适配器与数据集分离

将数据适配器与数据集分离的操作步骤如下：

(1) 单击"数据集设计器"面板上的空白区域。

(2) 在"属性"窗口中找到"数据集项目"节点，在"数据集项目"列表中，单击"DataEntityTier"，如图 6.20 所示。

图 6.20 设置数据集项目属性

(3) 在"生成"菜单上，单击"生成解决方案"。

此时，数据集和数据适配器将被分离到两个类库项目中，如图 6.21 所示。最初包含整个数据集的项目现在只包含数据适配器。在"数据集项目"属性中指定的项目(DataEntityTier)则包含强类型数据集。

图 6.21　分离后的数据适配器和数据集

6.4.6　创建表示层

解决方案中的数据访问层已经可以使用，接下来要创建另一个项目，用来调入数据并将数据显示给用户。在本示例中，将创建一个 Windows 控制台应用程序，它将充当 N 层应用程序的表示层。

表示层是用于显示数据和进行数据交互的实际客户端应用程序，因此必须将 PresentationTier 项目设置为启动项目，如图 6.22 所示。

图 6.22　将表示层设置为启动项目

客户端应用程序 PresentationTier 需要数据集和 TableAdapter 中的信息，因此需要添加对 DataAccessTier 和 DataEntityTier 项目的引用，如图 6.23 所示。

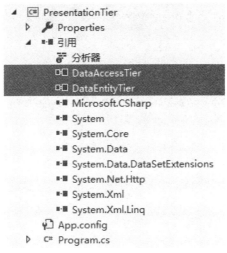

图 6.23　在表示层添加相应的引用

在典型的 N 层数据应用程序中，用于创建和刷新 DataSet 并依次更新原始数据通常分为以下 6 个步骤，代码清单 6-10 演示了这六个步骤的具体实现。程序运行结果如图 6.24 所示，数据库中数据的变化情况如图 6.25 所示。

(1) 通过 DataAdapter 使用数据源中的数据生成和填充 DataSet 中的每个 DataTable。

(2) 通过添加、更新或删除 DataRow 对象更改单个 DataTable 对象中的数据。

(3) 调用 GetChanges 方法以创建只反映对数据进行的更改的第二个 DataSet。

(4) 调用 DataAdapter 的 Update 方法，并将第二个 DataSet 作为参数传递。

(5) 调用 Merge 方法将第二个 DataSet 中的更改合并到第一个中。

(6) 针对 DataSet 调用 AcceptChanges。或者，调用 RejectChanges 以取消更改。

代码清单 6-10　完整的表示层实现代码示例。

```csharp
using System;
using System.Data;
using DataAccessTier.EduDataSetTableAdapters;
using DataEntityTier;

namespace PresentationTier
{
    class Program
    {
        static void Main(string[] args)
        {   // 准备工作，创建强类型 DataSet
            EduDataSet eduDataSet = new EduDataSet();
```

```
// 创建 TableAdapter
单位 TableAdapter unitAdapter = new 单位 TableAdapter();
教室 TableAdapter classroomAdapter = new 教室 TableAdapter();
教学班 TableAdapter classAdapter = new 教学班 TableAdapter();

// 创建 TableAdapterManager
TableAdapterManager taManager = new TableAdapterManager();

taManager.单位 TableAdapter = unitAdapter;
taManager.教室 TableAdapter = classroomAdapter;
taManager.教学班 TableAdapter = classAdapter;

//(1)通过 DataAdapter 使用数据源中的数据生成和填充 DataSet 中的每个 DataTable。
unitAdapter.Fill(eduDataSet.单位);
classroomAdapter.Fill(eduDataSet.教室);
classAdapter.Fill(eduDataSet.教学班);

//(2)通过添加、更新或删除 DataRow 对象更改单个 DataTable 对象中的数据
// 修改现有二级单位
EduDataSet.单位 Row unitNo1199 = eduDataSet.单位.FindBy 单位代码("1199");
if (unitNo1199 != null)
{
    unitNo1199.单位名称 = "修改单位 1199";
}
// 添加一个新的二级单位
EduDataSet.单位 Row newUnitw = eduDataSet.单位.New 单位 Row();
newUnitw.单位代码 = "1188";
newUnitw.单位名称 = "新建单位 1188";
newUnitw.父级单位 = unitNo1199.父级单位;
eduDataSet.单位.Add 单位 Row(newUnitw);

// 添加一个新的教室
EduDataSet.教室 Row newClassRoom = eduDataSet.教室.New 教室 Row();
newClassRoom.教室代码 = Guid.NewGuid();
newClassRoom.教室名称 = "4-103";
newClassRoom.教室性质 = "自习教室";
newClassRoom.容纳人数 = 35;
newClassRoom.所属教学楼 = "4 号教学楼";
```

```csharp
eduDataSet.教室.Add 教室 Row(newClassRoom);

// 添加一个新的教学班
EduDataSet.教学班 Row newClass = eduDataSet.教学班.New 教学班 Row();
newClass.教学班代码  = Guid.NewGuid();
newClass.教学班名称  = "学员×队 2015 级信息安全专业";
newClass.班级人数  = 36;
newClass.所属单位  = "1144";
newClass.自习教室  = newClassRoom.教室代码;
eduDataSet.教学班.Add 教学班 Row(newClass);

//(3)调用 GetChanges 方法以创建只反映对数据进行的更改的第二个 DataSet。
// GetChanges 方法创建一个新的 DataSet，其中包含原始 DataSet
// 中具有挂起更改的所有行的副本
DataSet changedDataSet = eduDataSet.GetChanges();

//(4)调用 DataAdapter 的 Update 方法，并将第二个 DataSet 作为参数传递
int result = taManager.UpdateAll(eduDataSet);

//(5)调用 Merge 方法将第二个 DataSet 中的更改合并到第一个中
eduDataSet.Merge(changedDataSet);

//(6)针对 DataSet 调用 AcceptChanges 或者调用 RejectChanges 以取消更改
// 当对 DataSet 调用 AcceptChanges 时，任何仍处于编辑模式的
// DataRow 对象都将成功结束其编辑每个 DataRow 的 RowState
// 属性也都更改；Added 和 Modified 行变为 Unchanged，Deleted 行被移除
eduDataSet.AcceptChanges();

// 使用各种状态，判断操作正确与否
if (result == 0)
{
    Console.WriteLine("更新操作失败");
}
else
{
    Console.WriteLine("成功更新:{0}行", result);
}
    }
  }
}
```

图 6.24　代码清单 6-10 运行结果

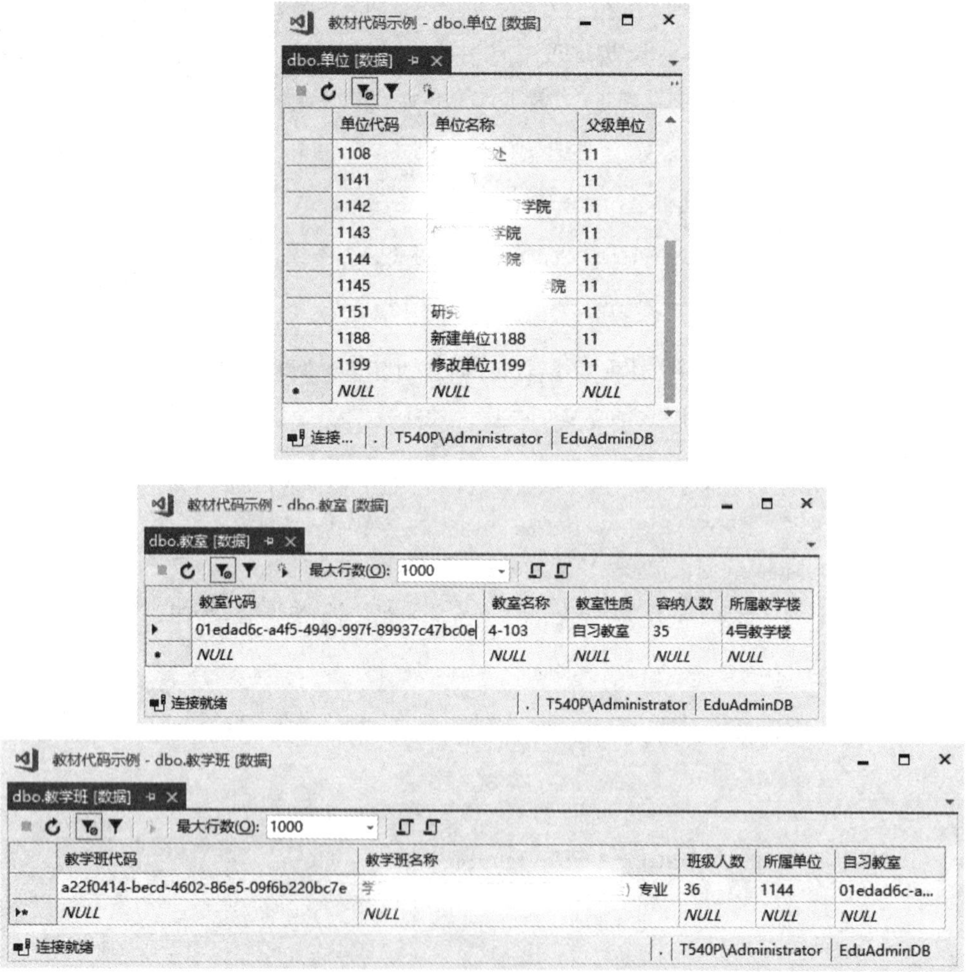

图 6.25　数据库中的数据变化情况

本 章 小 结

本章主要介绍基于 ADO.NET 组件的开发技术。ADO.NET 组件是一组向开发人员公开的数据访问服务的类，其核心组件是 DataSet，它是从数据源中检索到的数据在内存中的缓存。使用 Visual Studio 提供的数据集设计器，可以创建强类型的 DataSet。强类型 DataSet 除了继承 DataSet 的所有功能外，还提供了强类型的方法、属性和事件，使得开发人员可以使用名称而不是基于集合的方法访问表和列。在强类型数据集上可以方便地使用 LINQ 进行查询操作，强类型数据集也使得多层应用程序的开发变得简单而且规范。

思　考　题

1. 针对上一章"图书管理系统"建立的基本表，使用数据集设计器创建强类型数据集，在此基础上，创建一个三层应用程序实现对数据源的更新操作。

2. 针对上一章"学员宿舍管理系统"建立的基本表，使用数据集设计器创建强类型数据集，在此基础上，创建一个三层应用程序实现对数据源的更新操作。

3. 针对上一章自拟项目建立的基本表，使用数据集设计器创建强类型数据集，在此基础上，创建一个三层应用程序实现对数据源的更新操作。

第7章　基于ORM的数据库开发

在面向对象技术中，类的组织结构通常可以比较接近地反映关系数据库中表的组织结构，但这种对应关系并不完全匹配。现有解决方案通过将面向对象的类和属性映射到关系数据库中的表和列的方式来尝试弥合这种差异。本章介绍的 Entity Framework 没有采用这种传统方法，而是将逻辑模型中的关系表、列和外键约束映射到概念模型中的实体和联系，可以更贴切地对数据库中表示的关系进行建模。

7.1　ORM 简介

对象关系映射(Object Relational Mapping，ORM)是一种为了解决面向对象与关系数据库存在互不匹配现象的一种技术。面向对象是在软件工程基本原则的基础上发展起来的，而关系数据库是从数学理论发展起来的，这两套理论有着显著的区别。为了解决这两者之间的不匹配问题，对象关系映射技术应运而生。

ORM 使用元数据来描述对象和关系之间的映射，在对象和数据库之间架起了一座桥梁。在具体操作实体对象的时候，不需要和复杂的 SQL 语句打交道，只需要按照面向对象的方式操作实体对象的属性和方法，就可以将对象自动持久化到数据库中。

Entity Framework(简称 EF)是微软提供的一种 ORM 解决方案，使得应用程序能够以面向对象技术访问和更改概念模型中以实体和联系形式表示的数据。具体来说，Entity Framework 使用模型和映射文件中的信息将对概念模型中表示的实体对象的查询转换为特定于数据源的查询，然后再将查询结果具体化为 Entity Framework 管理的对象。其体系结构如图 7.1 所示。

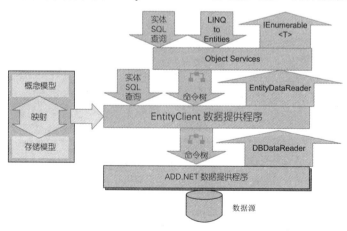

图 7.1　Entity Framework 体系结构

Entity Framework 结构中包含的 EntityClient 数据提供程序用来管理连接，将实体查询转换为特定于数据源的查询。Entity Framework 工具生成的一个从 DbContext 派生的类，用来表示概念模型中实体的容器，并具备跟踪更改以及管理标识、并发和联系的功能。

7.2　DBContext 组件

7.2.1　DBContext 组件简介

Entity Framework API 包含在 System.Data.Entity 命名空间中，其核心组件是 DbContext。DbContext 除了具备跟踪更改以及管理标识、并发和联系的功能，该类还公开将插入、更新和删除操作写入数据源的 SaveChanges 方法。

7.2.2　在项目中引入 DBContext

在项目中引入 DBContext 的操作步骤如下：

(1) 在 Visual Studio 解决方案资源管理器中右键单击项目名称，在弹出的快捷菜单中依次选择"添加"→"新建文件夹"，在项目中创建一个名为"Models"的文件夹，用来存储 DBContext 相关组件。

(2) 右键单击"Models"文件夹，在弹出的快捷菜单中依次选择"添加"→"新建项"，打开"添加新项"对话框，如图 7.2 所示。

图 7.2　添加新项对话框

(3) 在打开的"添加新项"对话框中选择"数据"→"ADO.NET 实体数据模型"，输入数据模型名称，单击"添加"按钮，打开"实体数据模型向导"对话框，如图 7.3 所示。在"实体数据模型向导"对话框中，选择模型内容为"来自数据库的 Code First"，单击"下一步"按钮。

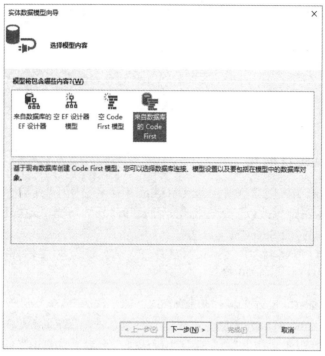

图 7.3　实体数据模型向导对话框

(4) 在"实体数据模型向导"对话框中选择相应的数据连接，如图 7.4 所示，然后单击"下一步"按钮。

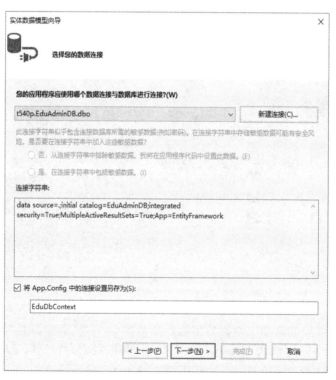

图 7.4　选择数据连接

(5) 在"实体数据模型向导"对话框中选择数据库对象和设置，然后单击"完成"按钮，如图 7.5 所示。

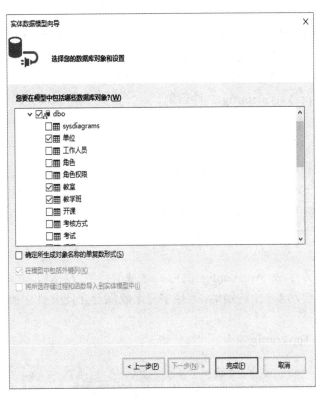

图 7.5 选择数据库对象和设置

生成的项目结构如图 7.6 所示。

图 7.6 引入 DBContext 的项目结构

7.2.3　项目结构说明

项目结构说明如下：

(1) 在项目引用中添加了对 Entity Framework 的引用，如图 7.6 所示。

(2) 在项目根节点生成 packages.config 文件，用来管理引用的依赖项，其内容如代码清单 7-1 所示，此文件由项目自动维护，不需要手动修改。

代码清单 7-1　packages.config 文件示例。

```xml
<?xml version="1.0" encoding="utf-8"?>
<packages>
  <package id="EntityFramework" version="6.2.0"
          targetFramework="net47" />
  <package id="EntityFramework.zh-Hans" version="6.2.0"
          targetFramework="net47" />
</packages>
```

(3) 在项目根节点生成 App.config 文件，这是项目配置文件，其内容如代码清单 7-2 所示，此文件由项目自动维护。特别地，连接字符串就保存在此文件中的<connectionStrings>节中。

代码清单 7-2　App.config 文件示例。

```xml
<?xml version="1.0" encoding="utf-8"?>
<configuration>
  <configSections>
    <section name="entityFramework"
            type="System.Data.Entity.Internal.ConfigFile.
            EntityFrameworkSection, EntityFramework, Version=6.0.0.0,
            Culture=neutral, PublicKeyToken=b77a5c561934e089"
            requirePermission="false" />
  </configSections>
  <entityFramework>
    <defaultConnectionFactory
      type="System.Data.Entity.Infrastructure.LocalDbConnectionFactory, EntityFramework">
      <parameters>
        <parameter value="mssqllocaldb" />
      </parameters>
    </defaultConnectionFactory>
    <providers>
      <provider invariantName="System.Data.SqlClient"
              type="System.Data.Entity.SqlServer.SqlProviderServices,
```

```
                    EntityFramework.SqlServer" />
        </providers>
    </entityFramework>
    <connectionStrings>
        <add name="EduDbContext"
            connectionString="data source=.;
            initial catalog=EduAdminDB;
            integrated security=True;
            MultipleActiveResultSets=True;
            App=EntityFramework"
            providerName="System.Data.SqlClient" />
    </connectionStrings>
</configuration>
```

(4) Models 文件夹的内容。DbContext 核心组件存放在该文件夹中，此项目中将自动生成 4 个文件，分别是单位.cs(映射到数据库中的单位表)、教室.cs(映射到数据库中的教室表)、教学班.cs(映射到数据库中的教学班表)和 EduDbContext.cs(用于表的查询和跟新操作)，分别如代码清单 7-3、7-4、7-5、7-6 所示。

代码清单 7-3　单位.cs 文件示例。

```
namespace EFExamples.Models
{
    using System;
    using System.Collections.Generic;
    using System.ComponentModel.DataAnnotations;
    using System.ComponentModel.DataAnnotations.Schema;
    using System.Data.Entity.Spatial;

    public partial class 单位
    {
        [System.Diagnostics.CodeAnalysis.SuppressMessage("Microsoft.Usage",
            "CA2214:DoNotCallOverridableMethodsInConstructors")]
        public 单位()
        {
            单位 1 = new HashSet<单位>();
            教学班  = new HashSet<教学班>();
        }

        [Key]
        [StringLength(8)]
```

```
        public string  单位代码  { get; set; }

        [StringLength(20)]
        public string  单位名称  { get; set; }

        [StringLength(8)]
        public string  父级单位  { get; set; }

        [System.Diagnostics.CodeAnalysis.SuppressMessage("Microsoft.Usage",
            "CA2227:CollectionPropertiesShouldBeReadOnly")]
        public virtual ICollection<单位>  单位 1 { get; set; }

        public virtual  单位  单位 2 { get; set; }

        [System.Diagnostics.CodeAnalysis.SuppressMessage("Microsoft.Usage",
            "CA2227:CollectionPropertiesShouldBeReadOnly")]
        public virtual ICollection<教学班>  教学班  { get; set; }
    }
}
```

代码清单 7-4　教室.cs 文件示例。

```
namespace EFExamples.Models
{
    using System;
    using System.Collections.Generic;
    using System.ComponentModel.DataAnnotations;
    using System.ComponentModel.DataAnnotations.Schema;
    using System.Data.Entity.Spatial;

    public partial class  教室
    {
        [System.Diagnostics.CodeAnalysis.SuppressMessage("Microsoft.Usage",
            "CA2214:DoNotCallOverridableMethodsInConstructors")]
        public  教室()
        {
            教学班  = new HashSet<教学班>();
        }

        [Key]
        public Guid  教室代码  { get; set; }
```

```
        [StringLength(10)]
        public string 教室名称 { get; set; }


        [StringLength(10)]
        public string 教室性质 { get; set; }


        public short? 容纳人数 { get; set; }


        [StringLength(10)]
        public string 所属教学楼 { get; set; }


        [System.Diagnostics.CodeAnalysis.SuppressMessage("Microsoft.Usage",
            "CA2227:CollectionPropertiesShouldBeReadOnly")]
        public virtual ICollection<教学班> 教学班 { get; set; }
    }
}
```

代码清单 7-5　教学班.cs 文件示例。

```
namespace EFExamples.Models
{
    using System;
    using System.Collections.Generic;
    using System.ComponentModel.DataAnnotations;
    using System.ComponentModel.DataAnnotations.Schema;
    using System.Data.Entity.Spatial;

    public partial class 教学班
    {
        [Key]
        public Guid 教学班代码 { get; set; }


        [StringLength(30)]
        public string 教学班名称 { get; set; }


        public short? 班级人数 { get; set; }


        [StringLength(8)]
        public string 所属单位 { get; set; }
```

```
        public Guid? 自习教室 { get; set; }

        public virtual 单位 单位 { get; set; }

        public virtual 教室 教室 { get; set; }
    }
}
```

代码清单 7-6　EduDbContext.cs 文件示例。

```
namespace EFExamples.Models
{
    using System;
    using System.Data.Entity;
    using System.ComponentModel.DataAnnotations.Schema;
    using System.Linq;

    public partial class EduDbContext : DbContext
    {
        public EduDbContext()
            : base("name=EduDbContext")
        {
        }

        public virtual DbSet<单位> 单位 { get; set; }
        public virtual DbSet<教室> 教室 { get; set; }
        public virtual DbSet<教学班> 教学班 { get; set; }

        protected override void OnModelCreating(DbModelBuilder modelBuilder)
        {
            modelBuilder.Entity<单位>()
                .HasMany(e => e.单位 1)
                .WithOptional(e => e.单位 2)
                .HasForeignKey(e => e.父级单位);

            modelBuilder.Entity<单位>()
                .HasMany(e => e.教学班)
                .WithOptional(e => e.单位)
                .HasForeignKey(e => e.所属单位);
```

```
        modelBuilder.Entity<教室>()
            .HasMany(e => e.教学班)
            .WithOptional(e => e.教室)
            .HasForeignKey(e => e.自习教室);
        }
    }
}
```

7.3　使用 DBContext 执行查询

7.3.1　LINQ to Entities 简介

LINQ to Entities 提供语言集成查询(LINQ)支持，它允许开发人员根据实体框架概念模型编写查询。LINQ to Entities 将 LINQ 查询转换为命令目录树查询，并返回可同时由实体框架和 LINQ 使用的对象。创建和执行 LINQ to Entities 查询过程如下：

(1) 从 ObjectContext 构造 ObjectQuery(T)实例。

(2) 通过使用 ObjectQuery(T)实例编写 LINQ to Entities 查询。

(3) 将 LINQ 标准查询运算符和表达式将转换为命令目录树。

(4) 对数据源执行命令目录树表示形式的查询。

(5) 将查询结果返回到客户端。

可以通过两种不同的语法编写 LINQ to Entities 查询：查询表达式语法和基于方法的查询语法。查询表达式语法是由一组用类似于 Transact-SQL 的声明性语法所编写的子句组成。不过，CLR 无法读取查询表达式语法本身。因此，在编译时，查询表达式将转换为 CLR 能理解的形式，即方法调用。作为开发人员，可以选择使用方法语法而不使用查询语法直接调用这些方法。

7.3.2　使用查询表达式

查询表达式是一种声明性查询语法。通过这一语法，开发人员可以使用类似于 Transact-SQL 语言的格式编写查询。通过使用查询表达式语法，可以用最少的代码对数据源执行复杂的筛选、排序和分组操作。

1. 选择

代码清单 7-7 演示如何使用查询表达式执行选择运算。

代码清单 7-7　查询所有二级单位示例。

```
public static void Selection1()
{
    using (EduDbContext context = new EduDbContext())
    {
```

```
        var unitsQuery = from unit in context.单位
                    where unit.单位代码.Length == 4
                    select unit;
        foreach (var unit in unitsQuery)
        {
            Console.WriteLine("{0}\t{1}\t{2}", unit.单位代码, unit.单位名称, unit.父级单位);
        }
    }
}
```

2. 投影

代码清单 7-8 演示如何使用查询表达式执行投影运算。

代码清单 7-8　　查询所有单位的单位编码和名称示例。

```
public static void Projection1()
{
    using (EduDbContext context = new EduDbContext())
    {
        var unitsQuery = from unit in context.单位
                    select new
                    {
                        单位代码 = unit.单位代码,
                        单位名称 = unit.单位名称
                    };
        foreach (var unit in unitsQuery)
        {
            Console.WriteLine("{0}\t{1}", unit.单位代码, unit.单位名称);
        }
    }
}
```

3. 排序

代码清单 7-9 演示如何使用查询表达式执行排序操作。

代码清单 7-9　　查询所有单位，并按单位名称的长度进行排序示例。

```
public static void Sort1()
{
    using (EduDbContext context = new EduDbContext())
    {
        var unitsQuery = from unit in context.单位
                    orderby unit.单位名称.Length
```

```
                select unit;
        foreach (var unit in unitsQuery)
        {
                Console.WriteLine("{0}\t{1}\t{2}", unit.单位代码, unit.单位名称, unit.父级单位);
        }
    }
}
```

4. 连接

代码清单 7-10 演示如何使用查询表达式执行连接运算。

代码清单 7-10　查询所有教学班信息示例。

```
public static void Join1()
{
    using (EduDbContext context = new EduDbContext())
    {
        var units = context.单位;
        var classrooms = context.教室;
        var classes = context.教学班;
        var classesQuery = from c in classes
                           join unit in units
                           on c.所属单位
                           equals unit.单位代码
                           join classroom in classrooms
                           on c.自习教室
                           equals classroom.教室代码
                           select new
                           {
                               教学班代码 = c.教学班代码,
                               教学班名称 = c.教学班名称,
                               班级人数 = c.班级人数,
                               所属单位 = unit.单位名称,
                               自习教室 = classroom.教室名称
                           };
        foreach (var c in classesQuery)
        {
            Console.WriteLine("{0}\t{1}\t{2}\t{3}\t{4}",
                c.教学班代码, c.教学班名称,
                c.班级人数, c.所属单位,
                c.自习教室);
```

```
            }
        }
}
```

5. 分组

代码清单 7-11 演示如何使用查询表达式执行分组操作。

代码清单 7-11　查询所有单位教学班数量示例。

```
public static void Group1()
{
    using (EduDbContext context = new EduDbContext())
    {
        var units = context.单位;
        var classes = context.教学班;
        var classesQuery = from c in classes
                           join u in units
                           on c.所属单位
                           equals u.单位代码
                           group u by u.单位名称  into unitGroup
                           select new
                           {
                               单位名称  = unitGroup.Key,
                               教学班数量 = unitGroup.Count()
                           };
        foreach (var c in classesQuery)
        {
            Console.WriteLine("{0}\t{1}", c.单位名称, c.教学班数量);
        }
    }
}
```

7.3.3　基于方法的查询

基于方法的查询语法是一系列针对 LINQ 运算符方法的直接方法调用，同时将 lambda 表达式作为参数传递。

1. 选择

代码清单 7-12 演示如何使用运算符方法执行选择运算。

代码清单 7-12　查询所有二级单位示例。

```
public static void Selection2()
{
```

```
        using (EduDbContext context = new EduDbContext())
        {
            var unitsQuery = context.单位
                            .Where(u => u.单位代码.Length == 4)
                            .Select(u => u);
            foreach (var unit in unitsQuery)
            {
                Console.WriteLine("{0}\t{1}\t{2}", unit.单位代码, unit.单位名称, unit.父级单位);
            }
        }
    }
```

2. 投影

代码清单 7-13 演示如何使用运算符方法执行投影运算。

代码清单 7-13　查询所有单位的单位编码和名称示例。

```
public static void Projection2()
{
    using (EduDbContext context = new EduDbContext())
    {
        var unitsQuery = context.单位
                        .Select(u => new
                        {
                            单位代码　= u.单位代码,
                            单位名称　= u.单位名称
                        });
        foreach (var unit in unitsQuery)
        {
            Console.WriteLine("{0}\t{1}", unit.单位代码, unit.单位名称);
        }
    }
}
```

3. 排序

代码清单 7-14 演示如何使用运算符方法执行排序操作。

代码清单 7-14　查询所有单位，并按单位名称的长度进行排序示例。

```
public static void Sort2()
{
    using (EduDbContext context = new EduDbContext())
    {
```

```
        var unitsQuery = context.单位
                        .OrderBy(u => u.单位名称.Length)
                        .Select(u => u);
        foreach (var unit in unitsQuery)
        {
            Console.WriteLine("{0}\t{1}\t{2}", unit.单位代码, unit.单位名称, unit.父级单位);
        }
    }
}
```

4. 连接

代码清单 7-15 演示如何使用运算符方法执行连接运算。

代码清单 7-15　查询所有教学班信息示例。

```
public static void Join2()
{
    using (EduDbContext context = new EduDbContext())
    {
        var units = context.单位;
        var classrooms = context.教室;
        var classes = context.教学班;
        var classesQuery = classes.Join(units, c => c.所属单位,
                                unit => unit.单位代码,
                                (c, unit) => new
                                {
                                    教学班代码 = c.教学班代码,
                                    教学班名称 = c.教学班名称,
                                    班级人数 = c.班级人数,
                                    自习教室 = c.自习教室,
                                    所属单位 = unit.单位名称
                                })
                                .Join(classrooms, c => c.自习教室,
                                classroom => classroom.教室代码,
                                (c, classroom) => new
                                {
                                    教学班代码 = c.教学班代码,
                                    教学班名称 = c.教学班名称,
                                    班级人数 = c.班级人数,
                                    所属单位 = c.所属单位,
                                    自习教室 = classroom.教室名称
```

```
                                                            });
        foreach (var c in classesQuery)
        {
                Console.WriteLine("{0}\t{1}\t{2}\t{3}\t{4}",
                        c.教学班代码,
                        c.教学班名称,
                        c.班级人数,
                        c.所属单位,
                        c.自习教室);
        }
    }
}
```

5. 分组

代码清单 7-16 演示如何使用运算符方法执行分组操作。

代码清单 7-16　查询所有单位教学班数量示例。

```
public static void Group2()
{
    using (EduDbContext context = new EduDbContext())
    {
        var units = context.单位;
        var classes = context.教学班;
        var classesQuery = classes.Join(units, c => c.所属单位, u => u.单位代码,
                        (c, u) => new
                        {
                                单位名称  = u.单位名称
                        })
                        .GroupBy(u => u. 单位名称)
                        .Select(u => new
                        {
                                单位名称  = u.Key,
                                教学班数量  = u.Count()
                        });
        foreach (var c in classesQuery)
        {
                Console.WriteLine("{0}\t{1}", c.单位名称, c.教学班数量);
        }
    }
}
```

7.4　使用 DBContext 执行更新

7.4.1　执行更新操作

1. 添加一个新实体

代码清单 7-17 演示如何向单位表中添加一个新的单位。首先，创建一个新的单位实例；然后，调用基础上下文中单位集合的 Add 方法，将新创建的单位实例添加到单位集合中，该实例将被标记为"已添加"状态；最后，调用基础上下文的 SaveChanges 方法，该方法将下文中所做的所有更改保存到基础数据库。

代码清单 7-17　添加新的单位示例。

```
public static void AddNewUnit()
{
    using (EduDbContext context = new EduDbContext())
    {
        // 创建一个新实体
        var unit = new 单位();
        unit.单位代码 = "1166";
        unit.单位名称 = "新增单位 1166";
        unit.父级单位 = "11";
        // 将新实体以"已添加"状态添加到集的基础上下文中
        context.单位.Add(unit);
        // 调用 SaveChanges 方法，将该实体插入到数据库中
        int result = context.SaveChanges();
        // 查看更新结果
        if(result!=0)
        {
            Console.WriteLine("添加成功");
        }
        else
        {
            Console.WriteLine("添加失败");
        }
    }
}
```

2. 修改现有实体

代码清单 7-18 演示如何修改一个现有单位信息。首先，在基础上下文的单位集合中调用 Find 方法查询指定主键的单位实例；然后，修改该单位实例，该实例将被标记为"已修改"状态；最后，调用基础上下文的 SaveChanges 方法，该方法将下文中所做的所有更改保存到基础数据库。

注意，Find 方法使用给定主键值进行查询，如果基础上下文中存在给定主键值的实体，则立即返回该实体，而不会向数据源发送请求。否则，会向数据源发送查找给定主键值的实体的请求，如果找到该实体，则将其附加到上下文并返回。如果未在上下文或数据源中找到实体，则返回 null。

代码清单 7-18　修改单位信息示例。

```
public static void ModifyUnit()
{
    using (EduDbContext context = new EduDbContext())
    {
        // 查找要修改的实体
        var unit = context.单位.Find("1166");
        // 如果查找到该实体，进行修改操作
        if (unit != null)
        {
            unit.单位名称 = "修改的 1166";
        }
        // 调用 SaveChanges 方法，将所有更改保存到数据库中
        int result = context.SaveChanges();
        // 查看更新结果
        if (result != 0)
        {
            Console.WriteLine("修改成功");
        }
        else
        {
            Console.WriteLine("修改失败");
        }
    }
}
```

3. 删除现有实体

代码清单 7-19 演示如何删除一个现有单位。首先，在基础上下文的单位集合中查询指定主键的单位实例；然后，调用单位集合的 Remove 方法，该实例将被标记为"已删除"状态；最后，调用基础上下文的 SaveChanges 方法，该方法将下文中所做的所有更改保存

到基础数据库。

代码清单 7-19　删除现有单位示例。

```
public static void DeleteUnit()
{
    using (EduDbContext context = new EduDbContext())
    {   // 查找要删除的实体
        var unit = context.单位.Find("1166");
        // 如果查找到该实体，将该实体标记为"已删除"
        if (unit != null)
        {
            context.单位.Remove(unit);
        }
        // 调用 SaveChanges 方法，从数据库中删除该实体
        int result = context.SaveChanges();
        // 查看更新结果
        if (result != 0)
        {
            Console.WriteLine("删除成功");
        }
        else{
            Console.WriteLine("删除失败");
        }
    }
}
```

7.4.2　跟踪更改操作

Entity Framework 提供跟踪对象更改的功能，DbContext.ChangeTracker 属性提供对与实体的更改跟踪相关的上下文的功能的访问，该属性调用返回一个 DbChangeTracker 实例。代码清单 7-20 演示如何通过 DbChangeTracker 实例访问更改跟踪信息。

代码清单 7-20　访问更改跟踪信息示例。

```
public static void Tracking()
{
    using (EduDbContext context = new EduDbContext())
    {   // 查找要修改的实体
        var unit1 = context.单位.Find("1188");
        // 如果查找到该实体，将该实体标记为"已修改"
        if (unit1 != null)
```

```
    {
        unit1.单位名称 = "修改的 1188";
    }
    // 查找要删除的实体
    var unit2 = context.单位.Find("1199");
    // 如果查找到该实体，将该实体标记为"已删除"
    if (unit2 != null)
    {
        context.单位.Remove(unit2);
    }
    // 由 DbContext 的 ChangeTracker 属性返回 DbChangeTracker 实例，
    // 以提供对与实体的更改跟踪相关的上下文的功能的访问
    DbChangeTracker tracker = context.ChangeTracker;
    // 检查是 DbContext 否正在跟踪任何新建、已删除或有更改的实体或关系，
    // 如果基础 DbContext 有更改，则为 true；否则为 false
    bool tracked = tracker.HasChanges();
    // 获取此上下文跟踪的所有实体的 DbEntityEntry 对象
    IEnumerable<DbEntityEntry<单位>> entries = tracker.Entries<单位>();
    Console.WriteLine("上下文中是否有更新操作:{0}",tracked);
    if (tracked)
    {
        Console.WriteLine("上下文中有更新操作:{0}项",entries.Count());
        foreach (var entry in entries)
        {
            Console.WriteLine("单位代码为{0}的单位当前状态是：{1}",
                entry.Entity.单位代码, entry.State);
            if (entry.State == EntityState.Modified)
            {
                Console.WriteLine("单位代码为{0}的单位原单位名称是：{1}，" +
                    "当前单位名称是:{2}",
                    entry.Entity.单位代码,
                    entry.OriginalValues.GetValue<string>("单位名称"),
                    entry.CurrentValues.GetValue<string>("单位名称"));
            }
        }
    }
}
}
```

程序运行结果如图 7.7 所示。

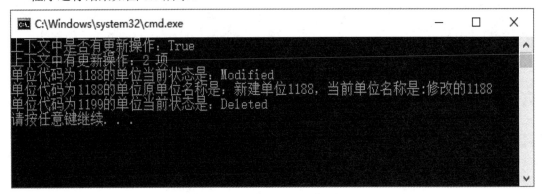

图 7.7   更改跟踪示例运行结果

7.4.3   当前值、原始值、数据库存储值

DbEntityEntry 提供访问实体 3 种值的能力，分别是当前值、原始值和数据库存储值。

当前值是指应用程序中实体各属性当前设置的值。

原始值是指每个实体在附加到基础上下文时各属性的值，比如第一次从数据库检索到的该实体各属性的值。

数据库存储值是指当前存储在数据库中实体各属性的值，在执行从数据库的第一次检索后，数据库中的值可能会被其他用户修改。

在同一个应用程序中访问到的这 3 个值有可能完全不同。

7.5   使用 DBContext 直接访问数据库

7.5.1   Database 类简介

Database 类的实例表示实际连接的数据库，可以使用 DbContext.Database 属性获取此类的实例，并且可使用该实例来管理支持所连接的实际数据库，包括对数据库执行创建、删除和存在性检查操作。如果使用此类的静态方法，只需使用一个连接即可对数据库执行删除操作和存在性检查。代码清单 7-21 演示如何使用 Database 类的静态方法删除一个数据库。

代码清单 7-21   删除数据库示例。

```
public static void DeleteDatabaseDirectly()
{   // 如果数据库服务器上存在数据库，则删除该数据库
    // 否则不执行任何操作
    // 使用连接字符串创建与数据库的连接
    Database.Delete("data source=.;initial catalog = Temp;integrated security = True");
}
```

7.5.2 直接执行查询

DbContext.Database.SqlQuery 方法将创建一个原始 SQL 查询，该查询将返回给定泛型类型的元素。类型不必是实体类型，可以是包含与从查询返回的列名匹配的属性的任何类型，也可以是简单的基元类型。代码清单 7-22 演示如何使用 SqlQuery 方法查询指定父级单位的所有单位的单位名称。

代码清单 7-22　使用 Database 直接执行原始 SQL 查询示例。

```
public static void QueryDirectly(string parentUnitCode)
{
    using (EduDbContext context = new EduDbContext())
    {   // 创建一个原始 SQL 查询
        var query = context.Database.SqlQuery<string>(
            "select 单位名称 from dbo.单位 where 父级单位 = {0}",
            parentUnitCode);
        // 执行查询
        foreach (var q in query)
        {
            Console.WriteLine("{0}", q);
        }
    }
}
```

7.5.3 直接执行命令

代码清单 7-23 演示如何使用 SqlQuery 方法命令删除指定单位代码的单位。

代码清单 7-23　使用 Database 直接执行原始 SQL 命令示例。

```
public static void ExecuteQueryDirectly(string code)
{
    using (EduDbContext context = new EduDbContext())
    {   // 执行命令
        int result = context.Database.ExecuteSqlCommand(
            "delete from 单位 where 单位代码 = {0}", code);
        // 测试执行结果
        if(result!=0)
        {
            Console.WriteLine("执行成功");
        }
        else
        {
```

```
                Console.WriteLine("执行失败");
        }
    }
}
```

本 章 小 结

本章主要介绍 Entity Framework 框架在数据库应用系统开发中的应用。EF 框架是微软提供的一种 ORM 框架，可以和 Visual Studio 集成开发环境无缝结合。EF 框架的核心组件是 DbContext，它是应用程序和数据库之间的一个桥梁。在数据库应用系统开发过程中，也可以使用第三方提供的 ORM 框架，使用方法大同小异。

思 考 题

1. 针对第 5 章"图书管理系统"建立的基本表，使用 EF 框架，创建一个三层应用程序实现对数据源的更新操作。

2. 针对第 5 章"学员宿舍管理系统"建立的基本表，使用 EF 框架，创建一个三层应用程序实现对数据源的更新操作。

3. 针对第 5 章自拟项目建立的基本表，使用 EF 框架，创建一个三层应用程序实现对数据源的更新操作。

第 8 章 数据加密基础

加密是保护数据的有效措施，从而使未经授权的用户不能读取它们，这对于在网络中传送的数据非常重要。本章主要介绍与数据加密相关的知识和组件。

8.1 数据加密概述

1. 数据加密简介

数据加密是指通过加密算法和加密密钥将明文转换为密文的过程，而解密则是指通过解密算法和解密密钥将密文恢复为明文的过程。在数据库应用系统中，数据加密用于实现以下目标：

(1) 保密性：有助于防止用户的身份或数据被读取。

(2) 数据完整性：有助于防止数据被更改。

(3) 身份验证：确保数据来自特定方。

(4) 不可否认性：防止特定方否认其发送过消息。

2. 私钥加密

私钥加密算法使用单个密钥来加密和解密数据。必须确保密钥不被未经授权的代理访问，因为拥有此密钥的任意一方均可使用此密钥解密你的数据，或者加密自己的数据，而声称此数据来自你。

由于加密和解密所用的密码相同，因此私钥加密也称为对称加密。私钥加密算法速度快，非常适合在大型数据流上执行加密转换。

3. 公钥加密

公钥加密使用对未经授权的用户保密的私钥和可以公开给任何人的公钥。从数学上讲，公钥和私钥是相互连接的，使用公钥加密的数据只能用私钥解密，而使用私钥签名的数据只能使用公钥进行验证。

由于加密数据需要一个密钥，而解密数据需要另一个密钥，因此，公钥加密也称为非对称加密。非对称加密算法从数学上来说在可加密的数据量方面存在限制。

4. 数字签名

公钥算法还可用于构成数字签名。数字签名会验证发件人的身份，并有助于保护数据的完整性。

5. 哈希

哈希算法将任意长度的二进制值映射到较小的固定长度的二进制值，称为哈希值。哈希值是一段数据的数值表示形式。如果对一段纯文本进行哈希处理，甚至只更改段落的一个字母，随后的哈希运算都将产生不同的值。如果哈希是加密型强哈希，则其值将有明显的更改。例如，如果更改了消息中的一个位，强哈希函数可能会生成相差 50% 的输出。许多输入值可能哈希处理为相同的输出值，但是无法以计算方式找到哈希处理为同一值的两个不同的输入。

6. 随机数生成

随机数生成是很多加密操作的必要组成部分。例如，加密密钥需要尽可能随机，以便使其很难再现。加密随机数生成器必须生成在计算上预测的可能性不可大于 50% 的输出。

8.2　文　　件

8.2.1　文件概述

文件是一个由字节组成的有序的命名集合，它具有永久存储的能力。在处理文件时，将处理目录路径、磁盘存储、文件和目录名称。可以使用 System.IO 命名空间中的类型与文件和目录进行交互。例如，可以获取和设置文件和目录的属性，并基于搜索条件检索文件和目录的集合等。.NET Framework 中与文件系统相关的类继承层次结构如图 8.1 所示。

```
System.Object
  ├─System.IO.FileSystemInfo
  │   ├─System.IO.DirectoryInfo
  │   └─System.IO.FileInfo
  ├─System.IO.Directory
  ├─System.IO.File
  ├─System.IO.DriveInfo
  └─System.IO.Path
```

图 8.1　文件系统相关的类继承层次结构

文件系统相关类的作用如表 8-1 所示。

表 8-1　文件系统相关类的作用

类	作　用
FileSystemInfo	为 FileInfo 和 DirectoryInfo 对象提供基类
FileInfo 和 File	这些类表示文件系统中的文件
DirectoryInfo 和 Directory	这些类表示文件系统中的文件夹
Path	该类包含的静态成员可以用于处理路径
DriveInfo	该类的属性和方法提供了指定驱动器的信息

8.2.2　管理文件系统

在表 8-1 所列的这些类中，Directory 类和 File 类都是静态类，它们只包含静态方法，不能被实例化。只要调用某个静态方法，提供合适的文件系统对象的路径，就可以执行相关操作。如果只对文件或文件夹执行一个操作，使用这些类很有效。DirectoryInfo 类和 FileInfo 类实现与 Directory 类和 File 类大致相同的公共方法，并拥有一些公共属性和构造函数，它们都是有状态的。如果使用同一个对象执行多个操作，则使用这些类就比较有效。

1．访问驱动器

在处理文件和文件夹之前，通常会先检查驱动器信息，通过使用 DriveInfo 类实现。DriverInfo 类对驱动器进行建模，以查询有关驱动器的信息。使用 DriveInfo 类可以扫描计算机系统，并提供所有可用驱动器的列表，以及它们的驱动器类型。此外，还可以进一步提供任何一个驱动器的细节信息，比如确定驱动器的容量和可用空间等。DriverInfo 类是一个密封类，不能被继承。代码清单 8-1 演示如何使用 DriveInfo 类来显示当前系统中所有驱动器的相关信息。

代码清单 8-1　DriveInfo 类的应用示例。

```
public static void DriveInfo()
{    // DriveInfo.GetDrives 静态方法
     // 返回 DriveInfo 类型的数组
     // 表示计算机上的所有逻辑驱动器
     DriveInfo[] allDrives = DriveInfo.GetDrives();
     foreach (DriveInfo d in allDrives)
     {    // 获取驱动器的名称，如 C:\
          Console.WriteLine("驱动器:{0}", d.Name);
          // 获取驱动器类型，如 CD-ROM、可移动、网络或固定
          Console.WriteLine("类型:{0}", d.DriveType);
          // IsReady 指示驱动器是否已准备就绪
          if (d.IsReady == true)
          {    // 获取驱动器的卷标
               Console.WriteLine("卷标:{0}", d.VolumeLabel);
               // 获取驱动器的文件系统
               Console.WriteLine("文件系统:{0}",d.DriveFormat);
               //获取驱动器上存储空间的总大小
               Console.WriteLine("总容量:\t\t{0, 15} bytes ", d.TotalSize);
               // 获取驱动器上的可用空闲空间总量
               Console.WriteLine("可用空间:\t\t{0, 15} bytes", d.TotalFreeSpace);
               // 获取驱动器上当前用户的可用空闲空间总量
```

```
                Console.WriteLine("当前用户可用空间:\t{0, 15} bytes", d.AvailableFreeSpace);
            }
        }
    }
```

2. 访问路径

路径是一个字符串，它提供文件或文件夹的位置。一个路径不指向磁盘上的某个位置，但可以映射到内存或设备上的某个位置。路径的格式是由当前系统平台确定的，例如，在某些系统中，路径可以以驱动器或卷字母开头；在某些系统中，路径可以包含扩展名，用以表示存储在文件中的信息的类型。文件扩展名的格式也是依赖于平台的，例如，某些系统限制文件扩展名为 3 个字符。当前系统平台还确定一组字符用于分隔路径中的诸元素，另外还确定一组在指定路径时不能使用的字符。由于这些差异，Path 类的某些成员是平台相关的。Path 类是一个静态类，不能被实例化。代码清单 8-2 演示 Path 类的主要成员的应用。

代码清单 8-2　Path 类的应用示例。

```
public static void PathInfo()
{       string path1 = @"c:\temp\MyTest.txt";
        string path2 = @"c:\temp\MyTest";
        string path3 = @"temp";
        // 确定路径是否包括文件扩展名
        if (Path.HasExtension(path1))
        {
                Console.WriteLine("{0}具有扩展名", path1);
        }
        if (!Path.HasExtension(path2))
        {
                Console.WriteLine("{0}没有扩展名", path2);
        }
        // 确定指定的路径是否包含根
        if (!Path.IsPathRooted(path3))
        {
                Console.WriteLine("路径{0}不包含根信息", path3);
        }
        Console.WriteLine("路径{0}的绝对路径是 {1}.", path3, Path.GetFullPath(path3));
        Console.WriteLine("{0} 是当前用户的临时文件夹", Path.GetTempPath());
        Console.WriteLine("{0} 是一个临时文件", Path.GetTempFileName());
        // 合并路径
        Console.WriteLine(Path.Combine(@"C:\Examples", "ReadMe.txt"));
}
```

3. 访问文件夹和文件

创建文件和文件夹将使用 File、FileInfo、Directory 和 DirectoryInfo 类。File 类的典型操作有复制、移动、重命名、创建、打开、删除文件及文件读写等，如果执行相同的文件上的多个操作，则使用 FileInfo 类的实例方法比使用对应的 File 类的静态方法更高效。Directory 类的典型操作有复制、移动、重命名、创建和删除文件夹等，如果需要多次重用对象，则使用 DirectoryInfo 类的实例方法比使用相应的 Directory 类的静态方法高效。代码清单 8-3、8-4 分别演示 File 类和 Directory 类的应用。

代码清单 8-3　File 类应用示例。

```
public static void FileExample(string path)
{    // 确定指定的文件是否存在
     if (!File.Exists(path))
     {
         string[] createText = { "Hello", "And", "Welcome" };
         // 创建一个新文件，在其中写入指定的字符串数组，然后关闭该文件
         // 如果目标文件已存在，则覆盖该文件
         File.WriteAllLines(path, createText);
     }
     string appendText = "This is extra text" + Environment.NewLine;
     // 打开一个文件，向其中追加指定的字符串，然后关闭该文件
     // 如果文件不存在，此方法将创建一个文件，将指定的字符串写入文件
     // 然后关闭该文件
     File.AppendAllText(path, appendText);
     // 打开一个文本文件，读取文件的所有行，然后关闭该文件
     string[] readText = File.ReadAllLines(path);
     foreach (string s in readText)
     {
         Console.WriteLine(s);
     }
}
```

代码清单 8-4　Directory 类应用示例。

```
public static void DirectoryExample(string path)
{
    if (File.Exists(path))
    {    // 指定路径是文件
        ProcessFile(path);
    }
    else if (Directory.Exists(path))
    {    // 指定路径是文件夹
```

```
        ProcessDirectory(path);
    }
    else
    {
        Console.WriteLine("{0}不是文件或文件夹", path);
    }
}


// 处理指定文件夹下的所有文件
// 并循环处理其子文件夹下的所有文件
public static void ProcessDirectory(string targetDirectory)
{   // 返回指定文件夹下的文件列表
    string[] fileEntries = Directory.GetFiles(targetDirectory);
    foreach (string fileName in fileEntries)
        ProcessFile(fileName);
    // 返回指定文件夹下的子文件夹列表
    string[] subdirectoryEntries = Directory.GetDirectories(targetDirectory);
    foreach (string subdirectory in subdirectoryEntries)
        ProcessDirectory(subdirectory);
}


// 处理文件
public static void ProcessFile(string path)
{
    Console.WriteLine("Processed file '{0}'.", path);
}
```

8.3　流

8.3.1　流简介

流是一个字节序列，用于对后备存储进行读取和写入操作，后备存储可以是多种存储媒介之一，例如磁盘或内存。正如存在除磁盘之外的多种后备存储一样，流也存在除文件流之外的多种流，例如网络流、内存流和管道流等。.NET Framework 中与流相关的类继承层次结构如图 8.2 所示。

```
System.Object
  └System.MarshalByRefObject
     └System.IO.Stream
        ├System.IO.FileStream
        ├System.IO.MemoryStream
        ├System.IO.BufferedStream
        ├System.Net.Sockets.NetworkStream
        ├System.IO.Pipes.PipeStream
        ├System.Security.Cryptography.CryptoStream
        └System.Printing.PrintQueueStream
```

图 8.2 流相关的类继承层次结构

流涉及 3 个基本操作：

(1) 读取：将数据从流传输到数据结构中。

(2) 写入：将数据从数据源传输到流。

(3) 查找：对流中的当前位置进行查询和修改。

根据基础数据源类型，流可能只支持这些功能中的一部分。流的 CanRead、CanWrite 和 CanSeek 属性指定流是否支持相应的操作。

8.3.2 文件流

使用 FileStream 类来读取、写入、打开和关闭文件系统上的文件，以及处理其他与文件相关的操作系统句柄，包括管道、标准输入和标准输出。File 类是一个实用工具类，具有基于文件路径创建 FileStream 对象的静态方法。代码清单 8-5 演示如何使用 File 类来检查指定的文件是否存在，如果指定文件存在则删除它，然后创建一个新文件并向其中写入数据，最后打开该文件并从中读取数据。

代码清单 8-5 FileStream 示例。

```
public static void FileStreamEXample(string file)
{
    try
    {   // 如果指定文件已存在，则删除之
        if (File.Exists(file))
        {
            File.Delete(file);
        }
        // 创建文件流
        using (FileStream fs = File.Create(file))
        {
            Byte[] info = new UTF8Encoding(true).GetBytes("This is some text in the file.");
            // 将字节块写入文件流
            fs.Write(info, 0, info.Length);
```

```
        }
        // 打开文件并读取
        using (StreamReader sr = File.OpenText(file))
        {
            string s = "";
            while ((s = sr.ReadLine()) != null)
            {
                Console.WriteLine(s);
            }
        }
    }
    catch (Exception ex)
    {
        Console.WriteLine(ex.ToString());
    }
}
```

流通常用于字节的输入和输出，如果需要处理编码字符与字节之间的来回转换，则流需要配合下节所讲的读取器和写入器进行工作。

8.4　读取器和写入器

8.4.1　读取器和写入器简介

读取器用于从流中读取字符，写入器用于向流写入字符。每个读取器和写入器都与流相关联，.NET Framwork 提供了一些常用的读取器和写入器类，这些类的工作级别比较高，特别适合于读写文本。

(1) BinaryReader 和 BinaryWriter：用于将基元数据类型作为二进制值进行读取和写入。

(2) StreamReader 和 StreamWriter：用于通过使用编码值在字符和字节之间来回转换来读取和写入字符。

(3) StringReader 和 StringWriter：用于从字符串读取字符以及将字符写入字符串中。

8.4.2　使用读取器和写入器

使用 FileStream 类读写文本文件，需要使用字节数组，处理起来比较麻烦。更简单的方式是使用 StreamReader 类和 StreamWriter 类来读写 FileStream，无须处理字节数组和编码，使用起来更方便。代码清单 8-6 演示如何使用读取器和写入器来读写文件。

代码清单 8-6　使用读取器和写入器示例。

```
using System;
```

```csharp
using System.IO;

namespace StreamReaderExamples
{
    class Program
    {
        static void Main(string[] args)
        {
            string fileName = @"I:\Temp\Test.txt";

            string[] lines = new string[3];

            lines[0] = "This is some text in Line 1";
            lines[1] = "This is some text in Line 2";
            lines[2] = "This is some text in Line 3";

            WriteFileUsingWriter(fileName, lines);

            ReadFileUsingReader(fileName);
        }

        // 使用 StreamReader 读文件
        public static void ReadFileUsingReader(string fileName)
        {
            var stream = new FileStream(fileName, FileMode.Open, FileAccess.Read, FileShare.Read);
            using (var reader = new StreamReader(stream))
            {
                while (!reader.EndOfStream)
                {
                    string line = reader.ReadLine();
                    Console.WriteLine(line);
                }
            }
        }

        // 使用 StreamWriter 写文件
        public static void WriteFileUsingWriter(string fileName, string[] lines)
        {
            var outputStream = File.Create(fileName);
```

```
            using (var writer = new StreamWriter(outputStream))
            {
                foreach (string line in lines)
                    writer.WriteLine(line);
            }
        }
    }
}
```

本 章 小 结

　　加(解)密算法和加(解)密密钥是数据加密技术的核心。除此之外，在执行数据加(解)密的过程中还会用到文件和流的各种操作。本章主要介绍.NET Framework 中关于文件和流操作相关的类库，它们是下一章使用加(解)密算法的基础。

思 考 题

　　1. 编写程序，遍历指定文件夹下的所有文件。
　　2. 编写程序，遍历指定驱动器下的所有文件夹。
　　3. 编写程序，在指定文件夹创建一个文本文件。
　　4. 编写程序，读取指定文件夹下的某个文件。

第 9 章 .NET Framework 加密模型

公共网络不提供实体之间安全通信的方式，网络通信内容容易被读取或被未经授权的第三方修改。加密技术可以防止数据被查看，也可以检测数据是否被修改，是跨不安全通道进行安全通信的基础。.NET Framework 提供了许多标准加密算法的实现，这些算法不但易于使用，而且具有高度的可扩展性。

9.1 .NET Framework 加密模型简介

在.NET Framework 中，由 System.Security.Cryptography 命名空间中的类提供加密服务。通过这些类可以执行对称加密和非对称加密、创建哈希值、提供随机数生成等。成功的加密是将这些任务组合在一起的结果。

9.1.1 加密组件简介

.NET Framework 加密模型实现了可扩展模式的派生类继承，层次结构如下：

(1) 算法类型类，例如 SymmetricAlgorithm、AsymmetricAlgorithm 或 HashAlgorithm。该级别为抽象类。

(2) 算法类，它们从算法类型类继承，例如 Aes、RC2 或 ECDiffieHellman。该级别为抽象类。

(3) 算法实现，它们从算法类继承，例如 AesManaged、RC2CryptoServiceProvider 或 ECDiffieHellmanCng。该级别是完全实现类。

使用这种模式的派生类，很容易添加新算法或添加现有算法的新实现。例如，若要创建新的公钥算法，则应从 AsymmetricAlgorithm 类继承。若要创建特定算法的新实现，则应创建该算法的非抽象派生类。

9.1.2 SymmetricAlgorithm 类

SymmetricAlgorithm 是对称加密的抽象基类，所有对称加密算法的实现都必须从该类中继承。.NET Framework 中有关对称加密的类继承层次结构如图 9.1 所示。

派生自 SymmetricAlgorithm 的类使用称为密码块链的链接模式，这需要有一个键(Key)和初始化向量(IV)对数据执行加密转换。解密任何一个使用 SymmetricAlgorithm 类进行加密的数据，解密用的 Key 和 IV 属性值必须与加密时用的 Key 和 IV 属性值相同。

```
System.Object
 └System.Security.Cryptography.SymmetricAlgorithm
    ┌System.Security.Cryptography.Aes
    │  ┌System.Security.Cryptography.AesCryptoServiceProvider
    │  └System.Security.Cryptography.AesManaged
    ┌System.Security.Cryptography.DES
    │  └System.Security.Cryptography.DESCryptoServiceProvider
    ┌System.Security.Cryptography.RC2
    │  └System.Security.Cryptography.RC2CryptoServiceProvider
    ┌System.Security.Cryptography.Rijndael
    │  └System.Security.Cryptography.RijndaelManaged
    └System.Security.Cryptography.TripleDES
       └System.Security.Cryptography.TripleDESCryptoServiceProvider
```

图 9.1　对称加密类继承层次结构

9.1.3　AsymmetricAlgorithm 类

AsymmetricAlgorithm 是非对称加密的抽象基类，所有非对称加密算法的实现都必须从该类中继承。.NET Framework 中有关非对称加密的类继承层次结构如图 9.2 所示。

```
System.Object
 └System.Security.Cryptography.AsymmetricAlgorithm
    ┌System.Security.Cryptography.DSA
    │  └System.Security.Cryptography.DSACryptoServiceProvider
    ┌System.Security.Cryptography.ECDiffieHellman
    │  └System.Security.Cryptography.ECDiffieHellmanCng
    ┌System.Security.Cryptography.ECDsa
    │  └System.Security.Cryptography.ECDsaCng
    └System.Security.Cryptography.RSA
       └System.Security.Cryptography.RSACryptoServiceProvider
```

图 9.2　非对称加密类继承层次结构

非对称加密算法也称为公钥算法，要求发送者和接收者维护一对相关的密钥：一个私钥和一个公钥。公共密钥可提供给任何人，用于对发送到接收方的数据进行编码。私钥必须要由接收方保密，用于解码使用接收方的公钥进行编码的消息。RSACryptoServiceProvider 类是一个公共密钥算法的实现。可以使用公钥系统进行数字签名，用于帮助保护数据的完整性。

9.1.4　HashAlgorithm 类

HashAlgorithm 是加密哈希的抽象基类，所有加密哈希算法的实现都必须从该类中继承。.NET Framework 中有关加密哈希的类继承层次结构如图 9.3 所示。

哈希函数是现代加密技术的基础。这些函数将任意长度的二进制字符串映射到具有固定长度相对较短的二进制字符串，这称为哈希值。加密哈希函数具有这样的属性：它无法将两个不同的输入哈希成相同的值。哈希函数通常用于数字签名以保护数据完整性。

```
System.Object
└System.Security.Cryptography.HashAlgorithm
    ├System.Security.Cryptography.KeyedHashAlgorithm
    │  └System.Security.Cryptography.HMAC
    ├System.Security.Cryptography.MD5
    │  ├System.Security.Cryptography.MD5Cng
    │  └System.Security.Cryptography.MD5CryptoServiceProvider
    ├System.Security.Cryptography.RIPEMD160
    │  └System.Security.Cryptography.RIPEMD160Managed
    ├System.Security.Cryptography.SHA1
    ├System.Security.Cryptography.SHA256
    │  ├System.Security.Cryptography.SHA256Cng
    │  ├System.Security.Cryptography.SHA256CryptoServiceProvider
    │  └System.Security.Cryptography.SHA256Managed
    ├System.Security.Cryptography.SHA384
    └System.Security.Cryptography.SHA512
        ├System.Security.Cryptography.SHA512Cng
        ├System.Security.Cryptography.SHA512CryptoServiceProvider
        └System.Security.Cryptography.SHA512Managed
```

图 9.3 加密哈希类继承层次结构

9.2 加密和解密数据

若要加密和解密数据，则必须使用具有对数据执行转换的加密算法的密钥。.NET Framework 提供了几个能够使用若干标准算法对数据执行加密转换的类。本节描述如何创建和管理密钥以及如何使用公钥和私钥算法对数据进行加密和解密。

9.2.1 生成密钥

创建和管理密钥是加密过程的一个重要部分。对称算法要求创建一个密钥和一个初始化向量(IV)，该密钥和初始化向量必须对不该解密数据的任何人保密。不对称算法要求创建一个公钥和一个私钥，公钥可以对任何人公开，而私钥只对用公钥加密的数据进行解密的一方知道。

1．生成对称密钥

.NET Framework 提供的对称加密类需要一个密钥和一个新的初始化向量来加密和解密数据。当使用默认构造函数创建某个托管对称加密类的新实例时，都将自动创建新的密钥和 IV。加密和解密必须拥有同样的密钥和 IV 并使用相同的算法。通常，应该为每个会话创建新的密钥和 IV，无论是密钥还是 IV 都不应存储在稍后的会话中。为了将对称密钥和 IV 传送给远程方，通常使用不对称加密来加密对称密钥和 IV。代码清单 9-1 演示如何创建实现 TripleDES 算法的 TripleDESCryptoServiceProvider 类的新实例，并生成新的密钥和 IV。

代码清单 9-1　　创建 TripleDESCryptoServiceProvider 类的新实例示例。

```
public static void GenerateSymmetricKeys()
{  // 创建 TripleDESCryptoServiceProvider 实例,
   // 将生成新的密钥和 IV ,并将其分别放置在 Key 和 IV 属性中
   TripleDESCryptoServiceProvider TDES = new TripleDESCryptoServiceProvider();

   // 输出自动创建的 IV 和 Key
   Console.Write("IV:");
   foreach(var iv in TDES.IV)
   {
       Console.Write("{0}", iv);
   }
   Console.WriteLine();
   Console.Write("Key:");
   foreach (var key in TDES.Key)
   {
       Console.Write("{0}", key);
   }
   Console.WriteLine();

   // 创建新的 IV
   TDES.GenerateIV();
   // 创建新的密钥
   TDES.GenerateKey();

   // 输出新创建的 IV 和 Key
   Console.Write("New IV:");
   foreach (var iv in TDES.IV)
   {
       Console.Write("{0}", iv);
   }
   Console.WriteLine();
   Console.Write("New Key:");
   foreach (var key in TDES.Key)
   {
       Console.Write("{0}", key);
   }
   Console.WriteLine();
}
```

执行上面的代码,创建 TripleDESCryptoServiceProvider 的新实例后将生成密钥和 IV。调用 GenerateKey 和 GenerateIV 方法时将创建另一个密钥和 IV。程序运行结果如图 9.4 所示。

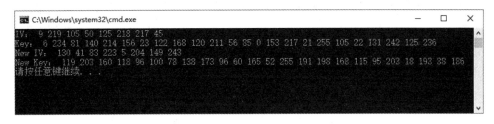

图 9.4　代码清单 9-1 运行结果

2. 生成非对称密钥

.NET Framework 提供了 RSACryptoServiceProvider 和 DSACryptoServiceProvider 类用于非对称加密。当使用默认构造函数创建非对称算法的新实例时,都生成一个公钥/私钥对。可以用以下两种方法之一提取密钥信息:

(1) ToXMLString 方法:返回密钥信息的 XML 表示形式。

(2) ExportParameters 方法:返回保存密钥信息的 RSAParameters 结构。

两个方法都接受布尔值,该值指示是只返回公钥信息或是同时返回公钥和私钥信息。通过调用 ImportParameters 方法,可以将非对称算法类初始化为 RSAParameters 结构的值。代码清单 9-2 演示如何创建 RSACryptoServiceProvider 类的一个新实例,同时创建一个公钥/私钥对,并将公钥信息保存在 RSAParameters 结构中。

代码清单 9-2　创建 RSACryptoServiceProvider 类的新实例示例。

```
public static void GenerateAsymmetricKeys()
{    // 生成公钥/私钥对
    RSACryptoServiceProvider RSA = new RSACryptoServiceProvider();
    // 将密钥信息保存在 RSAParameters 结构中
    // 参数为 false 时,只保存公钥信息
    // 参数为 true 时,同时保存公钥和私钥信息
    RSAParameters RSAKeyInfo = RSA.ExportParameters(false);
    // 输出密钥的 XML 字符串
    Console.WriteLine(RSA.ToXmlString(true));
}
```

9.2.2　加密和解密

执行对称加密和不对称加密时使用的过程是不同的。对流可以执行对称加密,因此,对称加密对于加密大量的数据很有用。对少量字节可以执行不对称加密,因此,不对称加密对于加密少量的数据很有用。

1. 对称加密和解密

托管对称加密类与称为 CryptoStream 的特殊流类一起使用。CryptoStream 类用于加密

读取到流中的数据，它使用下列参数初始化：一个托管流类、一个实现 ICryptoTransform 接口的类(从实现加密算法的类创建)以及一个 CryptoStreamMode 枚举(描述允许对 CryptoStream 执行的访问类型)。CryptoStream 类可以使用派生自 Stream 类的任何类初始化，包括 FileStream、MemoryStream 和 NetworkStream。使用这些类，可以对各种流对象执行对称加密。代码清单 9-3 演示如何使用 RijndaelManaged 类加密和解密示例数据，程序运行结果如图 9.5 所示。

代码清单 9-3 使用 RijndaelManaged 类加密和解密示例。

```csharp
using System;
using System.IO;
using System.Security.Cryptography;
using System.Text;

namespace RijndaelExample
{
    class Program
    {
        public static void Main()
        {
            try
            {   // 明文
                string original = "Here is some data to encrypt!";

                // 创建 UnicodeEncoder 用于在字节数组和字符串之间进行转换
                UnicodeEncoding ByteConverter = new UnicodeEncoding();

                // 创建 RijndaelManaged 类实例
                using (RijndaelManaged myRijndael = new RijndaelManaged())
                {
                    myRijndael.GenerateKey();
                    myRijndael.GenerateIV();
                    // 加密
                    byte[] encrypted = EncryptStringToBytes(original,
                        myRijndael.Key, myRijndael.IV);
                    // 解密
                    string roundtrip = DecryptStringFromBytes(encrypted,
                        myRijndael.Key, myRijndael.IV);
                    // 显示原始明文
```

```
                    Console.WriteLine("原始明文:{0}", original);
                    // 显示密文
                    Console.WriteLine("密文:{0}", ByteConverter.GetString(encrypted));
                    // 显示解密后数据
                    Console.WriteLine("解密后数据:{0}", roundtrip);
                }
            }
        catch (Exception e)
        {
            Console.WriteLine("Error: {0}", e.Message);
        }
    }


// 将字符串(明文)加密成字节流(密文)
static byte[] EncryptStringToBytes(string plainText, byte[] Key, byte[] IV)
{   // 检查参数是否合法
    if (plainText == null || plainText.Length <= 0)
        throw new ArgumentNullException("plainText");
    if (Key == null || Key.Length <= 0)
        throw new ArgumentNullException("Key");
    if (IV == null || IV.Length <= 0)
        throw new ArgumentNullException("IV");

    // 声明用于存放密文的字节流
    byte[] encrypted;

    // 使用指定的 key and IV 创建 RijndaelManaged 对象
    using (RijndaelManaged rijAlg = new RijndaelManaged())
    {
        rijAlg.Key = Key;
        rijAlg.IV = IV;
        // 使用指定的 Key 和 IV 创建对称 Rijndael 加密器对象
        ICryptoTransform encryptor = rijAlg.CreateEncryptor(rijAlg.Key, rijAlg.IV);
        // 创建用于加密的流
        using (MemoryStream msEncrypt = new MemoryStream())
        {
            using (CryptoStream csEncrypt = new CryptoStream(
                msEncrypt, encryptor, CryptoStreamMode.Write))
```

```
                    {
                        using (StreamWriter swEncrypt = new StreamWriter(csEncrypt))
                        {    // 将明文写入流
                            swEncrypt.Write(plainText);
                        }
                        encrypted = msEncrypt.ToArray();
                    }
                }
            }
            // 返回密文(用字节流表示)
            return encrypted;
        }


        // 将字节流(密文)解密成字符串(明文)
        static string DecryptStringFromBytes(byte[] cipherText, byte[] Key, byte[] IV)
        {    // 检查参数是否合法
            if (cipherText == null || cipherText.Length <= 0)
                throw new ArgumentNullException("cipherText");
            if (Key == null || Key.Length <= 0)
                throw new ArgumentNullException("Key");
            if (IV == null || IV.Length <= 0)
                throw new ArgumentNullException("IV");


            // 声明用于存放明文的字符串
            string plaintext = null;


            // 使用指定的 key and IV 创建 RijndaelManaged 对象
            using (RijndaelManaged rijAlg = new RijndaelManaged())
            {
                rijAlg.Key = Key;
                rijAlg.IV = IV;

                // 使用指定的 Key 和 IV 创建对称 Rijndael 解密器对象
                ICryptoTransform decryptor = rijAlg.CreateDecryptor(rijAlg.Key, rijAlg.IV);

                // 创建用于解密的流
                using (MemoryStream msDecrypt = new MemoryStream(cipherText))
                {
```

```
                    using (CryptoStream csDecrypt = new CryptoStream(
                        msDecrypt, decryptor, CryptoStreamMode.Read))
                    {
                        using (StreamReader srDecrypt = new StreamReader(csDecrypt))
                        {   // 从流读取密文，以字符串形式返回
                            plaintext = srDecrypt.ReadToEnd();
                        }
                    }
                }
                // 返回明文(用字符串表示)
                return plaintext;
            }
        }
    }
```

图 9.5　代码清单 9-3 运行结果

2. 不对称加密和解密

不对称算法通常用于加密少量数据，比如用于加密对称密钥和 IV。通常，执行不对称加密用于由另一方生成的公钥。代码清单 9-4 演示使用 RSACryptoServiceProvider 类将一个字符串加密为一个字节数组，然后将这些字节解密为字符串，程序运行结果如图 9.6 所示。

代码清单 9-4　使用 RSACryptoServiceProvider 类加密和解密示例。

```
using System;
using System.Security.Cryptography;
using System.Text;

namespace RSACSPSample
{
    class Program
    {
        static void Main(string[] args)
        {
```

```
try
{    // 明文
     string original = "Data to Encrypt";

     // 创建 UnicodeEncoder 用于在字节数组和字符串之间进行转换
     UnicodeEncoding ByteConverter = new UnicodeEncoding();

     // 创建字节数组，分别用于存放原始明文，密文和解密数据
     byte[] dataToEncrypt = ByteConverter.GetBytes(original);
     byte[] encryptedData;
     byte[] decryptedData;

     // 创建 RSACryptoServiceProvider 类的实例
     // 并生成公钥和私钥
     using (RSACryptoServiceProvider RSA = new RSACryptoServiceProvider())
     {    // 执行加密操作
          encryptedData = RSAEncrypt(dataToEncrypt,
               RSA.ExportParameters(false), false);

          // 执行解密操作
          decryptedData = RSADecrypt(encryptedData,
               RSA.ExportParameters(true), false);

          // 输出原始明文
          Console.WriteLine("输出明文:{0}", original);

          // 输出密文
          Console.WriteLine("输出密文:{0}",
               ByteConverter.GetString(encryptedData));

          // 输出解密后数据
          Console.WriteLine("解密数据:{0}",
               ByteConverter.GetString(decryptedData));
     }
}
// 捕捉异常
catch (ArgumentNullException)
{
     Console.WriteLine("Encryption failed.");
```

```
        }
    }

    // 加密过程
    static public byte[] RSAEncrypt(byte[] DataToEncrypt,
        RSAParameters RSAKeyInfo, bool DoOAEPPadding)
    {
        try
        {   // 声明用于存储密文的字节流
            byte[] encryptedData;

            // 创建 RSACryptoServiceProvider 类实例
            using (RSACryptoServiceProvider RSA = new RSACryptoServiceProvider())
            {   // 导入公钥信息，此例只需导入公钥信息
                RSA.ImportParameters(RSAKeyInfo);

                // 使用 RSA 算法对数据进行加密
                encryptedData = RSA.Encrypt(DataToEncrypt, DoOAEPPadding);
            }
            // 返回密文
            return encryptedData;
        }

        // 出现异常，则返回 null
        catch (CryptographicException e)
        {
            Console.WriteLine(e.Message);
            return null;
        }
    }

    // 解密过程
    static public byte[] RSADecrypt(byte[] DataToDecrypt,
        RSAParameters RSAKeyInfo, bool DoOAEPPadding)
    {
        try
        {   // 声明用于存储明文的字节流
            byte[] decryptedData;
```

```
        // 创建 RSACryptoServiceProvider 类实例
        using (RSACryptoServiceProvider RSA = new RSACryptoServiceProvider())
        {   // 导入公钥信息，此例必须导入私钥信息
            RSA.ImportParameters(RSAKeyInfo);


            // 使用 RSA 算法对数据进行解密
            decryptedData = RSA.Decrypt(DataToDecrypt, DoOAEPPadding);
        }
        // 返回明文
        return decryptedData;
    }


    // 出现异常，则返回 null
    catch (CryptographicException e)
    {

        Console.WriteLine(e.ToString());
        return null;

    }
}
}
}
```

图 9.6　代码清单 9-4 运行结果

9.3　加密签名

使用公钥算法进行数字签名用于保护数据的完整性，并验证数据的不可否认性。如果使用公钥算法对数据进行签名，则其他人可验证该签名，并且可证明这些数据确实是发送者发出的，并且在签名之后未被更改。

9.3.1　生成签名

数字签名通常应用于表示较大数据的哈希值，必须先指定要使用的哈希算法，然后才可以对哈希代码进行签名。代码清单 9-5 演示将数字签名应用于哈希值。首先，创建

RSACryptoServiceProvider 类的新实例以生成公钥和私钥。然后，将 RSACryptoServiceProvider 传递到 RSAPKCS1SignatureFormatter 类的新实例，这将私钥传输给了实际执行数字签名的 RSAPKCS1SignatureFormatter。最后，调用 RSAPKCS1SignatureFormatter.CreateSignature 方法以执行签名。

代码清单 9-5 生成签名示例。

```
public static byte[] CreateSignature(RSACryptoServiceProvider RSA, byte[] HashValue)
{    // 声明字节数组，存储签名
    byte[] SignedHashValue;
    // 创建采用 RSA 算法的数字签名
    RSAPKCS1SignatureFormatter RSAFormatter = new RSAPKCS1SignatureFormatter(RSA);
    // 设置用于创建签名的哈希算法
    RSAFormatter.SetHashAlgorithm("SHA1");
    // 执行签名
    SignedHashValue = RSAFormatter.CreateSignature(HashValue);
    return SignedHashValue;
}
```

9.3.2 验证签名

若要验证数据是不是由特定方进行签名的，则必须具有以下信息：

(1) 对数据进行签名的一方的公钥。

(2) 数字签名。

(3) 已签名的数据。

(4) 签名方使用的哈希算法。

代码清单 9-6 中，HashValue 和 SignedHashValue 是由远程方提供的字节数组。远程方已使用 SHA1 算法对 HashValue 进行了签名，从而生成了数字签名 SignedHashValue。代码清单 9-6 演示使用 RSAPKCS1SignatureDeformatter.VerifySignature 方法验证数字签名是否有效，并且是否已用于对 HashValue 进行签名。

代码清单 9-6 验证签名示例。

```
public static void VerifySignature(RSAParameters RSAKeyInfo,
    byte[] HashValue, byte[] SignedHashValue)
{    // 创建 RSACryptoServiceProvider 实例
    RSACryptoServiceProvider RSA = new RSACryptoServiceProvider();
    // 对数据进行签名的一方的公钥
    RSA.ImportParameters(RSAKeyInfo);
    // 创建采用 RSA 算法的数字签名
    RSAPKCS1SignatureDeformatter RSADeformatter =
        new RSAPKCS1SignatureDeformatter(RSA);
    // 设置用于创建签名的哈希算法
```

```
RSADeformatter.SetHashAlgorithm("SHA1");
// 验证签名
bool result = RSADeformatter.VerifySignature(HashValue, SignedHashValue);
if (result)
{
        Console.WriteLine("The signature is valid.");
}
else
{
        Console.WriteLine("The signature is not valid.");
}
}
```

完整的代码如代码清单 9-7 所示，运行结果如图 9.7 所示。

代码清单 9-7　　加密签名完整代码示例。

```
using System;
using System.Security.Cryptography;

namespace CryptographicSignaturesExamples
{
    class Program
    {
        static void Main(string[] args)
        {   // 创建 RSACryptoServiceProvider 实例
            // 生成公钥和私钥
            RSACryptoServiceProvider RSA = new RSACryptoServiceProvider();

            // 待签名数据
            byte[] HashValue = { 59, 4, 248, 102, 77, 97,
                142, 201, 210, 12, 224, 93, 25,
                41, 100, 197, 213, 134, 130, 135 };

            // 已签名数据
            byte[] SignedHashValue = CreateSignature(RSA, HashValue);

            // 验证签名
            VerifySignature(RSA.ExportParameters(false), HashValue, SignedHashValue);
        }
```

```csharp
public static void VerifySignature(RSAParameters RSAKeyInfo,
    byte[] HashValue, byte[] SignedHashValue)
{   // 创建 RSACryptoServiceProvider 实例
    RSACryptoServiceProvider RSA = new RSACryptoServiceProvider();

    // 对数据进行签名的一方的公钥
    RSA.ImportParameters(RSAKeyInfo);

    // 创建采用 RSA 算法的数字签名
    RSAPKCS1SignatureDeformatter RSADeformatter =
        new RSAPKCS1SignatureDeformatter(RSA);

    // 设置用于创建签名的哈希算法
    RSADeformatter.SetHashAlgorithm("SHA1");

    // 验证签名
    bool result = RSADeformatter.VerifySignature(HashValue, SignedHashValue);
    if (result)
    {
        Console.WriteLine("已验证的签名");
    }
    else
    {
        Console.WriteLine("未验证的签名");
    }
}

public static byte[] CreateSignature(RSACryptoServiceProvider RSA, byte[] HashValue)
{   // 声明字节数组，存储签名
    byte[] SignedHashValue;

    // 创建采用 RSA 算法的数字签名
    RSAPKCS1SignatureFormatter RSAFormatter =
        new RSAPKCS1SignatureFormatter(RSA);

    // 设置用于创建签名的哈希算法
    RSAFormatter.SetHashAlgorithm("SHA1");

    // 执行签名
```

```
        SignedHashValue = RSAFormatter.CreateSignature(HashValue);

        return SignedHashValue;
    }
}
}
```

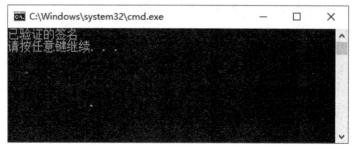

图 9.7　代码清单 9-7 运行结果

9.4　使用哈希代码确保数据完整性

哈希值是用于唯一标识数据的固定长度的数字值。哈希值以较小的数字值表示大量数据，因此与数字签名配合使用。对哈希值进行签名比对较大的值进行签名更为高效。对于验证通过不安全通道发送的数据的完整性，哈希值也很有用。通常，将接收到的哈希值与数据的哈希值进行相比较，来确定数据是否被更改。

9.4.1　生成哈希

托管哈希类可以对字节数组或托管流进行哈希处理。代码清单 9-8 演示使用 SHA1 哈希算法为字符串创建哈希值。

代码清单 9-8　生成哈希示例。

```
public static void ComputeHash()
{
    string MessageString = "This is the original message!";
    // 创建 UnicodeEncoder 用于在字节数组和字符串之间进行转换
    UnicodeEncoding UE = new UnicodeEncoding();
    // 将字符串转换为字节数组
    byte[] MessageBytes = UE.GetBytes(MessageString);
    // 创建 SHA1Managed 实例
    SHA1Managed SHhash = new SHA1Managed();
    // 生成哈希值
    byte[] HashValue = SHhash.ComputeHash(MessageBytes);
```

```
    // 输出哈希值
    foreach (byte b in HashValue)
    {
        Console.Write("{0} ", b);
    }
}
```

9.4.2   验证哈希

可将数据与哈希值进行比较，以确定其完整性。通常，在某个特定时间对数据进行哈希运算，并以某种方式保护哈希值。稍后，可以再次对数据进行哈希运算，并与受保护的值进行比较。如果哈希值匹配，则数据未更改。如果值不匹配，则数据已损坏。代码清单9-9 将字符串旧的哈希值与新的哈希值进行比较。

代码清单 9-9   验证哈希示例。

```
public static void VerifyHash()
{   // 此哈希值是接收到的
    // 对字符串 "This is the original message!"
    // 使用 SHA1Managed 算法生成的
    byte[] SentHashValue = { 59, 4, 248, 102, 77, 97, 142,
        201, 210, 12, 224, 93, 25, 41,
        100, 197, 213, 134, 130, 135 };
    string MessageString = "This is the original message!";
    // 创建 UnicodeEncoder 用于在字节数组和字符串之间进行转换
    UnicodeEncoding UE = new UnicodeEncoding();
    // 将字符串转换为字节数组
    byte[] MessageBytes = UE.GetBytes(MessageString);
    // 创建 SHA1Managed 实例
    SHA1Managed SHhash = new SHA1Managed();
    // 生成哈希值
    byte[] CompareHashValue = SHhash.ComputeHash(MessageBytes);
    bool Same = true;
    // 比较两个哈希值
    for (int x = 0; x < SentHashValue.Length; x++)
    {
        if (SentHashValue[x] != CompareHashValue[x])
        {
            Same = false;
        }
    }
```

```
// 输出验证结果
if (Same)
{
    Console.WriteLine("两个哈希值匹配");
}
else
{
    Console.WriteLine("两个哈希值匹配");
}
}
```

本 章 小 结

System.Security.Cryptography 命名空间提供许多标准加密算法的实现,它们构成了.NET Framework 加密模型。可以根据不同的使用目标选择不同的算法,比如使用 Aes 算法保护数据私密性,使用 HMACSHA256 或 HMACSHA512 算法保证数据完整性,使用 ECDsa 或 RSA 算法进行数字签名,使用 ECDiffieHellman 或 RSA 算法进行密钥交换,使用 RNGCryptoServiceProvider 算法生成随机数,使用 Rfc2898DeriveBytes 算法将密码生成密钥等。为方便使用,.NET Framework 加密模型还允许开发人员添加新算法或现有算法的新实现。比如,若要创建新的公钥算法,则只需从 AsymmetricAlgorithm 类继承即可;若要创建特定算法的新实现,则只需创建该算法的非抽象派生类即可。

思 考 题

编写程序实现以下加密方案。

1. 选择某非对称算法,为甲、乙双方各自生成一个公钥/私钥对,并交换它们的公钥。

2. 选择某对称算法,为甲、乙双方各自生成一个加密的私钥,并使用对方的公钥加密新创建的私钥。

3. 甲、乙双方各自将数据发送给对方,并将对方的私钥与自己的私钥按照特定的顺序加以组合以创建一个新的私钥。

4. 甲、乙双方使用对称加密算法加密文件并传输给对方,由对方恢复成明文。

第 10 章　Windows 窗体技术

Windows 窗体是一种可视界面，可在其上对用户显示信息，它是应用程序的基本单位。通常情况下，通过向窗体添加控件和开发对用户操作的响应来构建 Windows 窗体应用程序。本章主要介绍 Windows 窗体中常用控件和组件的使用方法。

10.1　Windows 窗体

10.1.1　Windows 窗体简介

Windows 窗体应用程序等效于早期的 MFC 对话框应用程序。Windows 窗体是一种智能客户端技术，.NET Framework 提供一个现代的、面向对象的、可扩展的类集，用以开发丰富的基于 Windows 的应用程序。Windows 窗体最初是一块白板，开发成员要使用控件对窗体进行增强以创建用户界面。窗体是一个容器，通常情况下，通过向窗体添加控件和开发对用户操作的响应来构建 Windows 窗体应用程序。

10.1.2　事件简介

当用户对窗体或一个窗体控件执行了某个操作，该操作将生成一个事件。应用程序通过使用代码对这些事件做出反应，并在事件发生时对其进行处理。所谓事件处理程序实际上就是一段代码逻辑，用于确定事件发生时要执行的操作。引发事件时，将执行该事件的一个或多个事件处理程序。.NET Framework 中的事件是基于委托模型的。

10.1.3　控件简介

控件是包含在窗体对象内的对象，它是分立的用户界面元素，用于显示数据或接受数据输入。每种类型的控件都具有其自己的属性集、方法和事件，以使该控件适合于特定用途。System.Windows.Forms 命名空间提供各种控件类，使用这些控件类，可以创建丰富的用户界面。某些控件用于在应用程序内进行数据输入，如 TextBox 控件和 ComboBox 控件等；某些控件用于显示应用程序数据，如 Label 控件和 ListView 控件等；某些控件则用于在应用程序中调用命令，如 Button 控件等。

10.1.4　创建 Windows 窗体

从命令行创建 Windows 窗体应用程序非常简单，在文本编辑器中输入代码清单 10-1

中的代码，使用命令行编译器进行编译，然后运行即可。

代码清单 10-1　命令行创建简单的 Windows 窗体应用程序示例。

```
// 声明一个从 Form 类继承的名为 Form1 的类
public class Form1:System.Windows.Forms.Form
{   // 为 Form1 创建默认构造函数
    public Form1()
    {
    }
    // 将 STAThreadAttribute 应用到 Main 方法
    // 以指定 Windows 窗体应用程序是一个单线程单元
    [System.STAThread]
    public static void Main()
    {   // 创建一个窗体实例，并运行
        System.Windows.Forms.Application.Run(new Form1());
    }
}
```

在编译和运行该示例时，会得到一个没有标题的小空白窗体。该应用程序没有什么实际功能，但它给出了 Windows 窗体应用程序最少的实现代码。

通常，使用 Visual Studio 集成开发环境创建一个 Windows 窗体，如图 10.1 所示。

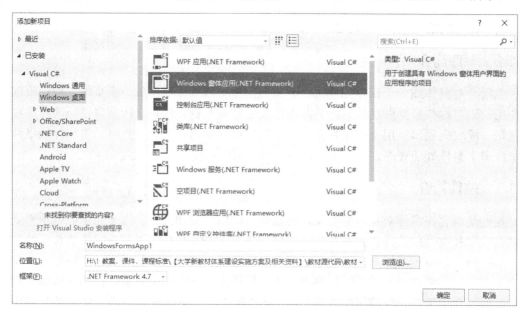

图 10.1　使用 Visual Studio 创建 Windows 窗体

在创建新的 Windows 窗体应用程序项目后，Visual Studio 将使用.NET Framework 的分部类特性创建两个代码文件：Form1.cs 和 Form1.Designer.cs，其完整代码如代码清单 10-2 所示，运行结果如图 10.2 所示。

代码清单 10-2 Form1.cs 和 Form1.Designer.cs 示例。

```csharp
// Form1.cs
using System;
using System.Collections.Generic;
using System.ComponentModel;
using System.Data;
using System.Drawing;
using System.Linq;
using System.Text;
using System.Threading.Tasks;
using System.Windows.Forms;

namespace WindowsFormsApp1
{
    public partial class Form1 : Form
    {
        public Form1()
        {
            InitializeComponent();
        }
    }
}

// Form1.Designer.cs
namespace WindowsFormsApp1
{
    partial class Form1
    {   /// <summary>
        /// 必需的设计器变量
        /// </summary>
        private System.ComponentModel.IContainer components = null;
        /// <summary>
        /// 清理所有正在使用的资源
        /// </summary>
        /// <param name="disposing">如果应释放托管资源，为 true；否则为 false.</param>
        protected override void Dispose(bool disposing)
        {
            if (disposing && (components != null))
```

```
        {
            components.Dispose();
        }
        base.Dispose(disposing);
    }


    #region Windows 窗体设计器生成的代码

    /// <summary>
    /// 设计器支持所需的方法(不必修改)
    /// 使用代码编辑器修改此方法的内容
    /// </summary>
    private void InitializeComponent()
    {
        this.components = new System.ComponentModel.Container();
        this.AutoScaleMode = System.Windows.Forms.AutoScaleMode.Font;
        this.ClientSize = new System.Drawing.Size(800, 450);
        this.Text = "Form1";
    }
    #endregion
    }
}
```

图 10.2　空白 Windows 窗体

Form1.Designer.cs 是窗体设计器自动生成的代码文件，一般不用手动修改该文件。代码中的 InitializeComponent 方法是基本的窗体初始化代码,该方法与 Visual Studio 的窗体设计器相关联。使用窗体设计器修改窗体时，这些改动会在 InitializeComponent 方法中反映出来。如果在 InitializeComponent 方法中手动修改了代码，每次在窗体设计器中进行修改后，InitializeComponent 方法都会重新生成，这些改动将会丢失。

如果需要为窗体或窗体上的控件和组件添加其他初始化代码，应该在调用 Initialize Component 方法后添加。InitializeComponent 方法还负责实例化控件，因此，在 Initialize Component 方法执行之前所有引用控件的调用都会失败，并抛出一个空引用异常。

10.1.5 Windows 窗体坐标

Windows 窗体的坐标系基于设备坐标，在 Windows 窗体中绘制时的基本量度单位是设备单位，通常为像素。屏幕上的点通过 x 和 y 坐标对描述，x 坐标向右递增，y 坐标从上往下递增。原点相对于屏幕的位置取决于指定的是屏幕坐标还是工作区坐标。

1. 屏幕坐标

Windows 窗体应用程序用屏幕坐标指定窗口在屏幕上的位置。对于屏幕坐标而言，原点是屏幕的左上角。窗口的完整位置通常用 System.Drawing.Rectangle 结构来描述，该结构包含定义窗口的左上角和右下角的两个点的屏幕坐标。

2. 工作区坐标

Windows 窗体应用程序使用工作区坐标指定窗体或控件中的点的位置。工作区坐标的原点是控件或窗体的工作区的左上角。工作区坐标确保了无论窗体或控件在屏幕上的位置如何，应用程序在窗体或控件绘制期间都使用一致的坐标值。

工作区的尺寸也用 Rectangle 结构来描述，该结构包含该区域的工作区坐标。需要注意的是，矩形的左上角坐标包含在工作区内，而右下角坐标则排除在工作区之外。图形操作不包括工作区的右边缘和下边缘。

3. 坐标变换

通过使用 System.Windows.Forms.Control 类中的 PointToClient 和 PointToScreen 方法，可以轻松实现这两种坐标之间的转换。

10.2 标 准 控 件

10.2.1 Control 类

System.Windows.Forms 命名空间中有一个特殊的类，它是控件和窗体的基类，这个类是 System.Windows.Forms.Control 类。Control 类实现核心功能，以创建带有可视化表示的界面。Contol 类派生自 System.ComponentModel.Component 类。Component 类为 Control 类提供了必要的结构，在把控件拖放到设计界面上以及包含在另一个对象中时需要它。

Control 类为派生自它的类提供了许多环境属性，包括 Cursor 属性、Font 属性、BackColor 属性、ForeColor 属性和 RightToLeft 属性等。环境属性用来保持来自容器的环境信息，这些信息决定了容器内控件的行为。通常，环境属性表示控件的某个特性，用来和子控件进行通信。比如，默认情况下，一个按钮和它的父窗体具有相同的 BackColor 属性。

当设计和修改 Windows 窗体应用程序的用户界面时，需要添加、对齐和定位控件。控件是包含在窗体对象内的对象。每种类型的控件都具有其自己的属性集、方法和事件，以使该控件适合于特定用途。Windows 窗体提供了执行很多功能的控件和组件，下面介绍一些常用的标准控件。

10.2.2　Button 控件

Button 控件允许用户通过单击来执行某项操作，派生自 ButtonBase 抽象类。当按钮被单击时，它看起来像是被按下，然后被释放。每当用户单击按钮时，即调用 Click 事件处理程序。可以将代码放入 Click 事件处理程序来执行相应的操作。

Button 控件不仅可以显示文本也可以显示图像。Button 控件上显示的文本包含在 Text 属性中，Text 属性可以包含访问键，允许用户通过同时按 Alt 键和访问键来"单击"控件。文本的外观受 Font 属性和 TextAlign 属性控制。Button 控件还可以使用 Image 和 ImageList 属性显示图像。

Button 控件的最基本用法是在单击按钮时运行某些代码。单击 Button 控件还生成许多其他事件，如 MouseEnter、MouseDown 和 MouseUp 事件。在为这些相关事件附加事件处理程序时，要注意确保它们的操作不互相冲突。

代码清单 10-3 的粗体部分演示在 Windows 空白窗体上拖入一个 Button 控件后代码的变化，以及如何实现 Click 事件处理程序。

代码清单 10-3　Button 控件的 Click 事件示例。

```
// Form1.cs
namespace WindowsFormsApp1
{
    public partial class Form1 : Form
    {
        public Form1()
        {
            InitializeComponent();
        }

        private void button1_Click(object sender, EventArgs e)
        {
            MessageBox.Show("按钮被按下");
        }
    }
}


// Form1.Designer.cs
namespace WindowsFormsApp1
{
    partial class Form1
```

```csharp
{
    /// <summary>
    /// 必需的设计器变量
    /// </summary>
    private System.ComponentModel.IContainer components = null;


    /// <summary>
    /// 清理所有正在使用的资源
    /// </summary>
    /// <param name="disposing">如果应释放托管资源，为 true；
    /// 否则为 false</param>
    protected override void Dispose(bool disposing)
    {
        if (disposing && (components != null))
        {
            components.Dispose();
        }
        base.Dispose(disposing);
    }


    #region Windows 窗体设计器生成的代码
    /// <summary>
    /// 设计器支持所需的方法(不必修改)
    /// 使用代码编辑器修改此方法的内容
    /// </summary>
    private void InitializeComponent()
    {
        this.button1 = new System.Windows.Forms.Button();
        this.SuspendLayout();
        //
        // button1
        //
        this.button1.Location = new System.Drawing.Point(200, 143);
        this.button1.Name = "button1";
        this.button1.Size = new System.Drawing.Size(75, 23);
        this.button1.TabIndex = 0;
        this.button1.Text = "button1";
        this.button1.UseVisualStyleBackColor = true;
        this.button1.Click +=
            new System.EventHandler(this.button1_Click);
```

```
            //
            // Form1
            //
            this.AutoScaleDimensions = new System.Drawing.SizeF(6F, 12F);
            this.AutoScaleMode = System.Windows.Forms.AutoScaleMode.Font;
            this.ClientSize = new System.Drawing.Size(800, 450);
            this.Controls.Add(this.button1);
            this.Name = "Form1";
            this.Text = "Form1";
            this.ResumeLayout(false);
        }
        #endregion
        private System.Windows.Forms.Button button1;
    }
}
```

程序运行时，单击按钮会弹出一个简单的消息框，如图 10.3 所示。

图 10.3　Button 控件的 Click 事件

10.2.3　CheckBox 控件

CheckBox 控件指示某个特定条件是处于打开还是关闭状态，也派生自 ButtonBase 抽象类。CheckBox 控件通常用于向用户显示 yes/no 或 true/false 选项，也可以成组使用复选框以显示多重选项，用户可以从中选择一项或多项。

CheckBox 控件有两个重要属性：Checked 和 CheckState。Checked 属性返回 true 或 false，CheckState 属性返回 Checked 或 Unchecked。如果 ThreeState 属性被设置为 true，则 CheckState 还可能返回 Indeterminate，此时表示处于不确定状态时，该框会显示为灰显外观，指示该选项不可用。

CheckedChanged 和 CheckstateChanged 事件是 CheckBox 控件的常用事件，分别在 Checked 或 Checkstate 属性改变时触发。使用时需要注意，在事件触发先后顺序上，

CheckedChanged 事件比 CheckstateChanged 事件早触发。代码清单 10-4 演示了 CheckBox 控件的 CheckedChanged 事件和 CheckstateChanged 事件。

　　代码清单 10-4　　CheckBox 控件的 CheckedChanged 事件和 CheckstateChanged 事件示例。

```
// CheckedChanged 事件
private void checkBox1_CheckedChanged(object sender, EventArgs e)
{
    CheckBox thisCheckBox = sender as CheckBox;
    if (thisCheckBox.Checked)
    {
        MessageBox.Show("处于已选中状态");
    }
    else
    {
        MessageBox.Show("处于未选中状态");
    }
}

// CheckstateChanged 事件
private void checkBox1_CheckStateChanged(object sender, EventArgs e)
{
    CheckBox thisCheckBox = sender as CheckBox;
    switch (thisCheckBox.CheckState)
    {
        case CheckState.Checked:
            MessageBox.Show("处于已选中状态");
            break;
        case CheckState.Unchecked:
            MessageBox.Show("处于未选中状态");
            break;
        case CheckState.Indeterminate:
            MessageBox.Show("处于不确定状态");
            break;
    }
}
```

10.2.4　RadioButton 控件

　　RadioButton 控件为用户提供由两个或多个互斥选项组成的选项集，也派生自 ButtonBase

抽象类。单选按钮和复选框看似功能类似，却存在重要差异：当用户选择某单选按钮时，同一组中的其他单选按钮不能同时选定。相反，却可以选择任意数目的复选框。

RadioButton 控件可以显示文本、图像或同时显示两者。

当单击 RadioButton 控件时，其 Checked 属性设置为 true，并且调用 Click 事件处理程序。当 Checked 属性的值更改时，将引发 CheckedChanged 事件。如果 AutoCheck 属性设置为 true(默认值)，则当选择单选按钮时，将自动清除该组中的所有其他单选按钮。

10.2.5　TextBox、RichTextBox 和 MaskedTextBox 控件

TextBox、RichTextBox 和 MaskedTextBox 控件都派生自 TextBoxBase 抽象类。TextBoxBase 提供了 MultiLine 和 Lines 等属性。MultiLine 属性是一个布尔值，指示它是否为多行文本框控件。文本框中的每一行都是字符串数组的一部分，这个字符数组通过 Lines 属性来访问。Text 属性把整个文本框内容返回为一个字符串。TextLength 属性返回文本字符串的总长度。MaxLengh 属性把文本的长度限制为指定的数字。SelectedText、SelectedLength 和 SelectedStart 属性都是用来处理文本框中当前选中的文本。选中的文本是控件获得焦点时突出显示的文本。

1. TextBox 控件

TextBox 控件用于获取用户输入或显示文本，此外它还具有标准 Windows 文本框控件所没有的附加功能，包括多行编辑和密码字符屏蔽。

通常，TextBox 控件用于显示单行文本或将单行文本作为输入来接受。可以设置 Multiline 和 ScrollBars 属性，从而能够显示或输入多行文本。

控件显示的文本包含在 Text 属性中。默认情况下，最多可在一个文本框中输入 2048 个字符。如果将 Multiline 属性设置为 true，则最多可输入 32 KB 的文本。可以通过将 MaxLength 属性设置为指定的字符数来限制输入到 TextBox 控件的文本数量。可以使用 PasswordChar 属性屏蔽在控件的单行版本中输入的字符，用于接受密码或其他敏感信息。使用 CharacterCasing 属性可使用户只能输入大写字符、小写字符或者大小写字符的组合。

2. RichTextBox 控件

RichTextBox 控件用于显示、输入和操作带有格式的文本。RichTextBox 控件除了做 TextBox 控件所做的每件事外，还可以显示字体、颜色和链接，从文件加载文本和嵌入的图像，撤消和重复编辑操作以及查找指定的字符。与字处理应用程序类似，RichTextBox 通常用于提供文本操作和显示功能。RichTextBox 控件可以显示滚动条，与 TextBox 控件不同的是，它的默认设置是水平和垂直滚动条均根据需要显示，并且拥有更多的滚动条设置。

控件的文本可以使用 Text 属性或 Rtf 属性检索。Text 属性只返回控件的文本，Rtf 属性则返回带格式的文本。

RichTextBox 控件提供许多可对控件内任何文本部分应用格式设置的属性。若要更改文本的格式设置，必须首先选定文本。只能为选定的文本分配字符和段落格式设置。对选定的文本内容进行设置后，在选定内容后输入的所有文本也用相同的设置进行格式设置，直到更改设置或选定控件文档的不同部分为止。SelectionFont 属性可以将文本以粗体或斜体

显示，还可以使用此属性更改文本的大小和字样。SelectionColor 属性可以更改文本的颜色。若要创建项目符号列表，可以使用 SelectionBullet 属性。还可以通过设置 SelectionIndent、SelectionRightIndent 和 SelectionHangingIndent 属性调整段落格式设置。

RichTextBox 控件提供具有打开和保存文件的功能的方法。LoadFile 方法可以将现有的 RTF 或 ASCII 文本文件加载到控件中，还可以从已打开的数据流加载数据。SaveFile 方法可以将文件保存到 RTF 或 ASCII 文本中，还可以保存到开放式数据流。RichTextBox 控件还具有查找文本字符串的功能，Find 方法被重载多个版本，可以同时查找控件文本内的文本字符串以及特定字符。

如果控件内的文本包含链接，则可以使用 DetectUrls 属性适当地显示控件文本中的链接。然后可以处理 LinkClicked 事件以执行与该链接关联的任务。SelectionProtected 属性可以保护控件内的文本不被用户操作。当控件中有受保护的文本时，可以处理 Protected 事件以确定用户何时曾尝试修改受保护的文本，并提醒用户该文本是受保护的，或向用户提供标准方式供其操作受保护的文本。

3. MaskedTextBox 控件

MaskedTextBox 控件是一个增强型的 TextBox 控件，它包含一个由原义字符和格式设置元素组成的掩码，根据此掩码测试所有的用户输入，然后决定是接受还是拒绝用户输入。

MaskedTextBox 控件在运行时，会将掩码表示为一系列提示字符和可选的原义字符。当用户在掩码文本框中键入内容时，有效的输入字符将按顺序替换其各自的提示字符。如果用户键入无效的字符，将不会发生替换。在这种情况下，如果 BeepOnError 属性设置为 true，将发出提示音，并引发 MaskInputRejected 事件。

可以使用 MaskFul 属性来验证用户是否输入了所有必需的输入内容。Text 属性将始终检索按照掩码和 TextMaskFormat 属性设置格式的用户输入。

10.2.6　ListBox、ComboBox 和 CheckedListBox 控件

如果要提供一个选项列表供用户从中选择，根据对用户输入的限制程度，可以使用 ListBox 控件、ComboBox 控件或 CheckedListBox 控件。ComboBox 控件和 ListBox 控件派生自 ListControl 抽象类，而 CheckedListBox 控件派生自 ListBox 类。

使用列表控件最重要的事是给列表添加数据和从列表中选择数据。使用哪个列表控件取决于列表的用法和列表中的数据类型，如果需要选择多个选项，或需要在任意时刻查看列表中的几个项，可以考虑使用 ListBox 和 CheckedListBox。如果一次只选择一个选项，可以考虑使用 ComboBox。

1. ListBox 控件

ListBox 控件显示一个项列表，用户可从中选择一项或多项。如果项总数超出可以显示的项数，则自动向 ListBox 控件添加滚动条。当 MultiColumn 属性设置为 true 时，列表框以多列形式显示项，并且会出现一个水平滚动条。当 MultiColumn 属性设置为 false 时，列表框以单列形式显示项，并且会出现一个垂直滚动条。当 ScrollAlwaysVisible 设置为 true 时，无论项数多少都将显示滚动条。SelectionMode 属性确定一次可以选择多少列表项。

SelectedIndex 属性返回对应于列表框中第一个选定项的整数值。如果未选定任何项，

则 SelectedIndex 值为−1。如果选定列表中的第一个项，则 SelectedIndex 值为 0。当选定多个项时，SelectedIndex 值反映在列表中第一个出现的选定项。SelectedItem 属性类似于 SelectedIndex，但它返回项本身，通常是字符串值。Count 属性反映列表的项数。

若要在 ListBox 控件中添加或删除项，可以使用 Add、Insert、Clear 或 Remove 方法。或者，在设计时使用 Items 属性向列表添加项。代码清单 10-5 演示了如何使用 GetSelected 方法来确定已选择了 ListBox 中的哪些项，以便选择那些尚未选定的项及取消选择那些已选定的项。该示例还演示了如何使用 SelectionMode 属性以使 ListBox 能够有多个选定的项，并使用 Sorted 属性演示了如何对 ListBox 中的项进行自动排序。

代码清单 10-5　ListBox 控件示例。

```csharp
private void InitializeListBox()
{
    // 向 ListBox 添加项
    listBox1.Items.Add("A");
    listBox1.Items.Add("C");
    listBox1.Items.Add("E");
    listBox1.Items.Add("F");
    listBox1.Items.Add("G");
    listBox1.Items.Add("D");
    listBox1.Items.Add("B");
    // 对 ListBox 中的项排序
    listBox1.Sorted = true;
    // 指定 ListBox 的选定行为
    listBox1.SelectionMode = SelectionMode.MultiExtended;
    // 从 ListBox 中选定 3 项
    listBox1.SetSelected(0, true);
    listBox1.SetSelected(2, true);
    listBox1.SetSelected(4, true);
}


// 反向选择
private void InvertSelection()
{   // 循环访问 ListBox 中的各项
    for (int x = 0; x < listBox1.Items.Count; x++)
    {   // 判断指定项是否被选中
        if (listBox1.GetSelected(x) == true)
            // 如果该项被选中，则设置为未选中状态
            listBox1.SetSelected(x, false);
        else
```

```
                // 如果该项未被选中，则设置为选中状态
                listBox1.SetSelected(x, true);

        }

    }
```

2. ComboBox 控件

ComboBox 控件用于在下拉组合框中显示数据。默认情况下，ComboBox 控件分两个部分显示：顶部是一个允许用户键入列表项的文本框。第二部分是一个列表框，它显示一个项列表，用户可从中选择一项。

ComboBox 控件和 ListBox 控件具有相似行为，在某些情况下可以互换。二者的主要区别是：ListBox 控件适合于存在一组"建议"选项的情况，而 ComboBox 控件适合于想要将输入限制为列表中内容的情况。ComboBox 控件包含一个文本框字段，因此可以键入列表中没有的选项。由于在用户单击下箭头键以前不显示完整列表，所以 ComboBox 控件可节约窗体上的空间。

3. CheckedListBox 控件

CheckedListBox 控件扩展了 ListBox 控件。它几乎能完成 ListBox 控件可以完成的所有任务，并且还可以在列表中的项旁边显示复选标记。

10.2.7　Label 和 LinkLabel 控件

Label 控件用于显示用户不能编辑的文本或图像，通常用于提供对其他控件的描述性文字。Label 控件中显示的标题包含在 Text 属性中。除了显示文本外，Label 控件还可使用 Image 属性显示图像，或使用 ImageIndex 和 ImageList 属性组合显示图像。

LinkLabel 控件继承自 Label 类，表示可显示超链接的标签控件。除了具有 Label 控件的所有属性、方法和事件以外，LinkLabel 控件还有针对超链接和链接颜色的属性。LinkArea 属性设置激活链接的文本区域。LinkColor、VisitedLinkColor 和 ActiveLinkColor 属性设置链接的颜色。LinkClicked 事件确定选择链接文本后将发生的操作。

10.2.8　PictureBox 控件

PictureBox 控件用于显示位图、GIF、JPEG、图元文件或图标格式的图形。所显示的图片由 Image 属性确定，该属性可在运行时或设计时设置。另外，也可以通过设置 ImageLocation 属性，然后使用 Load 方法同步加载图像，或使用 LoadAsync 方法进行异步加载，来指定图像。SizeMode 属性控制使图像和控件彼此适合的方式。

10.2.9　GroupBox 和 Panel 控件

GroupBox 控件和 Panel 控件都是用于为其他控件提供可识别的分组。通常用于按功能细分窗体。GroupBox 控件和 Panel 控件是一个容器，控件内可以包含其他控件，当移动单个 GroupBox 控件或者 Panel 控件时，它包含的所有控件也会一起移动。

Panel 控件和 GroupBox 控件功能类似，区别在于只有 Panel 控件可以有滚动条，只有

GroupBox 控件可显示标题。

10.2.10　ProgressBar 控件

ProgressBar 控件通过在水平条中显示相应数目的矩形来指示操作的进度。操作完成时，进度栏被填满。进度栏通常用于帮助用户了解等待一项长时间的操作完成所需的时间。

ProgressBar 控件的主要属性有 Value、Minimum 和 Maximum。Minimum 和 Maximum 属性设置进度栏可以显示的最大值和最小值。Value 属性表示操作过程中已完成的进度。因为控件中显示的进度栏由块构成，所以 ProgressBar 控件显示的值只是约等于 Value 属性的当前值。根据 ProgressBar 控件的大小，Value 属性确定何时显示下一个块。

10.2.11　NumericUpDown 控件

NumericUpDown 控件看起来像是一个文本框与一对用户可单击以调整值的箭头的组合。该控件显示并设置固定的数值选择列表中的单个数值。用户可以通过单击向上和向下、选择向上和向下键或在控件的文本框部件中键入一个数字来增大和减小数字。单击向上键时，值向最大值方向移动；单击向下键时，值向最小值方向移动。

10.2.12　DateTimePicker 和 MonthCalendar 控件

DateTimePicker 控件，用于从日期或时间列表中选择单个项。在用来表示日期时，它显示为两部分：一个下拉列表(带有以文本形式表示的日期)和一个网格(在单击列表旁边的向下箭头时显示)。

MonthCalendar 控件为用户查看和设置日期信息提供了一个直观的图形界面。该控件以网格形式显示日历：网格包含月份的编号日期，这些日期排列在周一到周日内的 7 个列中，并且突出显示选定的日期范围。可以单击月份标题任何一侧的箭头按钮来选择不同的月份。与 DateTimePicker 控件不同，可以使用该控件选择多个日期。

10.3　菜单和工具栏

10.3.1　ToolStrip 控件

ToolStrip 控件及其关联类提供一个公共框架，用于将用户界面元素组合到工具栏、状态栏和菜单中。ToolStrip 类不仅是 MenuStrip、StatusStrip 和 ContextMenuStrip 类的基类，它还可以直接用于工具栏。

ToolStrip 控件在用作工具栏时，使用一组基于抽象类 ToolstripItem 派生的控件。ToolstripItem 可以添加公共显示和布局功能，并管理控件使用的大多数事件。ToolstripItem 派生 System.ComponentModel.Component 类而不是 System.Windows.Forms.Control 类。ToolstripItem 类继承层次结构如图 10.4 所示，其派生控件的功能说明如表 10-1 所示。

```
System.ComponentModel.Component
└System.Windows.Forms.ToolStripItem
  ├System.Windows.Forms.ToolStripButton
  ├System.Windows.Forms.ToolStripControlHost
  │ ├System.Windows.Forms.ToolStripComboBox
  │ ├System.Windows.Forms.ToolStripProgressBar
  │ └System.Windows.Forms.ToolStripTextBox
  ├System.Windows.Forms.ToolStripDropDownItem
  │ ├System.Windows.Forms.ToolStripDropDownButton
  │ ├System.Windows.Forms.ToolStripMenuItem
  │ └System.Windows.Forms.ToolStripSplitButton
  ├System.Windows.Forms.ToolStripLabel
  │ └System.Windows.Forms.ToolStripStatusLabel
  └System.Windows.Forms.ToolStripSeparator
```

图 10.4　ToolstripItem 类继承层次结构

表 10-1　ToolStripItem 派生控件功能说明

控　件	说　明
ToolStripButton	创建一个支持文本和图像的工具栏按钮
ToolStripSeparator	对菜单或 ToolStrip 上的相关项进行分组，根据其容器自动设置间距并水平或垂直地定向
ToolStripLabel	表示不可选的 ToolStripItem，它呈现文本和图像并且可以显示超链接
ToolStripStatusLabel	专门为在 StatusStrip 中使用的 ToolStripLabel 版本，可以包含反映应用程序状态的文本或图标
ToolStripDropDownButton	单击时显示关联的 ToolStripDropDown 的控件，用户可从该下拉控件中选择一项
ToolStripMenuItem	表示 MenuStrip 或 ContextMenuStrip 上显示的可选选项
ToolStripSplitButton	表示左侧标准按钮和右侧下拉按钮的组合
ToolStripComboBox	显示与一个 ListBox 组合的编辑字段，使用户可以从列表中选择或输入新文本
ToolStripProgressBar	控件显示一个栏，当操作正在进行时，它用系统突出显示颜色从左向右进行填充
ToolStripTextBox	表示 ToolStrip 中的文本框，用户可以在此输入文本

Image 和 Text 是 ToolStrip 控件需要设置的常见属性。与控件关联的文本使用 Text 属性设置，对应文本的格式化用 Font、TextAlign 和 TextDirection 属性处理。在控件上显示的图像可以用 Image 属性设置，也可以用 ImageList 和 ImageIndex 属性设置。DisplayStyle 属性用来控制在控件上是显示文本、图像、文本和图像，还是什么都不显示。包含工具栏的 Windows 窗体示例如图 10.5 所示。

图 10.5　包含工具栏的窗体示例

10.3.2　MenuStrip 控件

MenuStrip 控件表示窗体菜单结构的容器。可以将 ToolStripMenuItem 对象添加到表示菜单结构中各菜单命令的 MenuStrip 中，每个 ToolStripMenuItem 可以成为应用程序的命令也可以成为其他子菜单项的父菜单。

MenuStrip 控件支持操作系统的典型外观和行为，使用 MenuStrip 控件可以创建支持高级用户界面和布局功能的自定义菜单，它可以对所有容器和包含的项进行事件的一致性处理，处理方式与标准控件的事件相同。包含菜单栏的 Windows 窗体示例如图 10.6 所示。

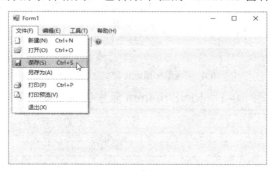

图 10.6　包含菜单栏的窗体示例

10.3.3　StatusStrip 控件

StatusStrip 控件表示窗体的状态栏，通常显示在窗口底部。状态栏通常用于显示正在窗体上查看的对象的相关信息、对象的组件或与该对象在应用程序中的操作相关的上下文信息。包含菜单栏、工具栏和状态栏的 Windows 窗体示例如图 10.7 所示。

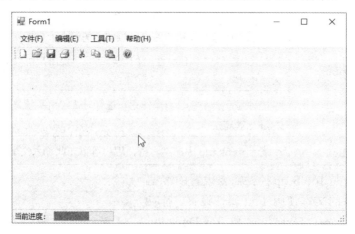

图 10.7　包含菜单栏、工具栏和状态栏的 Windows 窗体示例

10.3.4　ContextMenuStrip 控件

ContextMenuStrip 控件表示快捷菜单，也称为上下文菜单，在用户单击鼠标右键时会出现在鼠标位置。快捷菜单通常用于组合来自窗体的一个 MenuStrip 的不同菜单项，便于

用户在给定应用程序上下文中使用。还可以在快捷菜单中显示不位于 MenuStrip 中的新的 ToolStripMenuItem 对象，从而提供与特定情况有关且不适合在 MenuStrip 中显示的命令。

当用户在控件或窗体本身上单击鼠标右键时，通常会显示快捷菜单。许多可视控件都有一个 Control.ContextMenuStrip 属性，该属性将 ContextMenuStrip 类绑定到显示快捷菜单的控件。

10.4　数据和数据绑定

10.4.1　DataGridView 控件

DataGridView 控件提供一种以表格形式显示数据的方法，它是数据库开发最常使用的控件之一。使用 DataGridView 控件，可以显示和编辑来自多种不同类型的数据源的表格数据。

DataGridView 控件支持标准 Windows 窗体数据绑定模型，因此该控件可以绑定到下述类的实例：

(1) 任何实现 IList 接口的类，包括一维数组。

(2) 任何实现 IListSource 接口的类，例如 DataTable 和 DataSet 类。

(3) 任何实现 IBindingList 接口的类，例如 BindingList(T)类。

(4) 任何实现 IBindingListView 接口的类，例如 BindingSource 类。

将数据绑定到 DataGridView 控件非常简单和直观，在大多数情况下，只需设置 DataSource 属性即可。在绑定到包含多个列表或表的数据源时，只需将 DataMember 属性设置为要绑定的列表或表的字符串即可。

DataGridView 控件由单元格和带区两种基本类型的对象组成，它们均派生自 DataGridViewElement 类。所有单元格都从 DataGridViewCell 类派生，两种类型的带区 DataGridViewColumn 和 DataGridViewRow 都从 DataGridViewBand 类派生。图 10.8 所示的对象模型演示了 DataGridViewElement 类继承层次结构。

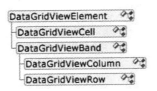

图 10.8　DataGridViewElement 对象模型

DataGridView 控件可以与多个类进行互操作，但最常用的类为 DataGridViewCell、DataGridViewColumn 和 DataGridViewRow。

1. DataGridViewCell

单元格是 DataGridView 的基本交互单元。通过使用 DataGridViewRow 类的 Cells 集合可以访问单元格，通过使用 DataGridView 控件的 SelectedCells 集合可以访问选定的单元格。图 10.9 的对象模型演示了此用法，并展示了 DataGridViewCell 类的继承层次结构。

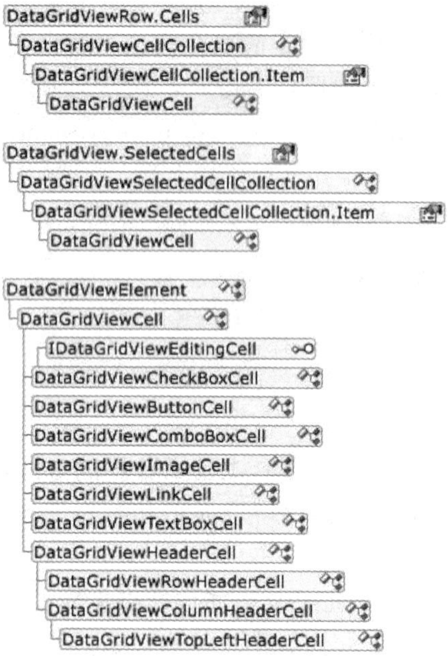

图 10.9　DataGridViewCell 对象模型

DataGridViewCell 是一个抽象基类，所有单元格类型都是从该类派生的。需要注意的是，DataGridViewCell 及其派生类型不是 Windows 窗体控件，但有些类型却可以承载 Windows 窗体控件。

2. DataGridViewColumn

列表示 DataGridView 控件的附加数据存储区的架构。可以使用 Columns 集合访问 DataGridView 控件的列，或者使用 SelectedColumns 集合访问选定的列。图 10.10 的对象模型演示了此用法，并展示了 DataGridViewColumn 类的继承层次结构。

图 10.10　DataGridViewColumn 对象模型

3. DataGridViewRow

行表示 DataGridView 控件的附加数据存储区中某条记录的数据字段。通过使用 Rows 集合可以访问 DataGridView 控件的行，或者使用 SelectedRows 集合可以访问选定的行。图 10.11 的对象模型演示了此用法，并展示了 DataGridViewRow 类的继承层次结构。

图 10.11　DataGridViewRow 对象模型

使用 DataGridView 控件，可以从各种数据源显示表格数据。对于简单的使用场合，可以手动填充 DataGridView，直接通过该控件操作数据。代码清单 10-6 演示如何以编程方式填充 DataGridView 控件，而无需将其绑定到数据源，这在以表格格式显示少量数据时非常有用。

代码清单 10-6　创建未绑定的 DataGridView 控件示例。

```
using System;
using System.Drawing;
using System.Windows.Forms;

namespace DataGridViewExample
{
    public partial class Form1 : Form
    {
        private Panel buttonPanel = new Panel();
        private Button addNewRowButton = new Button();
        private Button deleteRowButton = new Button();
        private DataGridView studentsDataGridView = new DataGridView();

        public Form1()
        {   //InitializeComponent();
            this.Load += new EventHandler(Form1_Load);
        }
```

```
/// <summary>
/// 窗口事件
/// </summary>
/// <param name="sender"></param>
/// <param name="e"></param>
private void Form1_Load(System.Object sender, System.EventArgs e)
{
    SetupLayout();
    SetupDataGridView();
    PopulateDataGridView();
}


/// <summary>
/// 添加行 按钮事件
/// </summary>
/// <param name="sender"></param>
/// <param name="e"></param>
private void addNewRowButton_Click(object sender, EventArgs e)
{
    this.studentsDataGridView.Rows.Add();
}


/// <summary>
/// 删除行 按钮事件
/// </summary>
/// <param name="sender"></param>
/// <param name="e"></param>
private void deleteRowButton_Click(object sender, EventArgs e)
{
    if (this.studentsDataGridView.SelectedRows.Count > 0 &&
        this.studentsDataGridView.SelectedRows[0].Index !=
        this.studentsDataGridView.Rows.Count - 1)
    {
        this.studentsDataGridView.Rows.RemoveAt(
            this.studentsDataGridView.SelectedRows[0].Index);
    }
}


/// <summary>
```

```
/// 初始化 Panel 控件及其按钮
/// </summary>
private void SetupLayout()
{
        this.Size = new Size(600, 500);
        addNewRowButton.Text = "添加";
        addNewRowButton.Location = new Point(10, 10);
        addNewRowButton.Click += new EventHandler(addNewRowButton_Click);
        deleteRowButton.Text = "删除";
        deleteRowButton.Location = new Point(100, 10);
        deleteRowButton.Click += new EventHandler(deleteRowButton_Click);
        buttonPanel.Controls.Add(addNewRowButton);
        buttonPanel.Controls.Add(deleteRowButton);
        buttonPanel.Height = 50;
        buttonPanel.Dock = DockStyle.Bottom;
        this.Controls.Add(this.buttonPanel);
}


/// <summary>
/// 创建 DataGridView 架构
/// </summary>
private void SetupDataGridView()
{   // 将 DataGridView 控件添加到 Form
    this.Controls.Add(studentsDataGridView);
    // 设置 DataGridView 显示的列数
    studentsDataGridView.ColumnCount = 5;
    // 设置单元格背景、前景、字体
    studentsDataGridView.ColumnHeadersDefaultCellStyle.BackColor = Color.Navy;
    studentsDataGridView.ColumnHeadersDefaultCellStyle.ForeColor = Color.White;
    studentsDataGridView.ColumnHeadersDefaultCellStyle.Font =
        new Font(studentsDataGridView.Font, FontStyle.Bold);
    // 设置 DataGridView 控件名称
    studentsDataGridView.Name = "studentsDataGridView";
    // 设置 DataGridView 控件位置
    studentsDataGridView.Location = new Point(8, 8);
    // 设置 DataGridView 控件大小
    studentsDataGridView.Size = new Size(500, 250);
    // 设置如何确定行高
    studentsDataGridView.AutoSizeRowsMode =
```

```
                DataGridViewAutoSizeRowsMode.DisplayedCellsExceptHeaders;
        // 设置列标题边框
        studentsDataGridView.ColumnHeadersBorderStyle =
                DataGridViewHeaderBorderStyle.Single;
        // 设置单元格边框
        studentsDataGridView.CellBorderStyle = DataGridViewCellBorderStyle.Single;
        // 设置网格线颜色
        studentsDataGridView.GridColor = Color.Black;
        // 不显示包含行标题的列
        studentsDataGridView.RowHeadersVisible = false;
        // 设置列名称
        studentsDataGridView.Columns[0].Name = "学号";
        studentsDataGridView.Columns[1].Name = "姓名";
        studentsDataGridView.Columns[2].Name = "性别";
        studentsDataGridView.Columns[3].Name = "年龄";
        studentsDataGridView.Columns[4].Name = "系别";
        // 设置列的默认单元格样式
        studentsDataGridView.Columns[4].DefaultCellStyle.Font =
                new Font(studentsDataGridView.DefaultCellStyle.Font, FontStyle.Italic);
        // 设置如何选择行
        studentsDataGridView.SelectionMode = DataGridViewSelectionMode.FullRowSelect;
        // 不允许一次选择多个单元格
        studentsDataGridView.MultiSelect = false;
        // 设置控件位置和停靠方式
        studentsDataGridView.Dock = DockStyle.Fill;
}


/// <summary>
/// 生成 DataGridView 各行
/// </summary>
private void PopulateDataGridView()
{
        string[] row0 = { "2018001", "赵伟", "男", "20", "通信工程学院" };
        string[] row1 = { "2018002", "钱多多", "女", "18", "计算机工程学院" };
        string[] row2 = { "2018003", "孙洋", "男", "19", "通信工程学院" };
        string[] row3 = { "2018004", "李小丽", "女", "19", "文学院" };
        string[] row4 = { "2018005", "周娜", "女", "20", "通信工程学院" };
        string[] row5 = { "2018006", "郑莉莉", "女", "19", "通信工程学院" };
        string[] row6 = { "2018007", "王刚", "男", "20", "通信工程学院" };
```

```
                    studentsDataGridView.Rows.Add(row0);
                    studentsDataGridView.Rows.Add(row1);
                    studentsDataGridView.Rows.Add(row2);
                    studentsDataGridView.Rows.Add(row3);
                    studentsDataGridView.Rows.Add(row4);
                    studentsDataGridView.Rows.Add(row5);
                    studentsDataGridView.Rows.Add(row6);
                }
            }
        }
```

运行结果如图 10.12 所示。

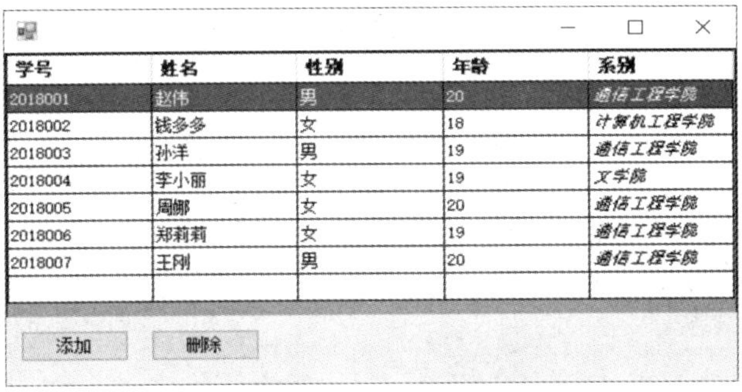

图 10.12　代码清单 10-6 运行结果

10.4.2　BindingSource 组件

BindingSource 组件旨在简化将控件绑定到基础数据源的过程。首先将 BindingSource 组件与数据源绑定，然后将窗体上的控件绑定到 BindingSource 组件，与数据的所有交互(包括导航、排序、筛选和更新)都是通过调用 BindingSource 组件来完成的。另外，BindingSource 组件还可以充当强类型的数据源。

BindingSource 组件在控件与数据源之间提供了桥梁。控件不是直接绑定到数据源，而是先将控件绑定到 BindingSource 组件，然后再将数据源附加到该 BindingSource 组件的 DataSource 属性。

10.4.3　BindingNavigator 控件

BindingNavigator 控件由包含一系列 ToolStripItem 对象的 ToolStrip 组成，以执行大部分常见的与数据相关的操作：添加数据、删除数据以及在数据中导航。

以下步骤演示不编写任何代码就可以创建一个简单的数据绑定应用程序：

(1) 在项目解决方案中新建一个 BindingSourceAndNavigator 窗体应用程序项目，如图 10.13 所示，将该项目设为启动项目。

(2) 为 BindingSourceAndNavigator 项目添加数据集 EduDataSet，并将"单位""教室""教学班" 3 个表拖到数据集设计器面板，分别如图 10.14、图 10.15 所示。

图 10.13 新建 BindingSourceAndNavigator 项目

图 10.14 为 BindingSourceAndNavigator 项目添加数据集

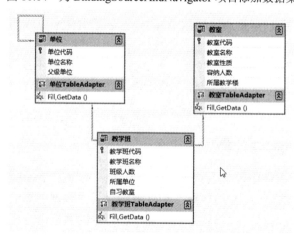

图 10.15 EduDataSet 数据集

(3) 将 BindingSource 组件拖到 Windows 窗体上,将自动创建一个 BindingSource1 组件,在其属性窗口将 BindingSource1 组件的 DataSource 属性设置为"EduDataSet",将 DataMember 属性设置为"单位",如图 10.16 所示。

（4）将 BindingNavigator 控件拖到 Windows 窗体上，在属性窗口中将其 BindingSource 属性设置为"BindingSource1"。

（5）将 DataGridView 控件拖到 Windows 窗体上，并将其数据源设置为"BindingSource1"，确保选中如图 10.17 所示的复选框，并将控件设置为在父容器中停靠。

图 10.16　设置 BindingSource1 组件数据源

图 10.17　设置 DataGridView 控件数据源

经过以上 5 个基本步骤，就创建了一个简单的数据绑定应用程序，该应用程序仅仅将数据源中的数据填充到了应用程序，还不能实现对数据源的修改操作。程序运行结果如图 10.18 所示。除了数据集设计和窗体设计器自动生成的代码，整个 BindingSourceAndNavigator 项目只有一行关键代码，其作用如代码清单 10-7 注释所示。

代码清单 10-7　BindingSourceAndNavigator 项目关键代码示例。

```
using System;
using System.Windows.Forms;

namespace BindingSourceAndNavigator
{
    public partial class Form1 : Form
    {
        public Form1()
        {
            InitializeComponent();
        }
        private void Form1_Load(object sender, EventArgs e)
        {   // 使用数据适配器从数据源填充单位表
            this.单位 TableAdapter.Fill(this.eduDataSet.单位);
        }
    }
}
```

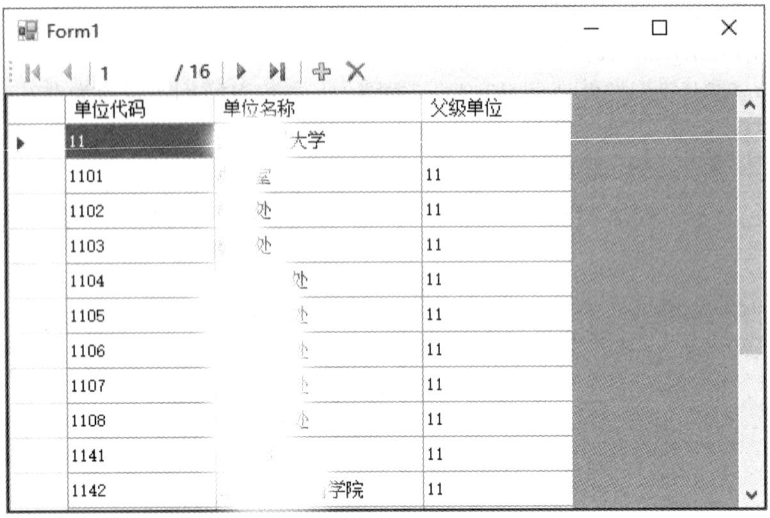

图 10.18　BindingSourceAndNavigator 项目运行结果

10.5　通 用 对 话 框

10.5.1　MessageBox 类

MessageBox 类表示一个可以包含文本、按钮和符号的消息框，它是一种预制的模式对话框，用于向用户显示文本消息。开发人员无法创建 MessageBox 类的新实例，必须通过调用 MessageBox 类的静态 Show 方法来显示消息框。显示在消息框中的标题、消息、按钮和图标由传递给该方法的参数确定。

可以使用消息框向用户询问问题，用户通过单击若干按钮之一进行回答，也可以通过检查 Show 返回的值来确定用户单击了哪个按钮。代码清单 10-8 演示如何使用 Button 控件的 Click 事件处理程序调用 Show 方法，显示一个具有指定文本、标题、按钮、图标、默认按钮和选项的消息框，代码运行结果如图 10.19 所示。

代码清单 10-8　MessageBox.Show 方法调用示例。

```
private void button1_Click(object sender, EventArgs e)
{   // 设置 MessageBox
    string message = "Hello, MessageBox!";
    string caption = "提示信息";
    MessageBoxButtons buttons = MessageBoxButtons.OKCancel;
    MessageBoxIcon icon = MessageBoxIcon.Information;
    MessageBoxDefaultButton defaultResult = MessageBoxDefaultButton.Button1;
    MessageBoxOptions options = MessageBoxOptions.DefaultDesktopOnly;

    // 显示 MessageBox
```

```
DialogResult result = MessageBox.Show(message, caption, buttons, icon, defaultResult, options);


    // 根据选定的按钮选择相关操作
    if (result == DialogResult.OK)
    {    // 单击确定按钮时做...
        this.Close();
    }
    else
    {
        // 单击取消按钮时做...
    }
}
```

图 10.19　MessageBox 示例

10.5.2　OpenFileDialog 组件

OpenFileDialog 组件是一个预先配置的标准对话框，提示用户打开文件，它与 Windows 操作系统所公开的"打开文件"对话框相同。在 Windows 窗体应用程序中可以使用该组件执行简单的文件选择，而不用去配置自己的对话框。

用户可以使用 OpenFileDialog 组件浏览他们的计算机以及网络中任何计算机上的文件夹，并选择打开一个或多个文件。该对话框返回用户在对话框中选定的文件的路径和名称。用户选定要打开的文件后，可以使用两种机制来打开文件。如果希望使用文件流，则可以创建 StreamReader 类的实例；另一种方法是使用 OpenFile 方法打开选定的文件。代码清单 10-9 演示如何使用 Button 控件的 Click 事件处理程序打开 OpenFileDialog 组件的实例，当用户选定某个文件并单击"打开"按钮后，将打开对话框中选定的文件。代码运行结果如图 10.20 所示。

代码清单 10-9　OpenFileDialog 示例。

```
private void button1_Click(object sender, EventArgs e)
{
    OpenFileDialog openFileDialog = new OpenFileDialog();
    DialogResult result = openFileDialog.ShowDialog();
    if (result == DialogResult.OK)
```

```
    {
        System.IO.StreamReader sr = new
            System.IO.StreamReader(openFileDialog.FileName);
        // 处理打开的文件
        sr.Close();
    }
}
```

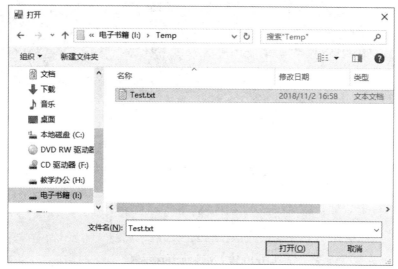

图 10.20　OpenFileDialog 示例运行结果

10.5.3　SaveFileDialog 组件

　　SaveFileDialog 组件是一个预先配置的标准对话框，提示用户保存文件，它与 Windows 操作系统所公开的"保存文件"对话框相同。在 Windows 窗体应用程序中可以使用该组件执行简单的保存文件操作，而不用去配置自己的对话框。

　　用户可以使用 SaveFileDialog 组件浏览文件系统并选择要保存的文件，该对话框返回用户在对话框中选定的文件的路径和名称。开发人员必须编写代码才能真正地将文件写入磁盘。代码清单 10-10 演示如何使用 Button 控件的 Click 事件处理程序创建 SaveFileDialog 对象、设置成员、使用 ShowDialog 方法调用对话框以及打开选定的文件。代码运行结果如图 10.21 所示。

　　代码清单 10-10　SaveFileDialog 示例。

```
private void button1_Click(object sender, EventArgs e)
{
    Stream stream;
    SaveFileDialog saveFileDialog = new SaveFileDialog();
    saveFileDialog.Filter = "txt files (*.txt)|*.txt|All files (*.*)|*.*";
    saveFileDialog.FilterIndex = 2;
```

```
        saveFileDialog.RestoreDirectory = true;
        DialogResult result = saveFileDialog.ShowDialog();
        if (result == DialogResult.OK)
        {
            if ((stream = saveFileDialog.OpenFile()) != null)
            {   // 向当前流写入操作
                stream.Close();
            }
        }
    }
```

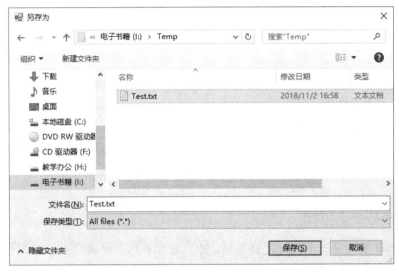

图 10.21　SaveFileDialog 示例运行结果

10.5.4　FolderBrowserDialog 组件

FolderBrowserDialog 组件显示了一个用户可以用来浏览和选择文件夹或新建文件夹的界面。

使用 ShowDialog 方法，可在运行时显示 FolderBrowserDialog 组件。设置 RootFolder 属性可确定将出现在对话框的树状视图中的顶级文件夹和任何子文件夹。在对话框显示后，可以使用 SelectedPath 属性获取所选文件夹的路径。代码清单 10-11 演示如何使用 Button 控件的 Click 事件处理程序创建 FolderBrowserDialog 对象、设置成员、使用 ShowDialog 方法调用对话框。代码运行结果如图 10.22 所示。

代码清单 10-11　FolderBrowserDialog 示例。

```
private void button1_Click(object sender, EventArgs e)
{
    FolderBrowserDialog folderBrowserDialog = new FolderBrowserDialog();
    folderBrowserDialog.RootFolder = Environment.SpecialFolder.MyComputer;
```

```
folderBrowserDialog.Description = "选择工作文件夹";
DialogResult result = folderBrowserDialog.ShowDialog();
if(result == DialogResult.OK)
{
    MessageBox.Show(folderBrowserDialog.SelectedPath);
}
}
```

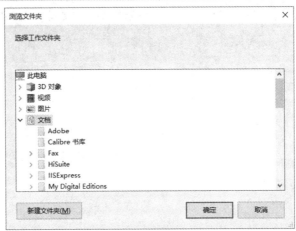

图 10.22　FolderBrowserDialog 示例运行结果

10.5.5　ColorDialog 组件

ColorDialog 组件是一个预先配置的对话框,它允许用户从调色板选择颜色以及将自定义颜色添加到该调色板。

此对话框中选择的颜色在 Color 属性中返回。如果 AllowFullOpen 属性设置为 false,则将禁用"自定义颜色"按钮,并且用户只能使用调色板中的预定义颜色。如果 SolidColorOnly 属性设置为 true,则用户只能选择纯色。若要显示此对话框,必须调用它的 ShowDialog 方法。代码清单 10-12 演示如何使用 Button 控件的 Click 事件处理程序创建 ColorDialog 对象、设置成员、使用 ShowDialog 方法调用对话框。代码运行结果如图 10.23 所示。

代码清单 10-12　ColorDialog 示例。

```
private void button1_Click(object sender, EventArgs e)
{
    ColorDialog colorDialog = new ColorDialog();
    colorDialog.AllowFullOpen = false;
    colorDialog.AnyColor = true;
    colorDialog.SolidColorOnly = false;
    colorDialog.ShowHelp = true;
    DialogResult result = colorDialog.ShowDialog();
```

```
    if (result.Equals(DialogResult.OK))
    {
        MessageBox.Show(colorDialog.Color.Name);
    }
}
```

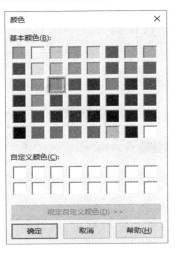

图 10.23　ColorDialog 示例运行结果

10.5.6　FontDialog 组件

FontDialog 组件是一个预先配置的对话框，它与 Windows 操作系统公开的"字体"对话框相同，用于公开系统上当前安装的字体。

默认情况下，该对话框显示字体、字体样式和字体大小的列表框，删除线和下划线等效果的复选框及脚本的下拉列表以及字体外观的示例。若要显示字体对话框，必须调用 ShowDialog 方法。默认对话框样式如图 10.24 所示。

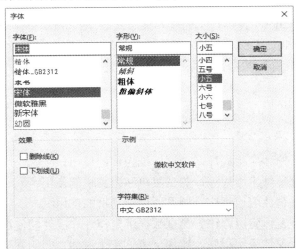

图 10.24　FontDialog 对话框

10.5.7　PrintDialog **组件**

PrintDialog 组件是一个预先配置的对话框，可用于在基于 Windows 的应用程序中选择打印机、选择要打印的页以及确定其他与打印相关的设置。

可使用 ShowDialog 方法在运行时显示对话框。显示该组件后，用户将与之进行交互，设置打印作业的属性。这些项保存在与该打印作业关联的 PrinterSettings 和 PageSettings 类对象中。默认对话框样式如图 10.25 所示。

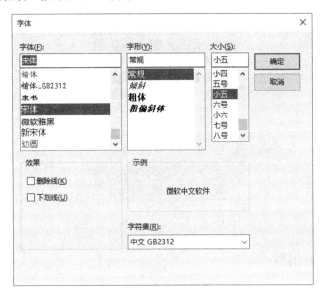

图 10.25　PrintDialog 对话框

本 章 小 结

本章主要介绍 Windows 窗体技术的基本概念及其 Windows 窗体中常用的控件和组件，包括标准控件、菜单和工具栏、数据绑定组件和通用对话框。这些内容是数据库应用程序开发的基础，下一章将介绍教务管理系统的具体开发过程。

思 考 题

1. 编写 Windows 窗体应用程序，测试标准控件的使用。
2. 编写 Windows 窗体应用程序，测试菜单和工具栏的使用。
3. 编写 Windows 窗体应用程序，测试通用对话框的使用。
4. 编写 Windows 窗体应用程序，测试数据绑定控件和组件的使用。
5. 编写 Windows 窗体应用程序，实现父窗体和子窗体之间的通信。

第 11 章　教务管理系统开发

本章主要介绍如何使用 Windows 窗体技术开发数据库应用程序项目。使用 Windows 窗体，可以在.NET Framework 上创建客户端应用程序，这种应用程序可使用 Windows 窗体控件访问多种数据源，同时提供数据显示和数据编辑功能。

11.1　创建教务管理系统项目

11.1.1　创建解决方案

本系统主要基于 C#语言使用 Visual Studio 2017 集成开发环境进行开发，项目采用传统的三层架构实现，分别是表示层、业务逻辑层和数据访问层。

项目开发第一步，创建一个空白解决方案。

打开 Visual Studio，在"文件"菜单中依次选择"新建"→"项目"命令，在打开的"新建项目"对话框中选择"空白解决方案"，输入解决方案名称为"EduDbSystem"，选择解决方案存放位置后单击"确定"按钮，如图 11.1 所示。创建解决方案后的集成开发环境如图 11.2 所示。

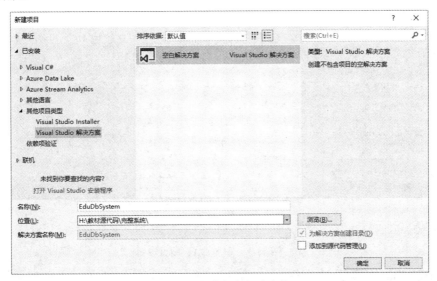

图 11.1　创建空白解决方案

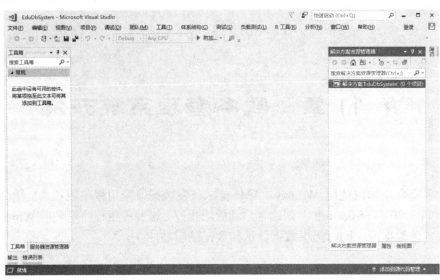

图 11.2　创建解决方案后的开发环境

11.1.2　分层创建项目

项目开发第二步，在创建好的空白解决方案中添加 4 个项目。

1. 创建数据访问层

在"解决方案资源管理器"面板中右键单击解决方案名称，在弹出的快捷菜单中依次选择"添加"→"新建项目"命令，在弹出的"添加新项目"对话框中选择"类库"类型，设置项目名称为"DAL"，如图 11.3 所示。数据访问层的核心功能是处理后台数据库的访问。

图 11.3　添加 DAL 项目

2. 创建 Models 项目

与创建数据访问层类似，在解决方案中添加名为"Models"的新类库项目。

3. 创建业务逻辑层

与创建数据访问层类似，在解决方案中添加名为"BLL"的新类库项目。业务逻辑层的功能是处理核心业务及其对数据访问层的调用。

4. 创建表示层

表示层使用 Windows 窗体实现，用于和用户交互。与创建数据访问层类似，在解决方案中添加名为"UI"的 Windows 窗体应用项目。将本项目设置为启动项目。

最终创建的教务管理系统解决方案如图 11.4 所示。

图 11.4　完整的 EduDbSystem 解决方案

注意：BLL、DAL 和 Models 这 3 个类库项目中自动生成的文件 Class1.cs 没有作用，为了保持项目的整洁，可以删除该文件。

11.1.3　创建数据访问层代码

项目开发第三步，创建数据访问层代码。

为简化开发流程，本系统使用 ADO.NET 组件访问数据库，采用将数据适配器与数据集分离的策略。

(1) 在项目 DAL 中添加名为"EduDataSet"的数据集。

(2) 在"服务器资源管理器"面板上，将系统使用的所有基本表拖拽到"数据集设计器"面板上。

(3) 将数据集适配器和数据集分离：数据适配器放在 DAL 层，数据集放在 Models 层。

(4) 重新生成解决方案，此时数据集将被移动到 Models 层。

11.1.4　添加引用

项目开发第四步，为项目添加引用。

由于项目采用分层架构，层间存在依赖关系，因此需要在项目之间添加这种依赖关系，这是通过为项目添加引用来实现的。

(1) 在"解决方案资源管理器"面板中展开 BLL 项目，然后右键单击"引用"节点，在弹出的快捷菜单中选择"添加引用"命令，如图 11.5 所示。

(2) 在弹出的"引用管理器"对话框中勾选"项目"节点下的 DAL 和 Models 两个项目，如图 11.6 所示，然后单击"确定"按钮。

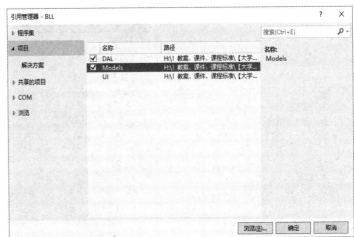

图 11.5　添加引用　　　　　　　　　　　　图 11.6　引用管理器对话框

(3) 类似地，为 UI 项目添加对 BLL 和 Models 两个项目的引用。

至此，整个教务管理系统的项目框架就搭建完了，下面的工作就是实现核心业务逻辑和创建用户交互界面。

11.2　核心功能模块实现

11.2.1　原始数据录入

通过对 3.2.1 节系统的功能和 4.3.3 节系统使用的基本表进行分析可发现：数据库中只有存在一些原始数据之后整个系统才能正常投入工作。比如：为保证系统的安全性，在使用系统前需要对账号进行验证，这就要求数据库中至少要有一个可以维护系统基础数据的管理人员的账号；另外，每个账号都至少赋予了一个角色，而每个角色都具有一定的操作权限等。

这些原始数据的入库是系统运行的前提，我们称之为"系统的初始化"操作。该操作必须在系统安装后正式投入使用前马上就做，如果不做该项工作，整个系统将无法真正投入使用。另外，初始化操作只能做一次，系统正常投入使用后禁止再进行该操作。针对这些要求，我们分析，"系统初始化"可以在以下时机进行：

(1) 将"系统初始化"操作放在安装程序中，在程序安装过程中自动静默进行，不需要用户干预。

(2) 将"系统初始化"操作权限赋予 DBA，在系统使用手册中明确这项工作必须由 DBA 首先完成。DBA 可以直接在数据库中插入原始数据。

(3) 作为系统的一个基本功能实现，为了保证初始化操作优先执行且仅执行一次的要求，可以结合配置文件进行控制。

为了向读者演示对配置文件的访问，本书将"系统初始化"操作作为系统的一个基本功能模块来实现，详见 11.2.3 节。

11.2.2　设计主界面

用户界面提供了一种机制，供用户与应用程序交互。因此，有效、便于使用的设计至关重要。根据 3.2 节教务管理系统需求分析及其功能模块的划分和组织，设计系统主界面如图 11.7 所示。系统主界面是一个多文档界面(MDI)，以菜单栏作为主功能区，菜单按照功能模块进行组织。

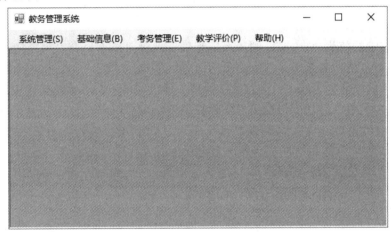

图 11.7　教务管理系统主界面

具体步骤为：

(1) 为方便管理后续众多的窗体，在项目 UI 中修改自动生成的 Form1.cs 为 MainForm.cs。

(2) 修改窗体的 Text 属性为"教务管理系统"，Name 属性为"MainForm"，IsMdiContainer 属性设置为 true。

(3) 从"工具箱"拖动一个"MenuStrip"控件到窗体上，分别创建如图 11.7 所示的 5 个顶级菜单项。

随着后续功能的逐步实现，将会逐渐添加子菜单和快捷键等。

11.2.3　系统初始化

教务管理系统中将"系统初始化"设计为顶级菜单"系统管理"的第一个子菜单，如图 11.8 所示。

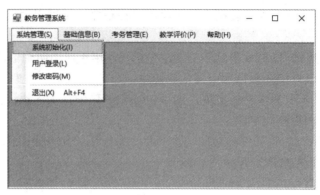

图 11.8　系统初始化子菜单

系统的核心功能为:

(1) 读取当前应用程序的配置文件,获取 AppSettings 配置节中"IsInitialized"键的值。

(2) 如果该键的值为"false",则执行系统初始化操作;否则,不执行系统初始化操作。

(3) 其他关联或者附加的操作:

① 如果该键的值为"false",则"基础信息""考务管理""教学评价"3 个顶级菜单不可用,当然其子菜单都不可用。

② 如果该键的值为"false",则"系统管理"顶级菜单下只有"系统初始化"和"退出"两个子菜单可用,其余子菜单均不可用。

③ 如果该键的值为"true",则"系统管理"顶级菜单下的"系统初始化"子菜单对用户不可见,其余菜单项的功能根据用户实际权限确定是否可用。

系统初始化功能的具体实现步骤如下:

(1) 考虑设计一个静态帮助类来统一管理对配置文件的读写操作。这样,后续程序可以复用并扩展这部分代码。代码清单 11-1 演示了 AppSettingsHelper 类的实现。

代码清单 11-1　AppSettingsHelper.cs 示例。

```
using System.Configuration;
namespace UI
{   /// <summary>
    /// appSettings 配置节访问工具
    /// appSettings 配置节为应用程序提供 string 值的键/值对
    /// </summary>
    public class AppSettingsHelper
    {   /// <summary>
        /// 读取 appSettings 配置节中包含的键/值对
        /// </summary>
        /// <param name="key">指定键/值对中的键</param>
        /// <returns>返回键/值对中的值</returns>
        public static string ReadAppSettings(string key)
        {
```

```
        string result;
        // 获取当前应用程序的配置文件
        // 作为 Configuration 对象打开
        Configuration config = ConfigurationManager.
            OpenExeConfiguration(ConfigurationUserLevel.None);
        // 获取 AppSettingsSection 配置节对象
        AppSettingsSection appSettings = config.AppSettings;
        // 读取值
        result = appSettings.Settings[key].Value;
        return result;
    }


    /// <summary>
    /// 写入 appSettings 配置节中包含的键/值对
    /// </summary>
    /// <param name="key">指定键/值对中的键</param>
    /// <param name="value">指定键/值对中的新值</param>
    public static void SaveAppSettings(string key, string value)
    {   // 获取当前应用程序的配置文件
        // 作为 Configuration 对象打开
        Configuration config = ConfigurationManager.
            OpenExeConfiguration(ConfigurationUserLevel.None);
        // 获取 AppSettingsSection 配置节对象
        AppSettingsSection appSettings = config.AppSettings;
        // 修改指定键值
        appSettings.Settings[key].Value = value;
        // 保存自创建 Configuration 对象以来修改过的任何配置
        config.Save(ConfigurationSaveMode.Modified);
        // 刷新指定节，在下次检索它时将从磁盘重新读取它
        ConfigurationManager.RefreshSection("appSettings");
    }
    }
}
```

　　(2) 处理关联或者附加操作，读取 AppSettings 配置节中"IsInitialized"键的值，如果 IsInitialized=false，说明系统还未进行初始化，未初始化的系统绝大部分功能不可使用，如图 11.9 所示；如果 IsInitialized=true，说明系统可用，此时应隐藏"系统初始化"子菜单项，如图 11.10 所示；如果 IsInitialized 为其他值，说明有人手动修改了配置文件，此时应提示错误后退出程序，如图 11.11 所示。代码清单 11-2 演示了以上功能的完整实现。

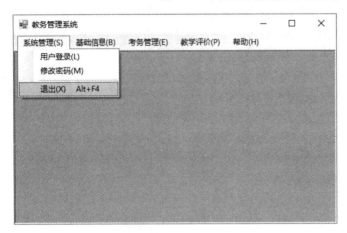

图 11.9　未执行系统初始化时的用户界面

图 11.10　执行系统初始化后的用户界面　　　　　图 11.11　配置文件发生错误

代码清单 11-2　菜单和快捷方式初始化示例。

```
/// <summary>
/// 初始化菜单和快捷方式
/// </summary>
private void InitializeMenuStripAndToolStrip()
{
    bool isInitializedBoolValue;
    // 读取相应配置节指定键的值
    string isInitializedValue = AppSettingsHelper.ReadAppSettings("isInitialized");
    // 如果读取指定键的值可以转换为布尔值
    // 则执行初始化操作
    if (bool.TryParse(isInitializedValue, out isInitializedBoolValue))
    {   // 初始化顶级菜单
        this.基础信息 BToolStripMenuItem.Enabled = isInitializedBoolValue;
        this.考务管理 EToolStripMenuItem.Enabled = isInitializedBoolValue;
```

```
        this.教学评价 PToolStripMenuItem.Enabled = isInitializedBoolValue;

        // 初始化顶级菜单【文件】下的子菜单
        this.登录 ToolStripMenuItem.Enabled = isInitializedBoolValue;

        this.修改密码 ToolStripMenuItem.Enabled = isInitializedBoolValue;

        this.toolStripSeparator1.Visible = !isInitializedBoolValue;

        this.系统初始化 ToolStripMenuItem.Visible = !isInitializedBoolValue;
    }
    // 否则，说明人为改动了配置文件，程序拒绝运行
    else
    {
        MessageBox.Show("应用程序配置文件发生错误!",
            "应用程序错误", MessageBoxButtons.OK, MessageBoxIcon.Error);
        this.Close();
    }
}


// 在窗体的 Load 事件中调用上述方法
private void MainForm_Load(object sender, EventArgs e)
{
    InitializeMenuStripAndToolStrip();
}
```

(3) 系统初始化，因初始化操作内容较多，可以考虑设计一个"系统初始化"对话框，来向用户显示当前操作的内容，并使用 RichTextBox 控件直观地展示当前操作的进度。具体任务包括：

① 为项目添加一个新的 Form，命名为"InitializeMenuStripAndToolStripForm"，其属性设置如表 11-1 所示。

表 11-1　系统初始化对话框属性设置

属　　性	取　　值	说　　明
Name	InitializeMenuStripAndToolStripForm	对象的名称
Text	系统初始化	窗体标题
ShowIcon	false	标题栏不显示图标
ShowInTaskbar	false	窗体不出现在任务栏
MaximizeBox	false	窗体不显示最大化按钮
MinimizeBox	false	窗体不显示最小化按钮
StartPosition	FormStartPosition.CenterParent	窗体出现在父窗体中间

② 在"系统初始化"子菜单的 Click 事件中初始化 InitializeMenuStripAndToolStripForm 并显示为模式对话框，代码清单 11-3 演示了以上功能的完整实现。

代码清单 11-3　　系统初始化子菜单 Click 事件示例。

```
private void 系统初始化 ToolStripMenuItem_Click(object sender, EventArgs e)
{
    InitializeMenuStripAndToolStripForm form = new InitializeMenuStripAndToolStripForm();
    form.ShowDialog();
}
```

③ 在业务逻辑层编写系统初始化代码。对数据库应用程序来讲，初始化操作主要是创建系统所需的基本表、添加系统运行必须的基础数据等与数据库相关的内容。

教务管理系统初始化操作需要创建一个登录账号。由于数据库中用户名和密码是加密存储的，因此，需要在业务逻辑层添加数据加解密相关的工具类，以帮助我们加密用户名，并生成密码的哈希值。代码清单 11-4 演示了 CryptographyHelper 类的实现，后续程序可以复用并扩展这部分代码。

代码清单 11-4　　CryptographyHelper.cs 类示例。

```
using System;
using System.IO;
using System.Security.Cryptography;
using System.Text;


namespace BLL
{   /// <summary>
    /// 加密、解密等相关的工具类
    /// </summary>
    public class CryptographyHelper
    {   /* 以下是基础工具，包括：
        * 字节数组和字符串之间的相互转换、两字节数组的合并、随机数的生成等
        */
        /// <summary>
        /// 将 8 位无符号整数的数组转换为
        /// 其用 Base64 数字编码的等效字符串表示形式
        /// </summary>
        /// <param name="inArray">一个 8 位无符号整数数组</param>
        /// <returns>inArray 内容的字符串表示形式，以 Base64 表示</returns>
        public static string ToBase64String(byte[] inArray)
        {
            return Convert.ToBase64String(inArray);
        }

        /// <summary>
```

```
/// 将指定的字符串(它将二进制数据编码为 Base64 数字)
/// 转换为等效的 8 位无符号整数数组
/// </summary>
/// <param name="s">要转换的字符串</param>
/// <returns>与 s 等效的 8 位无符号整数数组</returns>
public static byte[] FromBase64String(string s)
{
    return Convert.FromBase64String(s);
}


/// <summary>
/// 使用 UTF-8 编码：将指定字符串中的所有字符，编码为一个字节序列
/// </summary>
/// <param name="s">包含要编码的字符的字符串</param>
/// <returns> 一个字节数组，包含对指定的字符集进行编码的结果</returns>
public static byte[] GetBytes(string s)
{
    return Encoding.UTF8.GetBytes(s);
}


/// <summary>
/// 使用 UTF-8 编码：将指定字节数组中的所有字节，解码为一个字符串
/// </summary>
/// <param name="bytes">包含要解码的字节序列的字节数组</param>
/// <returns>包含指定字节序列解码结果的字符串</returns>
public static string GetString(byte[] bytes)
{
    return Encoding.UTF8.GetString(bytes);
}


/// <summary>
/// 合并两个字节数组
/// </summary>
/// <param name="first">第一个字节数组</param>
/// <param name="second">第二个字节数组</param>
/// <returns>合并后的字节数组</returns>
private static byte[] Combine(byte[] first, byte[] second)
{
    var ret = new byte[first.Length + second.Length];
    // 将指定数目的字节从起始于特定偏移量的源数组
```

```
        // 复制到起始于特定偏移量的目标数组
        Buffer.BlockCopy(first, 0, ret, 0, first.Length);
        Buffer.BlockCopy(second, 0, ret, first.Length, second.Length);
        return ret;
    }


    /// <summary>
    /// 使用加密随机数生成器，创建加密型强随机值
    /// </summary>
    /// <param name="rngName">要使用的随机数生成器实现的名称
    /// 可以为下列之一：
    /// System.Security.Cryptography.RandomNumberGenerator
    /// System.Security.Cryptography.RNGCryptoServiceProvider
    /// </param>
    /// <param name="length">填充随机数的数组的长度</param>
    /// <returns>用经过加密的强随机值序列填充的字节数组</returns>
    public static byte[] GenerateRandom(string rngName, int length)
    {   // 创建加密随机数生成器的指定实现的实例
        using (var randomNumberGenerator = RandomNumberGenerator.Create(rngName))
        {
            var randomNumber = new byte[length];
            // 用经过加密的强随机值序列填充的数组
            randomNumberGenerator.GetBytes(randomNumber);
            return randomNumber;
        }
    }


    /* 以下是哈希算法：
     * 哈希算法，将任意长度的二进制字符串映射到具有固定长度
     * 相对较短的二进制字符串
     * 它无法将两个不同的输入哈希成相同的值
     * 通常用于对口令进行编码
     */
    /// <summary>
    /// SHA256 算法的哈希值大小为 256 位
    /// </summary>
    /// <param name="hashName">要使用的 SHA256 的特定实现的名称
    /// 可以为下列之一：
    /// System.Security.Cryptography.SHA256
```

```
/// System.Security.Cryptography.SHA256Cng
/// System.Security.Cryptography.SHA256CryptoServiceProvider
/// System.Security.Cryptography.SHA256Managed
/// </param>
/// <param name="toBeHashed">要计算其哈希代码的输入</param>
/// <param name="salt">盐值</param>
/// <returns>一个字节数组，计算所得的哈希代码</returns>
public static byte[] SHA256WithSalt(string hashName, byte[] toBeHashed, byte[] salt)
{    // 创建指定实现的实例
    using (var sha256 = SHA256.Create(hashName))
    {
        return sha256.ComputeHash(Combine(toBeHashed, salt));
    }
}


/// <summary>
/// SHA512 算法的哈希值大小为 512 位
/// </summary>
/// <param name="hashName">要使用的 SHA256 的特定实现的名称
/// 可以为下列之一：
/// System.Security.Cryptography.SHA512
/// System.Security.Cryptography.SHA512Cng
/// System.Security.Cryptography.SHA512CryptoServiceProvider
/// System.Security.Cryptography.SHA512Managed
/// </param>
/// <param name="toBeHashed">要计算其哈希代码的输入</param>
/// <param name="salt">盐值</param>
/// <returns>一个字节数组，计算所得的哈希代码</returns>
public static byte[] SHA512WithSalt(string hashName, byte[] toBeHashed, byte[] salt)
{    // 创建指定实现的实例
    using (var sha512 = SHA512.Create(hashName))
    {
        return sha512.ComputeHash(Combine(toBeHashed, salt));
    }
}


/// <summary>
/// 采用密码、salt 和迭代计数，生成密钥
/// </summary>
```

```
/// <param name="password">用于派生密钥的密码</param>
/// <param name="salt">用于派生密钥的密钥 salt</param>
/// <param name="iterations">操作的迭代数</param>
/// <param name="cb">要生成的伪随机密钥字节数</param>
/// <returns></returns>
public static byte[] Rfc2898Password(byte[] password, byte[] salt, int iterations, int cb)
{
    using (var rfc2898 = new Rfc2898DeriveBytes(password, salt, iterations))
    {   // 返回此对象的伪随机密钥
        // 由伪随机密钥字节组成的字节数组
        return rfc2898.GetBytes(cb);
    }
}


/// <summary>
/// 采用密码、salt 和迭代计数，生成密钥
/// </summary>
/// <param name="password">用于派生密钥的密码</param>
/// <param name="salt">用于派生密钥的密钥 salt</param>
/// <param name="iterations">操作的迭代数</param>
/// <param name="cb">要生成的伪随机密钥字节数</param>
/// <returns></returns>
public static byte[] Rfc2898Password(string password, byte[] salt, int iterations, int cb)
{
    using (var rfc2898 = new Rfc2898DeriveBytes(password, salt, iterations))
    {   // 返回此对象的伪随机密钥
        // 由伪随机密钥字节组成的字节数组
        return rfc2898.GetBytes(cb);
    }
}


/* 以下是对称加密算法：
 * 需要一个密钥(Key)和一个初始化向量(IV)
 * 通常用于数据加密
 */
/// <summary>
/// 根据指定的对称加密算法加密数据
/// </summary>
/// <param name="algName">要使用的 SymmetricAlgorithm 类的
```

```
/// 特定实现的名称, 可以为下列之一:
/// System.Security.Cryptography.AesCryptoServiceProvider
/// System.Security.Cryptography.AesManaged
/// System.Security.Cryptography.DESCryptoServiceProvider
/// System.Security.Cryptography.RC2CryptoServiceProvider
/// System.Security.Cryptography.RijndaelManaged
/// System.Security.Cryptography.TripleDESCryptoServiceProvider
/// </param>
/// <param name="dataToEncrypt">待加密数据</param>
/// <param name="key">密钥</param>
/// <param name="iv">初始化向量</param>
/// <returns>返回密文</returns>
public static byte[] EncryptDataUsingSymmetricAlgorithm(
    string algName, byte[] dataToEncrypt, byte[] key, byte[] iv)
{   // 创建用于执行对称算法的指定加密对象
    using (var alg = SymmetricAlgorithm.Create(algName))
    {
        alg.Mode = CipherMode.CBC;
        alg.Padding = PaddingMode.PKCS7;
        alg.Key = key;
        alg.IV = iv;
        using (var memoryStream = new MemoryStream())
        {   // 用目标数据流、要使用的转换和流的模式
            // 初始化 CryptoStream 类的新实例
            var cryptoStream = new CryptoStream(memoryStream, alg.CreateEncryptor(),
                CryptoStreamMode.Write);

            // 将一字节序列写入当前的 CryptoStream
            cryptoStream.Write(dataToEncrypt, 0, dataToEncrypt.Length);
            cryptoStream.FlushFinalBlock();

            return memoryStream.ToArray();
        }
    }
}

/// <summary>
/// 根据指定的对称加密算法解密数据
/// </summary>
```

```csharp
/// <param name="algName">要使用的 SymmetricAlgorithm 类的
/// 特定实现的名称，可以为下列之一：
/// System.Security.Cryptography.AesCryptoServiceProvider
/// System.Security.Cryptography.AesManaged
/// System.Security.Cryptography.DESCryptoServiceProvider
/// System.Security.Cryptography.RC2CryptoServiceProvider
/// System.Security.Cryptography.RijndaelManaged
/// System.Security.Cryptography.TripleDESCryptoServiceProvider
/// </param>
/// <param name="dataToDecrypt">待解密数据</param>
/// <param name="key">密钥</param>
/// <param name="IV">初始化向量</param>
/// <returns>返回明文</returns>
public static byte[] DecryptDataUsingSymmetricAlgorithm(
    string algName, byte[] dataToDecrypt, byte[] key, byte[] IV)
{   // 创建用于执行对称算法的指定加密对象
    using (var alg = SymmetricAlgorithm.Create(algName))
    {
        alg.Mode = CipherMode.CBC;
        alg.Padding = PaddingMode.PKCS7;
        alg.Key = key;
        alg.IV = IV;
        using (var memoryStream = new MemoryStream())
        {   // 用目标数据流、要使用的转换和流的模式
            // 初始化 CryptoStream 类的新实例
            var cryptoStream = new CryptoStream(memoryStream,
                alg.CreateDecryptor(),
                CryptoStreamMode.Write);

            // 将一字节序列写入当前的 CryptoStream
            cryptoStream.Write(dataToDecrypt, 0, dataToDecrypt.Length);
            cryptoStream.FlushFinalBlock();

            return memoryStream.ToArray();
        }
    }
}
```

接着在业务逻辑层定义系统初始化类，由该类的实例完成系统初始化的所有操作。代码清单 11-5 演示了该类的基础结构，后续会逐步为该类添加相关的初始化方法。

代码清单 11-5 SysInitialize.cs 方法示例。

```
namespace BLL
{   /// <summary>
    /// 系统初始化
    /// </summary>
    public class SysInitialize
    {   // 声明一个适配器管理器，它采用分层更新策略
        private DAL.EduDataSetTableAdapters.TableAdapterManager tam;

        // 用户名使用 DES 算法加密
        private readonly string argName;       //算法名称
        private readonly byte[] key;           //密钥
        private readonly byte[] iv;            //初始化向量
        // 随机数生成器算法名
        private readonly string rngName;

        /// <summary>
        /// 创建私有无参数构造函数，限制用户使用
        /// </summary>
        private SysInitialize()
        {

        }

        /// <summary>
        /// 实例构造函数，负责私有成员的初始化
        /// </summary>
        /// <param name="argName">对称算法名</param>
        /// <param name="key">密钥</param>
        /// <param name="iv">初始化向量</param>
        /// <param name="rngName">随机数生成器算法名</param>
        public SysInitialize(string argName, string key, string iv, string rngName)
        {
            this.tam = new DAL.EduDataSetTableAdapters.TableAdapterManager();
            this.argName = argName;
            this.key = CryptographyHelper.FromBase64String(key);
            this.iv = CryptographyHelper.FromBase64String(iv);
```

```
        this.rngName = rngName;

    }

  }

}
```

接着创建一个方法，负责初始化系统管理员账号信息。该账号负责教务管理系统基础数据的创建工作，代码清单 11-6 演示了该方法的实现细节。

代码清单 11-6　InitializeAdminUser 方法示例。

```
/// <summary>
/// 系统管理员初始化
/// </summary>
public int InitializeAdminUser()
{   // 相关数据适配器实例化
    this.tam.角色 TableAdapter = new DAL.EduDataSetTableAdapters.角色 TableAdapter();
    this.tam.账号 TableAdapter = new DAL.EduDataSetTableAdapters.账号 TableAdapter();
    this.tam.账号角色 TableAdapter =
        new DAL.EduDataSetTableAdapters.账号角色 TableAdapter();
    // 创建数据集
    Models.EduDataSet dataSet = new Models.EduDataSet();
    this.tam.账号 TableAdapter.Fill(dataSet.账号);

    // 用户名使用对称加密算法进行加密存储
    // 先将用户名中的所有字符转换为 UTF-8 编码的字节数组
    // 然后将该字节数据加密
    // 最后将加密数据转换为 Base64 编码的等效字符串存储
    // 解密过程执行以上数据转换的逆过程
    string username = CryptographyHelper.ToBase64String(
        CryptographyHelper.EncryptDataUsingSymmetricAlgorithm(this.argName,
            CryptographyHelper.GetBytes("admin"), this.key, this.iv));

    // 如果系统管理员已存在，则退出
    if (dataSet.账号.FindBy 用户名(username) != null)
    {
        return 0;
    }

    // 创建系统管理员账号
    var user = dataSet.账号.New 账号 Row();
    user.用户名 = username;
```

```
// 将产生的随机值填充的字节数组转换为
// Base64 编码的等效字符串存储
// 解密过程执行以上数据转换的逆过程
user.盐值 = CryptographyHelper.ToBase64String(
    CryptographyHelper.GenerateRandom(this.rngName, 64));

// 将密码、盐值和迭代计数哈希后的字节数组转换为
// Base64 编码的等效字符串存储
// 密码验证过程执行同一过程
user.密码 = CryptographyHelper.ToBase64String(
    CryptographyHelper.Rfc2898Password("admin",
        CryptographyHelper.FromBase64String(user.盐值), 50000, 64));

user.是否锁定 = false;
user.人员类别 = "00";
dataSet.账号.Add 账号 Row(user);

// 创建角色
var role = dataSet.角色.New 角色 Row();
role.角色代码 = System.Guid.NewGuid();
role.角色 = "系统管理员";
dataSet.角色.Add 角色 Row(role);

// 为账号分配角色
var userInRole = dataSet.账号角色.New 账号角色 Row();
userInRole.账号 Row = user;
userInRole.角色 Row = role;
dataSet.账号角色.Add 账号角色 Row(userInRole);

return this.tam.UpdateAll(dataSet);
}
```

系统初始化还可以执行部分基础数据的创建工作，主要是针对系统中不经常发生变化的那部分数据，其特点是数据量一般比较小并且有大量其他数据与之相关联。比如教务管理系统中人员的性别、类别、职称、职务以及课程的考核方式等等。代码清单 11-7 演示了性别表的初始化。

代码清单 11-7　InitializeSexTable 方法示例。

```
/// <summary>
/// 性别初始化
/// </summary>
```

```
/// <returns>受影响的行</returns>
public int InitializeSexTable()
{    // 相关数据适配器实例化
    this.tam.性别 TableAdapter =
        new DAL.EduDataSetTableAdapters.性别 TableAdapter();
    // 创建数据集
    Models.EduDataSet dataSet = new Models.EduDataSet();
    this.tam.性别 TableAdapter.Fill(dataSet.性别);

    // 清空现有数据
    foreach (var row in dataSet.性别)
    {
        row.Delete();
    }
    this.tam.UpdateAll(dataSet);

    // 添加性别
    var row1 = dataSet.性别.New 性别 Row();
    row1.性别代码  = "1";
    row1.性别  = "男";
    dataSet.性别.Add 性别 Row(row1);
    var row2 = dataSet.性别.New 性别 Row();
    row2.性别代码  = "2";
    row2.性别  = "女";
    dataSet.性别.Add 性别 Row(row2);

    return this.tam.UpdateAll(dataSet);
}
```

④ 设计"系统初始化"对话框界面，如图 11.12 所示。所使用控件的功能说明如表 11-2 所示。

图 11.12　系统初始化对话框设计效果

表 11-2 系统初始化界面使用控件说明

控件名称	控件类型	控 件 功 能
richTextBoxInfo	RichTextBox	显示当前初始化操作的步骤
buttonInitialize	Button	单击该按钮执行系统初始化操作
buttonOK	Button	单击该按钮关闭对话框

数据库中用户名是加密存储的,用户密码则存储的是其哈希值,所使用的加密和哈希算法在应用程序配置文件中指定,代码清单 11-8 演示了应用程序配置文件,代码清单 11-9 演示了"系统初始化"对话框(即 InitializeMenuStripAndToolStripForm 窗体)核心代码。

代码清单 11-8 App.config 文件示例。

```xml
<?xml version="1.0" encoding="utf-8" ?>
<configuration>
  <startup>
    <supportedRuntime version="v4.0" sku=".NETFramework,Version=v4.7" />
  </startup>
  <appSettings>
    <add key="isInitialized" value="True"/>
    <add key="arg"
        value="System.Security.Cryptography.DESCryptoServiceProvider"/>
    <add key="rng"
        value="System.Security.Cryptography.RNGCryptoServiceProvider"/>
    <add key="key" value="B3+8gmgivm0="/>
    <add key="iv" value="w5XcIC1eh8c="/>
  </appSettings>
</configuration>
```

代码清单 11-9 InitializeMenuStripAndToolStripForm 窗体类示例。

```csharp
using System;
using System.Windows.Forms;

namespace UI
{
    public partial class InitializeMenuStripAndToolStripForm : Form
    {
        string argName;
        string rngName;
        string key;
        string iv;
        private BLL.SysInitialize initialize;
```

```csharp
public InitializeMenuStripAndToolStripForm()
{
    InitializeComponent();
}

private void InitializeMenuStripAndToolStripForm_Load(
    object sender, EventArgs e)
{   // 读取相应配置节指定键的值
    this.argName = AppSettingsHelper.ReadAppSettings("arg");
    this.rngName = AppSettingsHelper.ReadAppSettings("rng");
    this.key = AppSettingsHelper.ReadAppSettings("key");
    this.iv = AppSettingsHelper.ReadAppSettings("iv");

    // 创建 SysInitialize 实例
    this.initialize = new BLL.SysInitialize(this.argName,
        this.key, this.iv, this.rngName);
}

private void buttonOK_Click(object sender, EventArgs e)
{
    this.Close();
}

private void buttonInitialize_Click(object sender, EventArgs e)
{
    if(this.initialize.InitializeAdminUser()!=0)
    {
        this.richTextBoxInfo.Text = "初始化系统管理员账号...　完毕";
    }

    if (this.initialize.InitializeSexTable() != 0)
    {
        this.richTextBoxInfo.Text += "\n 初始化性别表...　完毕";
    }

    AppSettingsHelper.SaveAppSettings("isInitialized", "true");
    }
}
}
```

11.2.4　用户登录

本节详细实现用户登录功能，由"用户登录"对话框(即 LoginForm 窗体)引导用户完成身份验证。"用户登录"对话框设计效果如图 11.13 所示，LoginForm 窗体使用的控件如表 11-3 所示，窗体核心代码如代码清单 11-10 所示。

图 11.13　"用户登录"对话框设计效果

表 11-3　"用户登录"对话框使用控件说明

控件名称	控件类型	控件功能
username	TextBox	用户输入的账号
password	TextBox	用户输入的密码
buttonCancel	Button	单击该按钮清除现有账号和密码
buttonLogin	Button	单击该按钮进行身份验证
labelInfo	Label	提示信息，红色显示

代码清单 11-10　LoginForm 窗体类示例。

```
using System;
using System.Windows.Forms;

namespace UI
{
    public partial class LoginForm : Form
    {
        private string argName;
        private string rngName;
        private string key;
        private string iv;
        private BLL.UserManager userManager;
```

```csharp
public LoginForm()
{
    InitializeComponent();
}

private void LoginForm_Load(object sender, EventArgs e)
{   // 读取相应配置节指定键的值
    this.argName = AppSettingsHelper.ReadAppSettings("arg");
    this.rngName = AppSettingsHelper.ReadAppSettings("rng");
    this.key = AppSettingsHelper.ReadAppSettings("key");
    this.iv = AppSettingsHelper.ReadAppSettings("iv");

    // 创建 UserManager 实例
    this.userManager = new BLL.UserManager(this.argName,
        this.key, this.iv, this.rngName);
}

/// <summary>
/// 清除按钮 Click 事件
/// </summary>
/// <param name="sender"></param>
/// <param name="e"></param>
private void buttonCancel_Click(object sender, EventArgs e)
{
    this.username.Text = "";
    this.password.Text = "";
}

/// <summary>
/// 登录按钮 Click 事件
/// </summary>
/// <param name="sender"></param>
/// <param name="e"></param>
private void buttonLogin_Click(object sender, EventArgs e)
{
    string username = this.username.Text;
    string password = this.password.Text;

    if(string.IsNullOrWhiteSpace(username))
```

```
        {
            this.label3.Text = "请输入账号！";
            return;
        }

        if (string.IsNullOrWhiteSpace(password))
        {
            this.label3.Text = "请输入密码！";
            return;
        }

        var user = this.userManager.FindByUserNameAndPassword(username, password);

        if (user == null)
        {
            this.label3.Text = "输入账号或者密码错误，请重新输入！";
            return;
        }
        else
        {
            if(user.是否锁定)
            {
                this.labelInfo.Text = "账号锁定，请联系管理员解锁！";
                return;
            }

            BLL.UserManager.SetLoginTime(user);
            // 以下做用户登录后的各种授权操作
            ……
            this.Close();
        }
    }
}
```

　　"用户登录"对话框的"登录"按钮单击事件需要调用业务逻辑层的用户管理类相关功能，该类的部分代码如代码清单 11-11 所示，后续内容会对该部分代码进行扩充。

代码清单 11-11　UserManager.cs 示例。

```
namespace BLL
{   /// <summary>
    /// 用户管理
```

```
/// </summary>
public class UserManager
{    // 声明一个适配器管理器,它采用分层更新策略
     private DAL.EduDataSetTableAdapters.TableAdapterManager tam;


     // 用户名使用 DES 算法加密
     private readonly string argName;        //算法名称
     private readonly byte[] key;            //密钥
     private readonly byte[] iv;             //初始化向量
     // 随机数生成器算法名
     private readonly string rngName;


     /// <summary>
     /// 创建私有无参构造函数，限制用户使用
     /// </summary>
     private UserManager() { }


     /// <summary>
     /// 实例构造函数,负责私有成员的初始化
     /// </summary>
     /// <param name="argName">对称算法名</param>
     /// <param name="key">密钥</param>
     /// <param name="iv">初始化向量</param>
     /// <param name="rngName">随机数生成器算法名</param>
     public UserManager(string argName, string key, string iv, string rngName)
     {
         this.tam =
             new DAL.EduDataSetTableAdapters.TableAdapterManager();
         this.tam.账号 TableAdapter =
             new DAL.EduDataSetTableAdapters.账号 TableAdapter();

         this.argName = argName;
         this.key = CryptographyHelper.FromBase64String(key);
         this.iv = CryptographyHelper.FromBase64String(iv);
         this.rngName = rngName;
     }


     /// <summary>
     /// 将明文的账号转换为密文
     /// </summary>
```

```
/// <param name="username">明文账号</param>
/// <returns>密文账号</returns>
private string ConvertUsernameFromPlainToCipher(
    string username)
{
    return CryptographyHelper.ToBase64String(
        CryptographyHelper.EncryptDataUsingSymmetricAlgorithm(
            this.argName, CryptographyHelper.GetBytes(username),
            this.key, this.iv));
}


/// <summary>
/// 将密文账号转换为明文
/// </summary>
/// <param name="username">密文账号</param>
/// <returns>明文账号</returns>
private string ConvertUsernameFromCipherToPlain(string username)
{
    return CryptographyHelper.GetString(
        CryptographyHelper.DecryptDataUsingSymmetricAlgorithm(this.argName,
            CryptographyHelper.FromBase64String(username), this.key, this.iv));
}


/// <summary>
/// 将明文的密码转换为密文
/// </summary>
/// <param name="password">明文密码</param>
/// <param name="salt">盐值</param>
/// <returns>密文密码</returns>
private string ConvertPasswordFromPlainToCipher(string password, string salt)
{
    return CryptographyHelper.ToBase64String(
        CryptographyHelper.Rfc2898Password(password,
            CryptographyHelper.FromBase64String(salt),
            50000, 64));
}


/// <summary>
/// 查询指定账号是否已注册
/// </summary>
```

```csharp
/// <param name="name">明文账号</param>
/// <returns>返回指定账号的用户或者 null</returns>
public Models.EduDataSet.账号 Row FindByUserName(string name)
{
    string username = this.ConvertUsernameFromPlainToCipher(name);
    return this.tam.账号 TableAdapter.GetData().FindBy 用户名(username);
}


/// <summary>
/// 查询指定账号和密码的用户是否存在
/// </summary>
/// <param name="name">明文账号</param>
/// <param name="pass">明文密码</param>
/// <returns>返回指定用户或者 null</returns>
public Models.EduDataSet.账号 Row FindByUserNameAndPassword(
    string name, string pass)
{
    var user = this.FindByUserName(name);

    if (user == null)
    {
        return null;
    }
    else
    {
        string password =
            this.ConvertPasswordFromPlainToCipher(pass, user.盐值);
        if (!password.Equals(user.密码))
        {
            return null;
        }
    }

    return user;
}


/// <summary>
/// 修改指定账号的密码
/// </summary>
/// <param name="username">账号明文</param>
```

```
/// <param name="modifiedPassword">密码明文</param>
/// <returns>成功更新的行数</returns>
public int ModifyPassword(string username, string modifiedPassword)
{
    this.tam.账号 TableAdapter =
        new DAL.EduDataSetTableAdapters.账号 TableAdapter();

    Models.EduDataSet dataSet = new Models.EduDataSet();
    this.tam.账号 TableAdapter.Fill(dataSet.账号);

    var user = dataSet.账号.FindBy 用户名(username);
    if (user == null)
    {
        return 0;
    }

    user.盐值 = CryptographyHelper.ToBase64String(
        CryptographyHelper.GenerateRandom(this.rngName, 64));
    user.密码 = this.ConvertPasswordFromPlainToCipher(
        modifiedPassword, user.盐值);

    return this.tam.UpdateAll(dataSet);
}

/// <summary>
/// 更新用户登录时间
/// </summary>
/// <param name="row"></param>
public static void SetLoginTime(Models.EduDataSet.账号 Row row)
{
    DAL.EduDataSetTableAdapters.账号 TableAdapter adapter =
        new DAL.EduDataSetTableAdapters.账号 TableAdapter();

    Models.EduDataSet dataSet = new Models.EduDataSet();
    adapter.Fill(dataSet.账号);

    var user = dataSet.账号.FindBy 用户名(row.用户名);
    if (user == null)
    {
        return;
```

```
            }

            user.最近一次登录时间 = System.DateTime.Now;
            adapter.Update(dataSet);
        }


        /// <summary>
        /// 更新用户退出时间
        /// </summary>
        /// <param name="row"></param>
        public static void SetLogoutTime(Models.EduDataSet.账号 Row row)
        {
            DAL.EduDataSetTableAdapters.账号 TableAdapter adapter =
                new DAL.EduDataSetTableAdapters.账号 TableAdapter();

            Models.EduDataSet dataSet = new Models.EduDataSet();
            adapter.Fill(dataSet.账号);

            var user = dataSet.账号.FindBy 用户名(row.用户名);
            if (user == null)
            {
                return;
            }

            user.最近一次退出时间 = System.DateTime.Now;
            adapter.Update(dataSet);
        }
    }
}
```

11.2.5　用户登录后续操作

　　由于教务管理系统采用"用户—角色—权限"机制来管理用户及其授权操作，因此，在用户登录后需要维护用户的登录状态。

　　用户登录状态常驻内存，为保证数据安全性，登录用户在执行任何一项操作前，都要根据用户登录状态来判断该项操作是否被授权。对于未登录用户，"修改密码"子菜单呈灰色，如图 11.14 所示，表示该项功能目前不可用。对于已登录用户，系统将"用户登录"子菜单修改为"重新登录"子菜单，如图 11.15 所示，表示当前用户可以使用其他角色的用户重新进行登录。

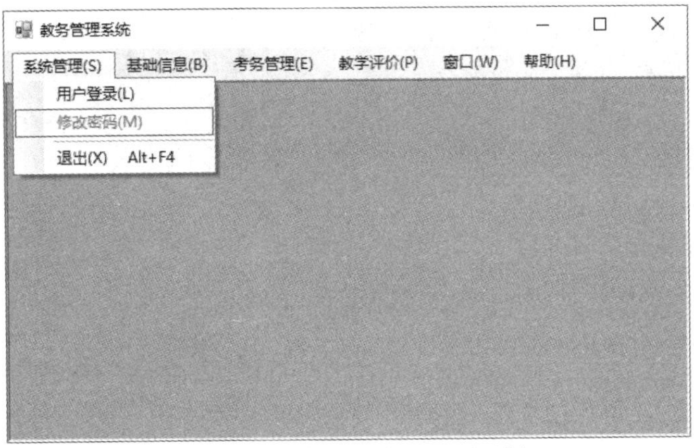

图 11.14　未登录用户主界面示例

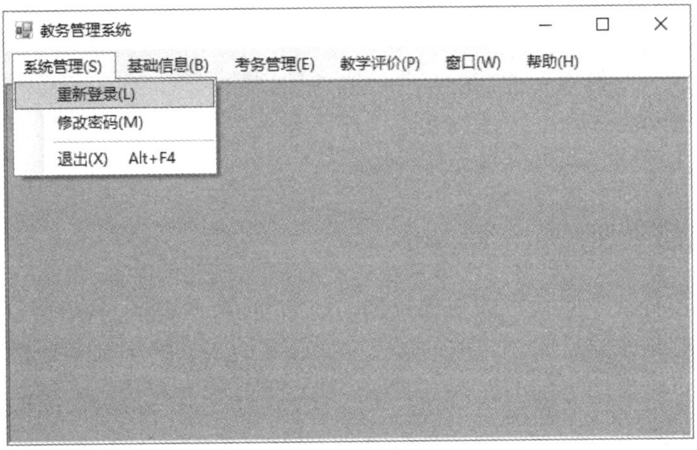

图 11.15　已登录用户主界面示例

　　用户登录验证是由"用户登录"对话框来完成的，它系统主界面分为两个不同的窗体，这里需要解决如何将登录账号的信息传递给主窗体的问题。窗体之间数据传递的方法很多，这里介绍其中一种：在系统主界面用户登录子菜单的 Click 事件中，将"用户登录"对话框的 Owner 属性设置为主窗体，如代码清单 11-12 所示。这样就可以在"用户登录"对话框中访问主窗体了。

代码清单 11-12　　用户登录子菜单 Click 事件示例。

```
private void  登录 ToolStripMenuItem_Click(object sender, EventArgs e)
{
    LoginForm form = new LoginForm();
    form.Owner = this;
    form.ShowDialog();
}
```

　　为主窗体的 MainForm 类添加与用户相关的成员即可完成复杂的功能，代码清单 11-13 演示如何在用户登录系统设置主窗体的当前用户属性，并根据当前用户的角色权限重新绘制菜单和快捷方式。

代码清单 11-13　设置主窗体的当前用户属性示例。

```
// 以下做用户登录后的各种授权操作
// 通过窗体的 Owner 属性访问父窗体(主界面)
MainForm form = this.Owner as MainForm;
// 设置当前登录账号
form.CurrentUser = user;
// 根据当前登录账号权限，重新刷新主界面的菜单和快捷方式
form.RefreshMenuStripAndToolStrip();
// 关闭用户登录对话框
this.Close();
```

11.2.6　修改密码

已登录用户的一个最常见的功能是修改当前用户的密码。代码清单 11-11 已经给出了 UserManager.ModifyPassword 方法的实现，作为思考题，请读者自己设计"修改密码"对话框，并完成密码修改功能的具体实现代码。

11.2.7　基础信息管理

基础信息是教务管理系统中的基础数据，比如单位、教室、教学班、课程、人员等，组织基础数据入库是系统正常工作的前提。本节主要介绍部分基础信息的增删查改操作，在界面设计时尽可能使用不同的控件来展示，以达到让读者尽快熟悉这些控件的目的。

11.2.7.1　单位管理

以添加单位为例，首先设计一个"添加单位"对话框(UnitForm 窗体)，如图 11.16 所示。UnitForm 窗体使用的控件如表 11-4 所示，窗体核心代码如代码清单 11-14 所示。在设计"添加单位"界面时，主要使用了 TreeView 控件来显示树状的单位列表。

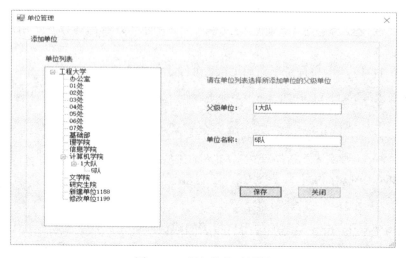

图 11.16　添加单位对话框

表 11-4　添加单位对话框使用控件说明

控件名称	控件类型	控 件 功 能
unitTreeView	TreeView	用来显示树状单位列表
textBoxParentName	TextBox	选择的父级单位
textBoxUnitName	TextBox	单位名称
buttonAdd	Button	单击该按钮添加单位
buttonClose	Button	关闭对话框

代码清单 11-14　UnitForm 窗体类示例。

```
using System;
using System.Data;
using System.Linq;
using System.Windows.Forms;

namespace UI
{
    public partial class UnitForm : Form
    {
        private BLL.UnitManager manager;
        public UnitForm()
        {
            InitializeComponent();
            this.manager = new BLL.UnitManager();
        }

        private void UnitForm_Load(object sender, EventArgs e)
        {
            InitializeTreeView();
        }

        /// <summary>
        /// 初始化 TreeView
        /// </summary>
        private void InitializeTreeView()
        {   // 查询顶级单位，其特点是无父级单位
            var unit = manager.GetUnits().Where(r => r.Is 父级单位 Null()).First();
            // 如果该单位存在，则以其为根节点创建一棵树
            if (unit != null)
```

```
    {   // 禁用任何树视图重绘
        this.unitTreeView.BeginUpdate();
        // 删除所有树节点
        this.unitTreeView.Nodes.Clear();
        // 创建根节点
        TreeNode topNode = new TreeNode();
        // 创建一棵树
        this.CreateTrees(topNode, unit);
        this.unitTreeView.Nodes.Add(topNode);
        // 使控件重绘其工作区内的无效区域
        this.unitTreeView.EndUpdate();
        // 展开所有节点
        this.unitTreeView.ExpandAll();
    }
}


/// <summary>
/// 以指定的单位为根节点，创建一棵树
/// </summary>
/// <param name="parentNode">根节点</param>
/// <param name="parentUnit">指定的单位</param>
private void CreateTrees(TreeNode parentNode,
    Models.EduDataSet.单位 Row parentUnit)
{

    parentNode.Text = parentUnit.单位名称;
    parentNode.Tag = parentUnit.单位代码;

    // 查询指定单位的所有下级单位
    var childrenUnit = manager.GetUnits().Where(
        u => !u.Is 父级单位 Null() &&
        u.父级单位.Equals(parentUnit.单位代码));

    // 为指定单位创建子节点
    foreach (var childUnit in childrenUnit)
    {
        TreeNode childNode = new TreeNode();
        childNode.Text = childUnit.单位名称;
        childNode.Tag = childUnit.单位代码;
        parentNode.Nodes.Add(childNode);
```

```
                // 为子节点创建子节点
                CreateTrees(childNode, childUnit);
            }
        }


        /// <summary>
        /// TreeView 事件，在更改选定节点后发生
        ///  为新添加单位选择父级单位
        /// </summary>
        /// <param name="sender"></param>
        /// <param name="e"></param>
        private void unitTreeView_AfterSelect(object sender, TreeViewEventArgs e)
        {
            this.textBoxParentName.Text = e.Node.Text;
            this.textBoxParentName.Tag = e.Node.Tag;
        }


        /// <summary>
        ///  添加按钮事件
        /// </summary>
        /// <param name="sender"></param>
        /// <param name="e"></param>
        private void buttonAdd_Click(object sender, EventArgs e)
        {
            string pname = this.textBoxParentName.Text.Trim();
            string uname = this.textBoxUnitName.Text.Trim();
            if (string.IsNullOrWhiteSpace(pname) || string.IsNullOrWhiteSpace(uname))
            {
                MessageBox.Show("单位名称和父级单位不能为空值！",
                    "提示信息",
                    MessageBoxButtons.OK,
                    MessageBoxIcon.Information);
                return;
            }

            string parentCode = this.textBoxParentName.Tag.ToString();

            int unitCount = manager.GetUnits().Where(
                u =>>!u.Is 父级单位 Null() &&
```

```
                    u.父级单位.Equals(parentCode)).Count() + 1;

            string code = parentCode;
            if (unitCount < 10)
            {
                code += "0";
            }
            code += unitCount.ToString();

            this.manager.AddUnit(code, uname, parentCode);

            this.InitializeTreeView();
        }


        /// <summary>
        /// 关闭按钮事件
        /// </summary>
        /// <param name="sender"></param>
        /// <param name="e"></param>
        private void buttonClose_Click(object sender, EventArgs e)
        {
            this.Close();
        }
    }
}
```

添加单位需要调用业务逻辑层的单位管理类相关功能,该类的部分代码如代码清单11-15 所示,后续内容会对该部分代码进行扩充。

代码清单 11-15　UnitManager.cs 示例。

```
namespace BLL
{   /// <summary>
    /// 单位管理
    /// </summary>
    public class UnitManager
    {   // 声明一个适配器管理器,它采用分层更新策略
        private DAL.EduDataSetTableAdapters.TableAdapterManager tam;

        public UnitManager()
        {
```

```
            this.tam =
                new DAL.EduDataSetTableAdapters.TableAdapterManager();
            this.tam.单位 TableAdapter =
                new DAL.EduDataSetTableAdapters.单位 TableAdapter();
        }


        /// <summary>
        /// 查询所有单位
        /// </summary>
        /// <returns></returns>
        public Models.EduDataSet.单位 DataTable GetUnits()
        {
            return this.tam.单位 TableAdapter.GetData();
        }


        /// <summary>
        /// 添加单位
        /// </summary>
        /// <param name="code">单位代码</param>
        /// <param name="name">单位名称</param>
        /// <param name="parentCode">父级单位代码</param>
        public void AddUnit(string code, string name, string parentCode)
        {
            Models.EduDataSet dataSet = new Models.EduDataSet();
            this.tam.单位 TableAdapter.Fill(dataSet.单位);

            var row = dataSet.单位.New 单位 Row();
            row.父级单位 = parentCode;
            row.单位名称 = name;
            row.单位代码 = code;

            dataSet.单位.Add 单位 Row(row);
            this.tam.UpdateAll(dataSet);
        }
    }
}
```

作为思考题，请读者自己完成"修改单位"和"删除单位"功能。

11.2.7.2　教学班管理

以添加教学班为例，设计一个"添加教学班"对话框(ClassForm 窗体)，如图 11.17 所示。ClassForm 窗体使用的控件如表 11-5 所示，窗体核心代码如代码清单 11-16 所示。在设计"添加教学班"界面时，主要使用了 ComboBox 控件的数据绑定功能。

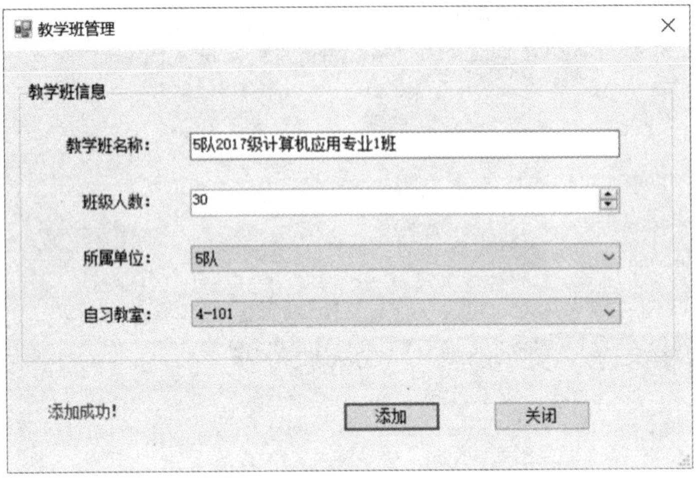

图 11.17　添加教学班对话框

表 11-5　添加教学班对话框使用控件说明

控件名称	控件类型	控件功能
textBoxName	TextBox	教学班名称
numericUpDownNum	NumericUpDown	教学班人数
comboBoxUnit	ComboBox	所属单位列表
comboBoxRoom	ComboBox	自习教室列表
buttonAdd	Button	单击该按钮添加教学班
buttonClose	Button	关闭对话框

代码清单 11-16　ClassForm 窗体类示例。

```
using System;
using System.Drawing;
using System.Windows.Forms;

namespace UI
{
    public partial class ClassForm : Form
    {
        private BLL.ClassManager manager;
        public ClassForm()
        {
            InitializeComponent();
            this.manager = new BLL.ClassManager();
```

```
    }

    /// <summary>
    /// 窗体 Load 事件，将 ComboBox 控件绑定到数据源
    /// </summary>
    /// <param name="sender"></param>
    /// <param name="e"></param>
    private void ClassForm_Load(object sender, EventArgs e)
    {
        this.comboBoxUnit.DataSource = this.manager.GetUnits();
        this.comboBoxUnit.DisplayMember = "单位名称";
        this.comboBoxUnit.ValueMember = "单位代码";

        this.comboBoxRoom.DataSource = this.manager.GetClassrooms();
        this.comboBoxRoom.DisplayMember = "教室名称";
        this.comboBoxRoom.ValueMember = "教室代码";
    }

    /// <summary>
    /// 关闭按钮 Click 事件
    /// </summary>
    /// <param name="sender"></param>
    /// <param name="e"></param>
    private void buttonClose_Click(object sender, EventArgs e)
    {
        this.Close();
    }

    /// <summary>
    /// 添加按钮 Click 事件
    /// </summary>
    /// <param name="sender"></param>
    /// <param name="e"></param>
    private void buttonAdd_Click(object sender, EventArgs e)
    {
        string className = this.textBoxName.Text.Trim();
        short classNum = Convert.ToInt16(this.numericUpDownNum.Value);
        string unitCode = this.comboBoxUnit.SelectedValue.ToString();
        string roomCode = this.comboBoxRoom.SelectedValue.ToString();
```

```
        if(string.IsNullOrWhiteSpace(className)
            || string.IsNullOrWhiteSpace(unitCode)
            || string.IsNullOrWhiteSpace(roomCode))
        {
            MessageBox.Show("教学班名称、所属单位、自习教室都不能取空值！",
                "提示信息",
                MessageBoxButtons.OK,
                MessageBoxIcon.Information);
            return;
        }

        int result = this.manager.AddClass(
            className, classNum, unitCode, Guid.Parse(roomCode));
        if (result != 0)
        {
            this.label5.ForeColor = Color.Red;
            this.label5.Text = "添加成功！";
        }
    }
}
}
```

添加教学班需要调用业务逻辑层的教学班管理类相关功能，该类的部分代码如代码清单 11-17 所示，后续内容会对该部分代码进行扩充。

代码清单 11-17 ClassManager.cs 示例。

```
using System.Linq;
using System.Collections.Generic;
namespace BLL
{   /// <summary>
    /// 教学班管理
    /// </summary>
    public class ClassManager
    {   // 声明一个适配器管理器，它采用分层更新策略
        private DAL.EduDataSetTableAdapters.TableAdapterManager tam;

        public ClassManager()
        {
            this.tam =
                new DAL.EduDataSetTableAdapters.TableAdapterManager();
```

```
        this.tam.教学班 TableAdapter =
            new DAL.EduDataSetTableAdapters.教学班 TableAdapter();
        this.tam.单位 TableAdapter =
            new DAL.EduDataSetTableAdapters.单位 TableAdapter();
        this.tam.教室 TableAdapter =
            new DAL.EduDataSetTableAdapters.教室 TableAdapter();
    }


    /// <summary>
    /// 返回学员队列表
    /// </summary>
    /// <returns></returns>
    public IEnumerable<Models.EduDataSet.单位 Row> GetUnits()
    {
        return this.tam.单位 TableAdapter.GetData()
            .Where(u => !u.Is 父级单位 Null())
            .Where(u => u.单位代码.Length == 8 || u.父级单位.Equals("1151"))
            .ToList();
    }


    /// <summary>
    /// 返回教室列表
    /// </summary>
    /// <returns></returns>
    public IEnumerable<Models.EduDataSet.教室 Row> GetClassrooms()
    {
        return this.tam.教室 TableAdapter.GetData()
            .OrderBy(r => r.所属教学楼)
            .OrderBy(r => r.教室名称)
            .ToList();
    }


    /// <summary>
    /// 添加教学班
    /// </summary>
    /// <param name="name">教学班名称</param>
    /// <param name="number">班级人数</param>
    /// <param name="unit">所属单位</param>
    /// <param name="classroom">自习教室</param>
```

```
/// <returns>成功添加的行数</returns>
public int AddClass(string name, short number,
    string unit, System.Guid classroom)
{

    Models.EduDataSet dataSet = new Models.EduDataSet();
    this.tam.教学班 TableAdapter.Fill(dataSet.教学班);

    var row = dataSet.教学班.New 教学班 Row();
    row.教学班代码  = System.Guid.NewGuid();
    row.教学班名称  = name;
    row.班级人数  = number;
    row.所属单位 = unit;
    row.自习教室 = classroom;

    dataSet.教学班.Add 教学班 Row(row);
    return this.tam.UpdateAll(dataSet);
    }
  }
}
```

作为思考题，请读者自己完成教学班查询、修改和删除功能。

11.2.7.3 课程管理

以课程查询为例，设计一个"课程查询"对话框(CourseForm 窗体)，如图 11.18 所示。CourseForm 窗体使用的控件如表 11-6 所示，窗体核心代码如代码清单 11-18 所示。在设计"课程查询"界面时，主要使用了 DataGridView 控件的数据绑定功能。

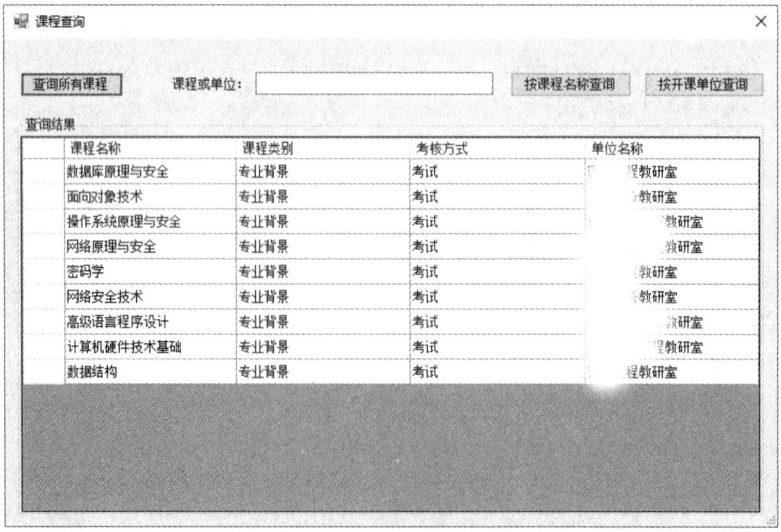

图 11.18 课程查询对话框

表 11-6　课程查询对话框使用控件说明

控 件 名 称	控 件 类 型	控 件 功 能
dataGridView1	DataGridView	以表格形式显示查询结果
bindingSource1	BindingSource	绑定到数据源
textBoxName	TextBox	课程或开课单位名称关键字
buttonAll	Button	查询所有课程
buttonName	Button	按课程名称关键字查询
buttonUnit	Button	按开课单位关键字查询

代码清单 11-18　CourseForm 窗体类示例。

```
using System;
using System.Data;
using System.Linq;
using System.Windows.Forms;

namespace UI
{
    public partial class CourseForm : Form
    {
        private BLL.CourseManager manager;
        public CourseForm()
        {
            InitializeComponent();
            this.manager = new BLL.CourseManager();
        }

        private void CourseForm_Load(object sender, EventArgs e)
        {
            this.dataGridView1.AutoGenerateColumns = true;
            this.dataGridView1.AutoSizeColumnsMode =
                DataGridViewAutoSizeColumnsMode.Fill;
        }

        /// <summary>
        /// 查询所有课程
        /// </summary>
        /// <param name="sender"></param>
        /// <param name="e"></param>
```

```csharp
private void buttonAll_Click(object sender, EventArgs e)
{
    var courses = this.manager.GetCourses()
        .Select(c => new
        {
            c.课程代码,
            c.课程名称,
            c.课程类别代码,
            c.课程类别,
            c.考核方式代码,
            c.考核方式,
            c.单位代码,
            c.单位名称
        });

    this.bindingSource1.DataSource = courses;

    this.dataGridView1.Columns["课程代码"].Visible = false;
    this.dataGridView1.Columns["课程类别代码"].Visible = false;
    this.dataGridView1.Columns["考核方式代码"].Visible = false;
    this.dataGridView1.Columns["单位代码"].Visible = false;
}


/// <summary>
/// 按课程名称关键字查询
/// </summary>
/// <param name="sender"></param>
/// <param name="e"></param>
private void buttonName_Click(object sender, EventArgs e)
{
    string name = this.textBoxName.Text.Trim();
    if (string.IsNullOrWhiteSpace(name))
    {
        MessageBox.Show("请输入课程名称关键字!",
            "提示信息",
            MessageBoxButtons.OK,
            MessageBoxIcon.Information);
        return;
    }
```

```
        var courses = this.manager.GetCourses()
            .Where(c => c.课程名称.Contains(name))
            .Select(c => new
            {
                c.课程代码,
                c.课程名称,
                c.课程类别代码,
                c.课程类别,
                c.考核方式代码,
                c.考核方式,
                c.单位代码,
                c.单位名称
            });

        this.bindingSource1.DataSource = courses;

        this.dataGridView1.Columns["课程代码"].Visible = false;
        this.dataGridView1.Columns["课程类别代码"].Visible = false;
        this.dataGridView1.Columns["考核方式代码"].Visible = false;
        this.dataGridView1.Columns["单位代码"].Visible = false;
    }


    /// <summary>
    /// 按开课单位名称关键字查询
    /// </summary>
    /// <param name="sender"></param>
    /// <param name="e"></param>
    private void buttonUnit_Click(object sender, EventArgs e)
    {
        string name = this.textBoxName.Text.Trim();
        if (string.IsNullOrWhiteSpace(name))
        {
            MessageBox.Show("请输入开课单位关键字！",
                "提示信息",
                MessageBoxButtons.OK,
                MessageBoxIcon.Information);
            return;
        }
```

```
                var courses = this.manager.GetCourses()
                    .Where(c => c.单位名称.Contains(name))
                    .Select(c => new
                    {
                        c.课程代码,
                        c.课程名称,
                        c.课程类别代码,
                        c.课程类别,
                        c.考核方式代码,
                        c.考核方式,
                        c.单位代码,
                        c.单位名称
                    });

                this.bindingSource1.DataSource = courses;

                this.dataGridView1.Columns["课程代码"].Visible = false;
                this.dataGridView1.Columns["课程类别代码"].Visible = false;
                this.dataGridView1.Columns["考核方式代码"].Visible = false;
                this.dataGridView1.Columns["单位代码"].Visible = false;
            }
        }
    }
```

课程查询需要调用业务逻辑层的课程管理类相关功能，该类的部分代码如代码清单
11-19 所示，后续内容会对该部分代码进行扩充。

代码清单 11-19　CourseManager.cs 示例。

```
namespace BLL
{   /// <summary>
    /// 课程管理
    /// </summary>
    public class CourseManager
    {   // 声明一个适配器
        private DAL.EduDataSetTableAdapters.CourseRelatedViewTableAdapter ta;
        public CourseManager()
        {
            this.ta = new DAL.EduDataSetTableAdapters.CourseRelatedViewTableAdapter();
        }
```

```
        public Models.EduDataSet.CourseRelatedViewDataTable.GetCourses()
        {
            return this.ta.GetData();
        }
    }
}
```

作为思考题，请读者自己完成课程添加、修改、删除功能。

11.2.7.4　学员管理

根据需求分析，教务管理系统中有四类不同的学员，分别是：生长警官学员、研究生学员、士官学员和现役警官学员。为了区分四类不同学员，在设计"添加学员"对话框(StudentForm 窗体)时使用了 TabControl 控件，为每类学员创建了自己的选项卡。以生长警官和研究生为例，其选项卡界面分别如图 11.19 和图 11.20 所示。"添加生长警官"选项卡使用的控件如表 11-7 所示，"添加研究生"选项卡使用的控件如表 11-8 所示。StudentForm 窗体核心代码如代码清单 11-20 所示。

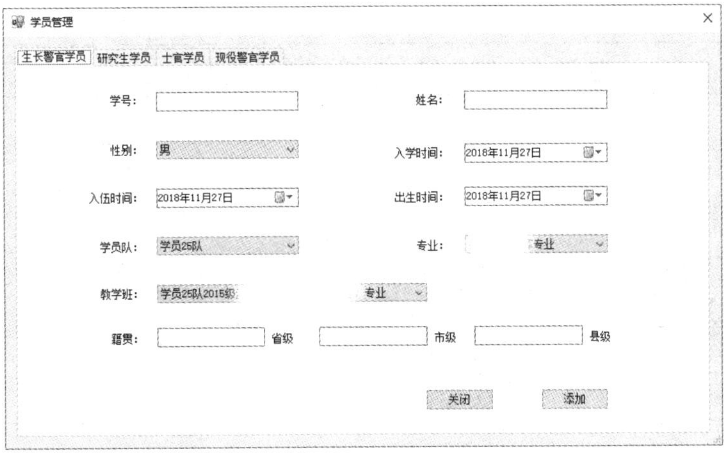

图 11.19　添加生长警官学员选项卡

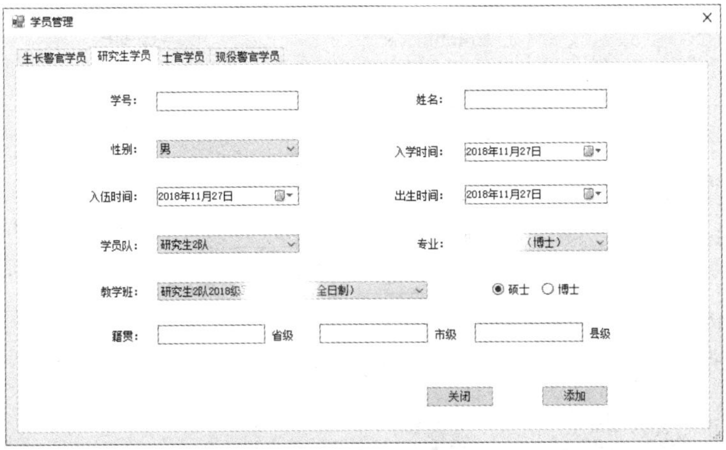

图 11.20　添加研究生学员选项卡

表 11-7　添加生长警官选项卡使用控件说明

控 件 名 称	控 件 类 型	控 件 功 能
textBoxSno1	TextBox	学号
textBoxSname1	TextBox	姓名
comboBoxSsex1	ComboBox	性别
dateTimePickerEnrol1	DateTimePicker	入学时间
dateTimePickerEnlist1	DateTimePicker	入伍时间
dateTimePickerBorn1	DateTimePicker	出生时间
comboBoxUnit1	ComboBox	学员队
comboBoxProf1	ComboBox	专业
comboBoxClass1	ComboBox	教学班
textBoxProvince1	TextBox	籍贯：省级单位
textBoxPlCity1	TextBox	籍贯：市级单位
textBoxCounty1	TextBox	籍贯：县级单位

表 11-8　添加研究生选项卡使用控件说明

控 件 名 称	控 件 类 型	控 件 功 能
textBoxSno2	TextBox	学号
textBoxSname2	TextBox	姓名
comboBoxSsex2	ComboBox	性别
dateTimePickerEnrol2	DateTimePicker	入学时间
dateTimePickerEnlist2	DateTimePicker	入伍时间
dateTimePickerBorn2	DateTimePicker	出生时间
comboBoxUnit2	ComboBox	学员队
comboBoxProf2	ComboBox	专业
comboBoxClass2	ComboBox	教学班
radioButton1	RadioButton	硕士
radioButton2	RadioButton	博士
textBoxProvince2	TextBox	籍贯：省级单位
textBoxPlCity2	TextBox	籍贯：市级单位
textBoxCounty2	TextBox	籍贯：县级单位

代码清单 11-20　StudentForm 窗体类示例。

```
using System;
using System.Drawing;
using System.Windows.Forms;
```

```csharp
namespace UI
{
    public partial class StudentForm : Form
    {
        BLL.StudentManager manager;
        public StudentForm()
        {
            InitializeComponent();
            this.manager = new BLL.StudentManager();
        }

        private void StudentForm_Load(object sender, EventArgs e)
        {   // 数据绑定
            this.comboBoxSsex1.DataSource = this.manager.GetSexes();
            this.comboBoxSsex1.ValueMember = "性别代码";
            this.comboBoxSsex1.DisplayMember = "性别";
            this.comboBoxSsex2.DataSource = this.manager.GetSexes();
            this.comboBoxSsex2.ValueMember = "性别代码";
            this.comboBoxSsex2.DisplayMember = "性别";

            this.comboBoxUnit1.DataSource = this.manager.GetUnits1();
            this.comboBoxUnit1.ValueMember = "单位代码";
            this.comboBoxUnit1.DisplayMember = "单位名称";
            this.comboBoxUnit2.DataSource = this.manager.GetUnits2();
            this.comboBoxUnit2.ValueMember = "单位代码";
            this.comboBoxUnit2.DisplayMember = "单位名称";

            this.comboBoxProf1.DataSource = this.manager.GetProfessions("2");
            this.comboBoxProf1.ValueMember = "专业代码";
            this.comboBoxProf1.DisplayMember = "专业名称";
            this.comboBoxProf2.DataSource = this.manager.GetProfessions("1");
            this.comboBoxProf2.ValueMember = "专业代码";
            this.comboBoxProf2.DisplayMember = "专业名称";

            this.comboBoxClass1.DataSource =
                this.manager.GetClasses(this.comboBoxUnit1.SelectedValue.ToString());
            this.comboBoxClass1.ValueMember = "教学班代码";
            this.comboBoxClass1.DisplayMember = "教学班名称";
            this.comboBoxClass2.DataSource = this.manager.GetClasses(
```

```
                    this.comboBoxUnit2.SelectedValue.ToString());
            this.comboBoxClass2.ValueMember = "教学班代码";
            this.comboBoxClass2.DisplayMember = "教学班名称";
        }


        /// <summary>
        /// 学员队发生改变时，自动绑定教学班
        /// </summary>
        /// <param name="sender"></param>
        /// <param name="e"></param>
        private void comboBoxUnit1_SelectedIndexChanged(object sender, EventArgs e)
        {
            this.comboBoxClass1.DataSource = this.manager.GetClasses(
                    this.comboBoxUnit1.SelectedValue.ToString());
            this.comboBoxClass1.ValueMember = "教学班代码";
            this.comboBoxClass1.DisplayMember = "教学班名称";
        }
        private void comboBoxUnit2_SelectedIndexChanged(object sender, EventArgs e)
        {
            this.comboBoxClass2.DataSource = this.manager.GetClasses(
                    this.comboBoxUnit2.SelectedValue.ToString());
            this.comboBoxClass2.ValueMember = "教学班代码";
            this.comboBoxClass2.DisplayMember = "教学班名称";
        }


        /// <summary>
        /// 选项卡 1：关闭按钮 Click 事件
        /// </summary>
        /// <param name="sender"></param>
        /// <param name="e"></param>
        private void buttonClose1_Click(object sender, EventArgs e)
        {
            this.Close();
        }


        /// <summary>
        /// 选项卡 1：添加按钮 Click 事件
        /// </summary>
        /// <param name="sender"></param>
```

```
/// <param name="e"></param>
private void buttonAdd1_Click(object sender, EventArgs e)
{
    string sno = this.textBoxSno1.Text.Trim();
    if(string.IsNullOrWhiteSpace(sno))
    {
        MessageBox.Show("学员学号不能为空值!",
            "提示信息",
            MessageBoxButtons.OK,
            MessageBoxIcon.Information);
        return;
    }
    if(this.manager.existStudentBySno(sno))
    {
        MessageBox.Show("该学号已经存在，请重新输入!",
            "提示信息",
            MessageBoxButtons.OK,
            MessageBoxIcon.Information);
        return;
    }

    string sname = this.textBoxSname1.Text.Trim();
    if(string.IsNullOrWhiteSpace(sname))
    {
        MessageBox.Show("学员姓名不能为空值!",
            "提示信息",
            MessageBoxButtons.OK,
            MessageBoxIcon.Information);
        return;
    }
    string ssex = this.comboBoxSsex1.SelectedValue.ToString();
    string stype = "03";
    DateTime date1 = this.dateTimePickerEnlist1.Value;
    DateTime date2 = this.dateTimePickerEnlist1.Value;
    DateTime date3 = this.dateTimePickerBorn1.Value;
    string unitcode = this.comboBoxUnit1.SelectedValue.ToString();
    string profcode = this.comboBoxProf1.SelectedValue.ToString();
    Guid classcode = Guid.Parse(this.comboBoxClass1.SelectedValue.ToString());
    string np1 = this.textBoxProvince1.Text.Trim();
```

```
        string np2 = this.textBoxPlCity1.Text.Trim();
        string np3 = this.textBoxCounty1.Text.Trim();


        int result = this.manager.AddStudent(sno, sname, ssex, stype, date1,
            date2, date3, unitcode, profcode, classcode, np1, np2, np3);
        if (result != 0)
        {
            this.labelInfo1.ForeColor = Color.Red;
            this.labelInfo1.Text = "添加成功!";
        }
    }


    /// <summary>
    /// 选项卡 2：关闭按钮 Click 事件
    /// </summary>
    /// <param name="sender"></param>
    /// <param name="e"></param>
    private void buttonClose2_Click(object sender, EventArgs e)
    {
        this.Close();
    }


    /// <summary>
    /// 选项卡 2：添加按钮 Click 事件
    /// </summary>
    /// <param name="sender"></param>
    /// <param name="e"></param>
    private void buttonAdd2_Click(object sender, EventArgs e)
    {
        string sno = this.textBoxSno2.Text.Trim();
        if (string.IsNullOrWhiteSpace(sno))
        {
            MessageBox.Show("学员学号不能为空值!",
                "提示信息",
                MessageBoxButtons.OK,
                MessageBoxIcon.Information);
            return;
        }
        if (this.manager.existStudentBySno(sno))
```

```
        {
                MessageBox.Show("该学号已经存在，请重新输入!",
                    "提示信息",
                    MessageBoxButtons.OK,
                    MessageBoxIcon.Information);
                return;
        }

        string sname = this.textBoxSname2.Text.Trim();
        if (string.IsNullOrWhiteSpace(sname))
        {
                MessageBox.Show("学员姓名不能为空值!",
                    "提示信息",
                    MessageBoxButtons.OK,
                    MessageBoxIcon.Information);
                return;
        }

        string ssex = this.comboBoxSsex2.SelectedValue.ToString();

        string stype = "01";
        if (this.radioButton1.Checked)
            stype = "02";

        DateTime date1 = this.dateTimePickerEnlist2.Value;
        DateTime date2 = this.dateTimePickerEnlist2.Value;
        DateTime date3 = this.dateTimePickerBorn2.Value;
        string unitcode = this.comboBoxUnit2.SelectedValue.ToString();
        string profcode = this.comboBoxProf2.SelectedValue.ToString();
        Guid classcode = Guid.Parse(this.comboBoxClass2.SelectedValue.ToString());

        string np1 = this.textBoxProvince2.Text.Trim();
        string np2 = this.textBoxPlCity2.Text.Trim();
        string np3 = this.textBoxCounty2.Text.Trim();

        int result = this.manager.AddStudent(sno, sname, ssex, stype, date1,
            date2, date3, unitcode, profcode, classcode, np1, np2, np3);
        if (result != 0)
        {
```

```
                this.labelInfo2.ForeColor = Color.Red;
                this.labelInfo2.Text = "添加成功!";
            }
        }
    }
}
```

　　添加学员需要调用业务逻辑层的学员管理类相关功能，该类的部分代码如代码清单11-21所示，后续内容会对该部分代码进行扩充。

代码清单 11-21　　StudentManager.cs 示例。

```
using System;
using System.Collections.Generic;
using System.Linq;
using System.Text;
using System.Threading.Tasks;

namespace BLL
{   /// <summary>
    /// 学生管理
    /// </summary>
    public class StudentManager
    {   // 声明一个适配器管理器，它采用分层更新策略
        private DAL.EduDataSetTableAdapters.TableAdapterManager tam;

        public StudentManager()
        {
            this.tam =
                new DAL.EduDataSetTableAdapters.TableAdapterManager();
            this.tam.性别TableAdapter =
                new DAL.EduDataSetTableAdapters.性别TableAdapter();
            this.tam.单位TableAdapter =
                new DAL.EduDataSetTableAdapters.单位TableAdapter();
            this.tam.专业TableAdapter =
                new DAL.EduDataSetTableAdapters.专业TableAdapter();
            this.tam.教学班TableAdapter =
                new DAL.EduDataSetTableAdapters.教学班TableAdapter();
            this.tam.生长警官士官研究生TableAdapter =
                new DAL.EduDataSetTableAdapters.
                生长警官士官研究生TableAdapter();
```

```
        }

        /// <summary>
        /// 返回性别列表
        /// </summary>
        /// <returns></returns>
        public IEnumerable<Models.EduDataSet.性别 Row> GetSexes()
        {
            return this.tam.性别 TableAdapter.GetData().ToList();
        }


        /// <summary>
        /// 返回学员队(生长警官)列表
        /// </summary>
        /// <returns></returns>
        public IEnumerable<Models.EduDataSet.单位 Row> GetUnits1()
        {
            return this.tam.单位 TableAdapter.GetData()
                .Where(u => u.单位代码.Length == 8)
                .ToList();
        }


        /// <summary>
        /// 返回学员队(研究生)列表
        /// </summary>
        /// <returns></returns>
        public IEnumerable<Models.EduDataSet.单位 Row> GetUnits2()
        {
            return this.tam.单位 TableAdapter.GetData()
                .Where(u => !u.Is 父级单位 Null() &&
                        u.父级单位.Equals("1151"))
                .ToList();
        }


        /// <summary>
        /// 返回专业列表
        /// </summary>
        /// <param name="code">专业层次</param>
        /// <returns></returns>
```

```csharp
public IEnumerable<Models.EduDataSet.专业 Row> GetProfessions(string code)
{
    return this.tam.专业 TableAdapter.GetData()
        .Where(p => p.专业代码.StartsWith(code))
        .ToList();
}

/// <summary>
/// 返回教学班列表
/// </summary>
/// <param name="unit">所属单位</param>
/// <returns></returns>
public IEnumerable<Models.EduDataSet.教学班 Row> GetClasses(string unit)
{
    return this.tam.教学班 TableAdapter.GetData()
        .Where(c => c.所属单位.Equals(unit))
        .ToList();
}

/// <summary>
/// 添加学员(生长警官士官研究生)
/// </summary>
/// <param name="sno">学号</param>
/// <param name="sname">姓名</param>
/// <param name="ssex">性别</param>
/// <param name="stype">学员类别</param>
/// <param name="date1">入学时间</param>
/// <param name="date2">入伍时间</param>
/// <param name="date3">出生时间</param>
/// <param name="unitcode">所在学员队</param>
/// <param name="profcode">所学专业</param>
/// <param name="classcode">所在教学班</param>
/// <param name="np1">籍贯：省</param>
/// <param name="np2">籍贯：市</param>
/// <param name="np3">籍贯：县</param>
/// <returns></returns>
public int AddStudent(string sno, string sname, string ssex,
    string stype, DateTime date1, DateTime date2,
    DateTime date3,string unitcode,string profcode,
```

```
            Guid classcode,string np1,string np2,string np3)
    {
        Models.EduDataSet dataSet = new Models.EduDataSet();
        this.tam.生长警官士官研究生 TableAdapter.Fill(dataSet.生长警官士官研究生);

        var row = dataSet.生长警官士官研究生.New 生长警官士官研究生 Row();
        row.ID = Guid.NewGuid();
        row.学号   = sno;
        row.姓名   = sname;
        row.性别   = ssex;
        row.学员类别 = stype;
        row.入学时间 = date1;
        row.入伍时间 = date2;
        row.出生时间 = date3;
        row.学员队 = unitcode;
        row.专业   = profcode;
        row.教学班 = classcode;
        row.省级单位 = np1;
        row.地级单位 = np2;
        row.县级单位 = np3;

        dataSet.生长警官士官研究生.Add 生长警官士官研究生 Row(row);
        return this.tam.UpdateAll(dataSet);
    }


    /// <summary>
    /// 是否存在指定学号的学员
    /// </summary>
    /// <param name="sno">学号</param>
    /// <returns>存在返回 true，否则返回 false</returns>
    public bool existStudentBySno(string sno)
    {
        return this.tam.生长警官士官研究生 TableAdapter.GetData()
            .Where(s => s.学号.Equals(sno)).Count() != 0;
    }
  }
}
```

作为思考题，请读者自己完成添加士官学员和现役警官学员以及学员查询功能。

11.2.7.5　工作人员管理

根据需求分析，教务管理系统中工作人员主要指教员和机关管理人员。特殊地，个别人员可能既是教员又是机关管理人员。以"添加工作人员"为例，设计"添加工作人员"对话框(StaffForm 窗体)如图 11.21 所示。

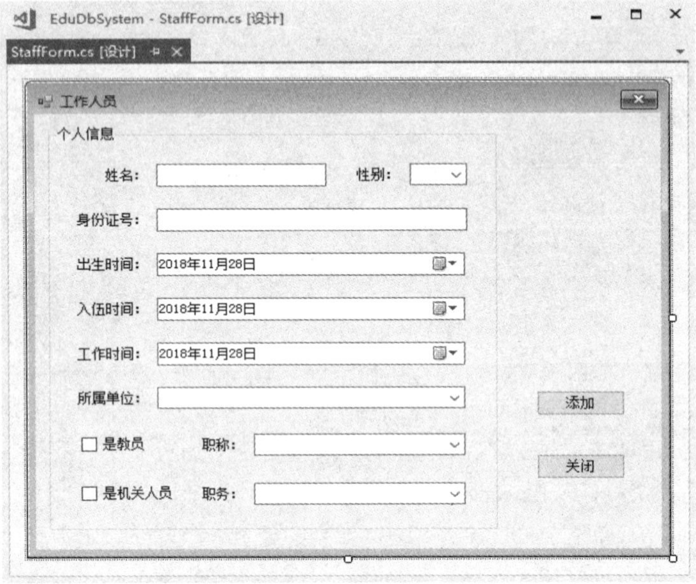

图 11.21　添加工作人员

需要注意的是，教员和机关人员的选项需要用 CheckBox 控件而不是 RadioButton 控件。并且，只有在教员复选框选中的情况下，职称下拉列表才可用，机关人员复选框类似。

作为思考题，请读者自己完成工作人员管理功能。

11.2.7.6　账号管理

在数据库应用程序开发过程中，与登录账号相关的功能相当复杂，因为要考虑不同用户对数据的访问权限问题。在教务管理系统中，学员和工作人员的账号由系统管理员根据一定的规则生成，用户可以自行修改原始密码。具体来说，账号管理部分需要完成以下主要功能：

(1) 由系统管理员为所有工作人员生成账号。

(2) 由系统管理员为所有学员生成账号。

(3) 在后续操作中，只为当前没有账号的人员分配账号。

(4) 为指定账号分配角色。

(5) 为指定账号重置密码。

(6) 锁定/解锁指定账号。

(7) 对账号执行各种常见的查询。

作为思考题，请读者自己完成以上功能。需要注意的是，用户名和密码需要加密存储。

11.2.7.7　教学班开课

根据需求，教学班开课主要维护教学班、课程、任课教员和教室之间的一组对应关系，设计"教学班开课"对话框(CctForm 窗体)界面如图 11.22 所示，窗体使用的控件如表 11-9 所示，窗体初始化的核心代码如代码清单 11-22 所示。

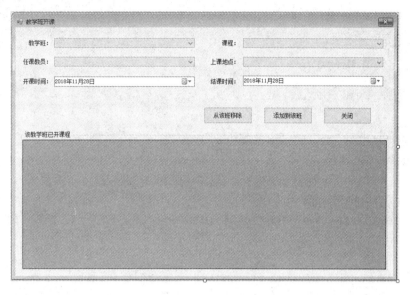

图 11.22　教学班开课对话框界面设计

表 11-9　教学班开课对话框使用控件说明

控 件 名 称	控 件 类 型	控 件 功 能
dataGridView1	DataGridView	以表格形式显示该教学班已开课程
bindingSource1	BindingSource	绑定到数据源
comboBoxClass	ComboBox	选择教学班
comboBoxCourse	ComboBox	选择课程
comboBoxTeacher	ComboBox	选择任课教员
comboBoxClassroom	ComboBox	选择上课教室
dateTimePickerStart	DateTimePicker	开课时间
dateTimePickerEnd	DateTimePicker	结课时间
buttonRemove	Button	从该教学班移除课程
buttonAdd	Button	将课程添加到该教学班
buttonClose	Button	关闭对话框

代码清单 11-22　CctForm.cs 示例。

```
using System;
using System.Collections.Generic;
using System.ComponentModel;
using System.Data;
using System.Drawing;
using System.Linq;
```

```
using System.Text;
using System.Threading.Tasks;
using System.Windows.Forms;

namespace UI
{
    public partial class CctForm : Form
    {
        private BLL.ClassCourseTeacherManager manager;
        public CctForm()
        {
            InitializeComponent();
            this.manager =new BLL.ClassCourseTeacherManager();
            this.InitializeControls();
        }

        /// <summary>
        /// 初始化窗体控件
        /// </summary>
        private void InitializeControls()
        {   // 初始化已开课表格
            this.dataGridView1.AutoGenerateColumns = true;
            this.dataGridView1.AutoSizeColumnsMode =
                DataGridViewAutoSizeColumnsMode.Fill;
            // 初始化教学班列表
            this.comboBoxClass.DataSource = this.manager.FindAllClasses();
            this.comboBoxClass.ValueMember = "教学班代码";
            this.comboBoxClass.DisplayMember = "教学班名称";
            // 初始化课程列表
            this.comboBoxCourse.DataSource = this.manager.FindAllCourses();
            this.comboBoxCourse.ValueMember = "课程代码";
            this.comboBoxCourse.DisplayMember = "课程名称";
            // 初始化教员列表
            var query = from teacher in this.manager.FindAllTeachers()
                        join unit in this.manager.FindAllUnits()
                        on teacher.所属单位  equals unit.单位代码
                        select new
                        {
                            ID = teacher.ID,
```

```
                    姓名 = teacher.姓名 + "(" + unit.单位名称 + ")"
                };
        this.comboBoxTeacher.DataSource = query.ToList();
        this.comboBoxTeacher.ValueMember = "ID";
        this.comboBoxTeacher.DisplayMember = "姓名";
        // 初始化教室
        this.comboBoxClassroom.DataSource =
            this.manager.FindAllClassrooms()
            .OrderBy(r => r.教室名称)
            .ToList();
        this.comboBoxClassroom.ValueMember = "教室代码";
        this.comboBoxClassroom.DisplayMember = "教室名称";
        // 默认设置为自习教室
        this.InitializeClassroom();
        // 初始化已开课表格
        this.InitializeGridView();
    }


    /// <summary>
    /// 设置开课教室为自习教室
    /// </summary>
    private void InitializeClassroom()
    {
        Guid classCode =
            Guid.Parse(this.comboBoxClass.SelectedValue.ToString());
        Guid classroomCode = this.manager.FindAllClasses()
            .FindBy 教学班代码(classCode).自习教室;
        string classroom = this.manager.FindAllClassrooms()
            .FindBy 教室代码(classroomCode).教室名称;
        int index = this.comboBoxClassroom.FindString(classroom);
        this.comboBoxClassroom.SelectedIndex = index;
    }


    /// <summary>
    /// 初始化已开课表格
    /// </summary>
    private void InitializeGridView()
    {
        Guid classCode =
```

```
                    Guid.Parse(this.comboBoxClass.SelectedValue.ToString());
        var query = from t in this.manager.FindCCTsByClassCode(classCode)
                    join c in this.manager.FindAllClasses()
                    on t.教学班  equals c.教学班代码
                    join course in this.manager.FindAllCourses()
                    on t.课程  equals course.课程代码
                    join teacher in this.manager.FindAllTeachers()
                    on t.任课教员  equals teacher.ID
                    join room in this.manager.FindAllClassrooms()
                    on t.上课地点  equals room.教室代码
                    select new
                    {
                        classcode = t.教学班,
                        coursecode = t.课程,
                        teachercode = t.任课教员,
                        classroomcode = t.上课地点,
                        教学班  = c.教学班名称,
                        课程  = course.课程名称,
                        任课教员  = teacher.姓名,
                        上课地点  = room.教室名称,
                        开课时间  = t.开课时间,
                        结课时间  = t.结课时间
                    };
        this.bindingSource1.DataSource = query.ToList();
        this.dataGridView1.Columns["classcode"].Visible = false;
        this.dataGridView1.Columns["coursecode"].Visible = false;
        this.dataGridView1.Columns["teachercode"].Visible = false;
        this.dataGridView1.Columns["classroomcode"].Visible = false;
}


/// <summary>
/// 教学班下拉列表框  SelectedIndexChanged  事件
/// </summary>
/// <param name="sender"></param>
/// <param name="e"></param>
private void comboBoxClass_SelectedIndexChanged(object sender, EventArgs e)
{
    this.InitializeClassroom();
    this.InitializeGridView();
```

```
    }

    /// <summary>
    /// 移除按钮 Click 事件
    /// </summary>
    /// <param name="sender"></param>
    /// <param name="e"></param>
    private void buttonRemove_Click(object sender, EventArgs e)
    {

        if (this.dataGridView1.SelectedRows.Count != 0)
        {
            foreach (DataGridViewRow row in this.dataGridView1.SelectedRows)
            {
                Guid classCode =
                    Guid.Parse(row.Cells["classcode"].Value.ToString());
                Guid course =
                    Guid.Parse(row.Cells["coursecode"].Value.ToString());
                Guid teacher =
                    Guid.Parse(row.Cells["teachercode"].Value.ToString());

                this.manager.DeleteCCT(classCode, course, teacher);
            }

            this.InitializeGridView();
        }
    }

    /// <summary>
    /// 添加按钮 Click 事件
    /// </summary>
    /// <param name="sender"></param>
    /// <param name="e"></param>
    private void buttonAdd_Click(object sender, EventArgs e)
    {
        Guid classCode =
            Guid.Parse(this.comboBoxClass.SelectedValue.ToString());
        Guid course =
            Guid.Parse(this.comboBoxCourse.SelectedValue.ToString());
```

```
        Guid teacher =
            Guid.Parse(this.comboBoxTeacher.SelectedValue.ToString());
        Guid room =
            Guid.Parse(this.comboBoxClassroom.SelectedValue.ToString());
        DateTime starttime = this.dateTimePickerStart.Value;
        DateTime endtime = this.dateTimePickerEnd.Value;


        this.manager.AddCCT(classCode, course, teacher, room, starttime, endtime);
        this.InitializeGridView();
    }


    /// <summary>
    /// 关闭按钮 Click 事件
    /// </summary>
    /// <param name="sender"></param>
    /// <param name="e"></param>
    private void buttonClose_Click(object sender, EventArgs e)
    {
        this.Close();
    }


    /// <summary>
    /// DataGridView CellClick 事件
    /// </summary>
    /// <param name="sender"></param>
    /// <param name="e"></param>
    private void dataGridView1_CellClick(object sender, DataGridViewCellEventArgs e)
    {
        DataGridViewRow row = this.dataGridView1.Rows[e.RowIndex];
        if (row != null)
        {
            this.comboBoxClass.SelectedIndex =
                this.comboBoxClass.FindString(row.Cells["教学班"].Value.ToString());
            this.comboBoxCourse.SelectedIndex =
                this.comboBoxCourse.FindString(row.Cells["课程"].Value.ToString());
            this.comboBoxTeacher.SelectedIndex =
                this.comboBoxTeacher.FindString(
                    row.Cells["任课教员"].Value.ToString());
            this.comboBoxClassroom.SelectedIndex =
```

```
                    this.comboBoxClassroom.FindString(
                        row.Cells["上课地点"].Value.ToString());
                this.dateTimePickerStart.Value =
                    DateTime.Parse(row.Cells["开课时间"].Value.ToString());
                this.dateTimePickerEnd.Value =
                    DateTime.Parse(row.Cells["结课时间"].Value.ToString());
            }
        }
    }
}
```

教学班开课功能需要调用业务逻辑层的教学班开课类相关功能，该类的部分代码如代码清单 11-23 所示，后续内容会对该部分代码进行扩充。

代码清单 11-23 ClassCourseTeacherManager.cs 示例。

```
using System;
using System.Collections.Generic;
using System.Linq;

namespace BLL
{   /// <summary>
    /// 教学班开课
    /// </summary>
    public class ClassCourseTeacherManager
    {   // 声明一个适配器管理器，它采用分层更新策略
        private DAL.EduDataSetTableAdapters.TableAdapterManager tam;

        public ClassCourseTeacherManager()
        {
            this.tam =
                new DAL.EduDataSetTableAdapters.TableAdapterManager();
            this.tam.教学班 TableAdapter =
                new DAL.EduDataSetTableAdapters.教学班 TableAdapter();
            this.tam.课程 TableAdapter =
                new DAL.EduDataSetTableAdapters.课程 TableAdapter();
            this.tam.工作人员 TableAdapter =
                new DAL.EduDataSetTableAdapters.工作人员 TableAdapter();
            this.tam.教室 TableAdapter =
                new DAL.EduDataSetTableAdapters.教室 TableAdapter();
            this.tam.单位 TableAdapter =
```

```
                new DAL.EduDataSetTableAdapters.单位 TableAdapter();
            this.tam.开课 TableAdapter =
                new DAL.EduDataSetTableAdapters.开课 TableAdapter();
        }


        /// <summary>
        /// 返回教学班
        /// </summary>
        /// <returns></returns>
        public Models.EduDataSet.教学班 DataTable FindAllClasses()
        {
            return this.tam.教学班 TableAdapter.GetData();
        }


        /// <summary>
        /// 返回课程
        /// </summary>
        /// <returns></returns>
        public Models.EduDataSet.课程 DataTable FindAllCourses()
        {
            return this.tam.课程 TableAdapter.GetData();
        }


        /// <summary>
        /// 返回教室
        /// </summary>
        /// <returns></returns>
        public Models.EduDataSet.教室 DataTable FindAllClassrooms()
        {
            return this.tam.教室 TableAdapter.GetData();
        }


        /// <summary>
        /// 返回教员
        /// </summary>
        /// <returns></returns>
        public IEnumerable<Models.EduDataSet.工作人员 Row> FindAllTeachers()
        {
            return this.tam.工作人员 TableAdapter.GetData()
```

```
            .Where(t => !t.Is 教员标志 Null())
            .Where(t => t.教员标志.Equals("11"))
            .OrderBy(t => t.所属单位)
            .ToList();
}


/// <summary>
/// 返回单位
/// </summary>
/// <returns></returns>
public IEnumerable<Models.EduDataSet.单位 Row> FindAllUnits()
{
    return this.tam.单位 TableAdapter.GetData().ToList();
}


/// <summary>
/// 返回指定教学班已开课程
/// </summary>
/// <param name="classcode">指定的教学班代码</param>
/// <returns></returns>
public IEnumerable<Models.EduDataSet.开课 Row> FindCCTsByClassCode(
    Guid classcode)
{
    return this.tam.开课 TableAdapter.GetData()
        .Where(cct => cct.教学班.Equals(classcode))
        .ToList();
}


/// <summary>
/// 添加
/// </summary>
/// <param name="classcode"></param>
/// <param name="course"></param>
/// <param name="teacher"></param>
/// <param name="room"></param>
/// <param name="starttime"></param>
/// <param name="endtime"></param>
public void AddCCT(Guid classcode, Guid course, Guid teacher,
    Guid room, DateTime starttime, DateTime endtime)
```

```
        {
            Models.EduDataSet dataSet = new Models.EduDataSet();
            this.tam.开课 TableAdapter.Fill(dataSet.开课);

            var row = dataSet.开课.New 开课 Row();
            row.教学班  = classcode;
            row.课程  = course;
            row.任课教员  = teacher;
            row.上课地点  = room;
            row.开课时间  = starttime;
            row.结课时间  = endtime;

            dataSet.开课.Add 开课 Row(row);
            this.tam.UpdateAll(dataSet);
        }

        /// <summary>
        /// 删除
        /// </summary>
        /// <param name="classcode"></param>
        /// <param name="course"></param>
        /// <param name="teacher"></param>
        public void DeleteCCT(Guid classcode, Guid course, Guid teacher)
        {
            Models.EduDataSet dataSet = new Models.EduDataSet();
            this.tam.开课 TableAdapter.Fill(dataSet.开课);

            var row = dataSet.开课.FindBy 教学班课程任课教员(classcode, course, teacher);
            if (row != null)
            {
                row.Delete();
            }

            this.tam.UpdateAll(dataSet);
        }
    }
}
```

运行效果如图 11.23 所示。

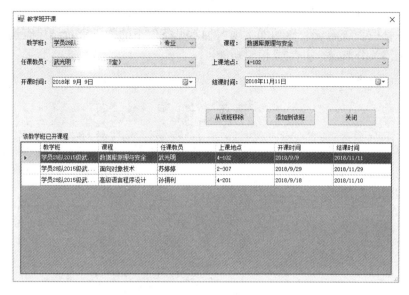

图 11.23　教学班开课对话框运行效果

11.2.8　考务管理

11.2.8.1　考场安排

根据教务管理系统需求，考场安排和管理实际上就是对"考试"表的维护。增加一场考试，相当于向该表添加一行数据，该功能类似于 11.2.7.7 节教学班开课。

作为思考题，请读者自己完成以上功能。

11.2.8.2　监考安排

根据教务管理系统需求，监考安排实际上是维护某一考场和数名教员之间的一组对应关系，即对"监考"表的维护。该部分功能相对比较简单，请读者根据以上要求完成相应功能。

11.2.8.3　成绩录入

根据教务管理系统需求，成绩的录入由任课教员完成，要求任课教员只能给自己担任的课程及其相应教学班的学员录入成绩。请读者根据以上要求完成相应功能。

11.2.8.4　成绩查询

根据教务管理系统需求，不同角色对成绩查询的权限不同。任课教员可以查询所有选修自己担任课程的学员该门课程的成绩；学员队管理人员可以查询本队学员所有选修课程的成绩；学员可以查询自己选修的所有课程的成绩。请读者根据以上要求完成相应功能。

11.2.9　教学评价

11.2.9.1　组织教学评价

根据教务管理系统需求，教学评价功能被设计为某学员给所在教学班上课的所有教员打分的过程。请读者根据以上要求，自己分析并细化该部分需求，并完成相应功能。

11.2.9.2　评价结果查询

　　根据教务管理系统需求，该功能实现各种常见条件下的教学评价结果查询。请读者自己分析并细化该部分需求，并完成相应功能。

本 章 小 结

　　针对教务管理系统案例，本章详细介绍数据库应用系统的具体开发过程。在实现教务管理系统功能模块的同时，有意识地使用了不同的控件，旨在向读者介绍各种控件和组件的使用场合和使用方法。

思 考 题

1. 设计 11.2.6 节修改用户密码对话框，并完成密码修改功能。
2. 完成 11.2.7.1 节修改单位和删除单位功能。
3. 完成 11.2.7.2 节教学班查询、修改和删除功能。
4. 完成 11.2.7.3 节课程添加、修改和删除功能。
5. 完成 11.2.7.4 节添加士官、现役警官学员以及学员查询功能。
6. 完成 11.2.7.5 工作人员管理功能。
7. 完成 11.2.7.6 节账号管理功能。
8. 完成 11.2.8.1 节考场安排功能。
9. 完成 11.2.8.2 节监考安排功能。
10. 完成 11.2.8.3 节成绩录入功能。
11. 完成 11.2.8.4 节成绩查询功能。
12. 完成 11.2.9.1 节组织教学评价功能。
13. 完成 11.2.9.2 节教学评价结果查询功能。

第 12 章 教务管理系统数据服务

近年来，服务器和客户端之间的交互方式发生了巨大的改变。HTTP 除了定义经典的 GET 和 POST 方法外，还定义了 PUT、DELETE 和 PATCH 方法，这些方法全面支持对数据的操控。利用 Web API，Web 服务器可以提供完整的 HTTP 应用程序模型，支持对资源的编程访问，使客户端能够在多种不同情况下，以一致的方式与数据进行交互，并对其进行操控。本章主要介绍 Web API 开发技术以及如何基于 Web API 构建现代 Web 应用程序。

12.1 Web 概述

Web 有 3 个核心概念：资源、URI 和表示。一个资源由一个 URI 进行标识，而 HTTP 客户端使用 URI 就可定位资源，表示则是指从资源返回的数据。

1. 资源

任何带有 URI 标识的东西都是资源(Resource)，它通常是一个或多个实体的概念性映射。在早期 Web 中，资源通常映射为一个文件，比如一个网页或者一张图片。不过，资源并不仅限于文件，它可以是一个服务，通过它可以访问产品目录、连接设备，也可以是一个内部系统。资源还可以是一个流媒体，比如视频流。

2. URI

URI(Uniform Resource Identifier，统一资源标识符)分为两种类型：统一资源定位符和统一资源名。统一资源定位符(Universal Resource Locator，URL)既标识一个资源，又指定了访问该资源的方法。而统一资源名(Universal Resource Name，URN)仅仅是一个资源的唯一标识符。一个 URI 只能对应一个资源，但是多个 URI 可以指向同一个资源。

3. 表示

表示(Representation)是资源在某个时刻的快照。当 HTTP 客户端访问一个资源时，返回的是这个资源的表示，而不是资源本身。因此，一个资源可以有一个或多个表示。

4. 媒体类型

和 Web 相关的另一个重要概念是媒体类型(Media Type)，指的是从资源返回数据的格式。每个表示都有其特定格式，它是在客户端和服务器传递信息的格式。媒体类型由两部分标识组成，例如"application/json"。第一部分(斜线前)是顶级媒体类型，这部分描述通用类型信息以及常用的处理规则，常见的顶级类型有 application、image、text、video 和 multipart 等；第二部分(斜线后)是子类型，描述一个非常具体的数据格式。以"image/png"和

"image/gif"为例，它们的顶级类型"image"告诉客户端这是一个图像(image)，而子类型"png"和"gif"则具体说明这是那种类型的图像，应该如何处理。

12.2　HTTP 概述

12.2.1　HTTP 信息交换过程

HTTP 协议是信息系统的应用层协议，它是驱动 Web 的核心。基于 HTTP 协议的系统以一种无状态的方式使用请求/响应模式进行信息交换。

首先，HTTP 客户端生成一个 HTTP 请求，该请求是一个消息，其中包含一个 HTTP 版本、一个所访问资源的 URI、请求标头(header)和一个 HTTP 方法(如 GET)，还可以包含一个可选的实体正文。这个请求随后发送到资源所在的源服务器。

服务器查看 URI 和 HTTP 方法，以判断自己是否能够处理这个消息。如果服务器可以处理这个消息，就查看请求标头中包含的控制信息，然后基于这些信息处理消息。服务器完成消息处理之后，就生成了一个 HTTP 响应，该响应包含 HTTP 版本、响应标头、可选的实体主体(其中包含资源表示)、一个状态码和一个描述。

与收到消息的服务器类似，客户端会检查响应标头，使用其控制信息对消息及其内容进行处理。

12.2.2　HTTP 方法

HTTP 协议提供一组标准方法作为资源访问的接口，HTTP 方法是 HTTP 请求的一部分。表 12-1 列出了 API 开发人员常用的 HTTP 方法。

表 12-1　常用的 HTTP 方法

方法	说　　明	安全	幂等	可缓存
GET	从资源获取信息，如果返回资源，则服务器应该返回状态码 200(OK)	是	是	是
POST	请求服务器接收消息中包含的实体，交由目标资源处理。作为请求处理过程的一部分，服务器可以创建一个新的资源，如果创建了资源，则应该返回状态码 201(Created)或者 202(Accepted)，并返回一个地址标头，告知客户端如何访问新资源；如果没有创建资源，则应该返回状态码 200(OK)或者 204(No Content)。在实际应用中，POST 方法基本上可以进行任何类型的处理，不受任何限制	否	否	否
PUT	请求服务器将指定 URI 所代表的目标资源替换为消息中包含的实体。如果对应的资源存在，则应该返回状态码 200(OK)或者 204(No Content)；如果对应的资源不存在，则服务器可以创建这个资源。如果创建了资源，则应该返回状态码 201(Created)。POST 和 PUT 的主要区别在于：POST 方法预期数据被传入加工，而 PUT 方法预期数据被替换或者存储	否	是	否

续表

方法	说　　明	安全	幂等	可缓存
DELETE	请求服务器移除指定 URI 所代表的实体。如果移除了资源，则应该返回状态码 200(OK)；如果资源尚未移除，则应该返回状态码 202(Accepted)或者 204(No Content)	否	是	否
PATCH	请求服务器对指定 URI 所代表的实体进行部分更新。PATCH 方法中应该包含足够的信息，供服务器进行所请求的更新。如果指定的资源存在，则可以进行更新并返回状态码 200(OK)或者 204(No Content)；与 PUT 的处理方法类似，如果指定的资源不存在，则服务器可以创建这个资源；如果服务器创建了资源，则应该返回状态码 201(Created)	否	是	否

12.2.3　HTTP 状态码

HTTP 响应总是返回状态码和描述，说明请求是否成功，并给出下一步可行操作的建议。描述信息是人工识读的文本，对状态码进行解释。表 12-2 列出了状态码的不同类别。

表 12-2　HTTP 状态码

状态码	说　　明
1XX	收到请求，正在处理
2XX	收到、接受并理解了请求
3XX	需要更多操作以完成请求
4XX	请求无效，无法完成
5XX	服务器无法完成请求

12.3　Web API 概述

12.3.1　Web API 简介

Web API 是一个编程接口，用于操作通过标准 HTTP 方法和标头访问的系统。Web API 可供各种客户端使用，比如 Windows 窗体、浏览器和移动设备，并可以使用 Web 基础设施提供的服务。Web API 的构建有很多不同的体系结构风格，每种风格也都有各自的利弊，本节主要以 REST 风格的 Web API 为例，介绍教务管理系统中基础数据服务的开发。

12.3.2　创建 Web API 解决方案

教务管理系统数据服务项目仍然使用 Visual Studio 2017 集成开发环境进行开发，首先创建一个名称为"EduAPIs"的空白解决方案。

12.3.2.1　添加 Web API 项目

在"EduAPIs"空白解决方案中添加一个名称为"EduDbAPIs"的 ASP.NET Web 应用程序项目，如图 12.1 所示。

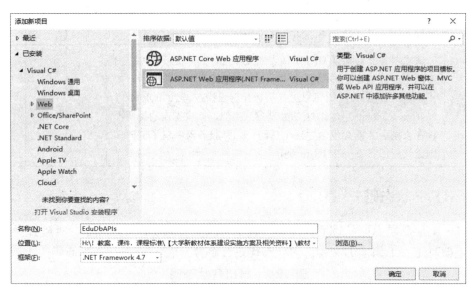

图 12.1　添加 ASP.NET Web 应用程序项目

在弹出的"新建 ASP.NET Web 应用程序"对话框中选择"Web API"，单击"确定"按钮，如图 12.2 所示。新项目解决方案如图 12.3 所示。

图 12.2　"新建 ASP.NET Web 应用程序"对话框　　图 12.3　EduDbAPIs 项目结构

运行该项目，运行结果如图 12.4 所示。单击页面顶端的"API"链接，显示项目给出的默认 Web API 示例，如图 12.5 所示。

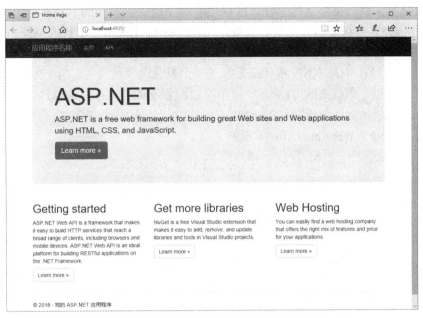

图 12.4　EduDbAPIs 项目运行结果

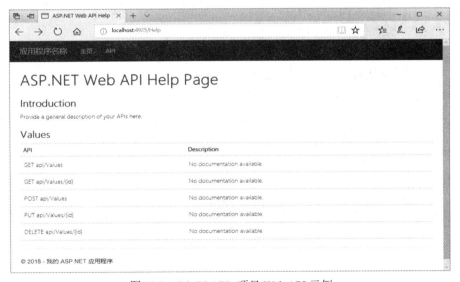

图 12.5　EduDbAPIs 项目 Web API 示例

12.3.2.2　项目核心文件

项目模板创建了一些核心元素，后续内容会对这些元素进行定制，以便创建教务管理系统 Web API。在此介绍两个核心文件：WebApiConfig.cs 文件和 ValuesController.cs 文件，以帮助读者更好地理解 ASP.NET Web API 项目。

1. WebApiConfig 文件

WebApiConfig.cs 文件位于顶层目录 App_Start 下，文件声明了 WebApiConfig 类。该类只包含一个 Register 方法，由 Global.asax 中的 Application_Start 方法调用。

　　WebApiConfig 类可用于注册 Web API 配置的各个方面。默认情况下，项目模板生成的主要配置代码会注册一个默认的 Web API 路由。这个路由将收到的 HTTP 请求映射到控制器类，并解析 URL 中可能带有的数据元素。代码清单 12-1 演示了默认的 WebApiConfig 类的定义。

　　在代码清单 12-1 中，路由配置代码设置了一个默认的 API 路由，其 URI 前缀为"api"，后面接控制器名和一个可选的 ID 参数。这个路由配置不需要进行任何修改，就足以用来创建提供获取、更新和删除数据功能的 API。

代码清单 12-1　WebApiConfig.cs 示例。

```
using System;
using System.Collections.Generic;
using System.Linq;
using System.Web.Http;

namespace EduDbAPIs
{
    public static class WebApiConfig
    {
        public static void Register(HttpConfiguration config)
        {   // Web API 配置和服务
            // Web API 路由
            config.MapHttpAttributeRoutes();

            config.Routes.MapHttpRoute(
                name: "DefaultApi",
                routeTemplate: "api/{controller}/{id}",
                defaults: new { id = RouteParameter.Optional }
            );
        }
    }
}
```

　　项目模板创建的 ASP.NET Web API 项目，本身也是一个 ASP.NET Web MVC 项目。因此，顶层目录 App_Start 下还包含一个 MVC 路由文件 RouteConfig.cs，代码清单 12-2 演示了默认的 RouteConfig 类的定义。ASP.NET Web API 之所以使用与 ASP.NET MVC 不同的路由类型，是为了能够尽量脱离 System.Web 程序集里与 Route 和 RouteCollection 类相关的遗留代码，从而提供更加灵活的自托管能力。

代码清单 12-2　RouteConfig.cs 示例。

```
using System;
using System.Collections.Generic;
```

```
using System.Linq;
using System.Web;
using System.Web.Mvc;
using System.Web.Routing;

namespace EduDbAPIs
{
    public class RouteConfig
    {
        public static void RegisterRoutes(RouteCollection routes)
        {
            routes.IgnoreRoute("{resource}.axd/{*pathInfo}");

            routes.MapRoute( name: "Default", url: "{controller}/{action}/{id}", defaults: new
                {
                    controller = "Home",
                    action = "Index",
                    id = UrlParameter.Optional
                }
            );
        }
    }
}
```

2. ValuesController.cs 文件

ApiController 类是 ValuesController 的父类，它是 ASP.NET Web API 的核心。在实际应用中，大部分 ASP.NET Web API 的控制器是通过继承 ApiController 来创建的。ApiController 负责协调 ASP.NET Web API 对象模型中各个不同的类，在 HTTP 请求处理过程中执行一些关键任务，例如，选择和运行控制器类上的一个操作方法；将 HTTP 请求消息的各元素转换成控制器操作方法的参数，并将操作方法的返回结果转换成有效的 HTTP 响应正文；等等。代码清单 12-3 演示了项目模板创建的 ValuesController 类的定义。

代码清单 12-3　ValuesController.cs 示例。

```
using System;
using System.Collections.Generic;
using System.Linq;
using System.Net;
using System.Net.Http;
using System.Web.Http;
```

```
namespace EduDbAPIs.Controllers
{
    public class ValuesController : ApiController
    {    // GET api/values
        public IEnumerable<string> Get()
        {
            return new string[] { "value1", "value2" };
        }

        // GET api/values/5
        public string Get(int id)
        {
            return "value";
        }

        // POST api/values
        public void Post([FromBody]string value)
        {
        }

        // PUT api/values/5
        public void Put(int id, [FromBody]string value)
        {
        }

        // DELETE api/values/5
        public void Delete(int id)
        {
        }
    }
}
```

这个简单的 ValuesController 类直观地展示了控制器编程模型。需要注意的是控制器中操作方法的命名。默认情况下,ASP.NET Web API 通过比较 HTTP 方法名和操作方法名来选择执行哪个操作方法。更准确地说,ApiController 会寻找名字以相应的 HTTP 方法开头的控制器操作方法。例如,在代码清单 12-3 中,发送到 "/api/values" 的 HTTP GET 请求会触发控制器中无参数的 Get 方法。ASP.NET Web API 除了可以根据 HTTP 方法来选择操作方法,还可以根据请求的其他元素(比如查询字符串参数)来进行选择。

12.4　创建数据服务

12.4.1　定义模型

模型是对应用状态和业务功能的封装，我们可以将它理解为同时包含数据和行为的领域模型。为了使读者尽可能掌握更多的数据访问技术，本节使用基于 ORM 的数据库开发方式。在开发教务管理系统数据服务之前，可先按照 7.2 节介绍的方法，使用 Entity Framework 工具生成数据访问组件和数据模型，具体操作步骤如下：

(1) 在"解决方案资源管理器"对话框中，右键双击"Models"文件夹，依次选择"添加"→"新建项"命令，如图 12.6 所示。

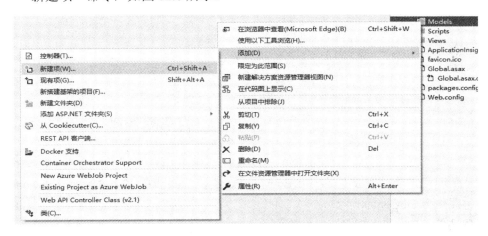

图 12.6　添加新建项命令

(2) 在弹出的"添加新项"对话框中，依次选择"数据"→"ADO.NET 实体数据模型"，输入名称"EduContext"，单击"添加"按钮，如图 12.7 所示。

图 12.7　添加新项对话框

(3) 在弹出的"实体数据模型向导"对话框中，选择"空 Code First 模型"，单击"完成"按钮，如图 12.8 所示。

图 12.8　实体数据模型向导

默认情况下，项目模板生成一个 EduContext 类，代码清单 12-4 演示了 EduContext 的定义，它派生自 DbContext 类。

代码清单 12-4　EduDbContext.cs 示例。

```csharp
namespace EduDbAPIs.Models
{
    using System;
    using System.Data.Entity;
    using System.Linq;

    public class EduContext : DbContext
    {   // 使用"EduContext"连接字符串
        // 默认情况下，此连接字符串针对 LocalDb 实例上的
        // "EduDbAPIs.Models.EduContext"数据库
        //
        // 如果想要针对其他数据库和/或数据库提供程序
        // 可在应用程序配置文件中修改"EduContext"连接字符串
        public EduContext()
            : base("name=EduContext")
```

```
            {
            }
            // 为在模型中包含的每种实体类型都添加 DbSet
            // public virtual DbSet<MyEntity> MyEntities { get; set; }
        }

    //public class MyEntity
    //{
    // public int Id { get; set; }
    // public string Name { get; set; }
    //}
}
```

（4）打开"Web.config"文件，将代码清单 12-5 中"<connectionStrings>"节的内容替换为代码清单 12-6 中的内容。

代码清单 12-5　原始<connectionStrings>节的内容示例。

```
<connectionStrings>
  <add name="EduContext"
      connectionString="data source=(LocalDb)\MSSQLLocalDB;
      initial catalog=EduDbAPIs.Models.EduContext;
      integrated security=True;
      MultipleActiveResultSets=True;
      App=EntityFramework"
      providerName="System.Data.SqlClient" />
</connectionStrings>
```

代码清单 12-6　替换后<connectionStrings>节的内容示例。

```
<connectionStrings>
  <add name="EduContext"
      connectionString="data source=.;
      initial catalog=EduAdminDB;
      integrated security=True;
      MultipleActiveResultSets=True;
      App=EntityFramework"
      providerName="System.Data.SqlClient" />
</connectionStrings>
```

至此，创建数据服务的所有准备工作都已经完成了。

12.4.2　创建数据服务示例

本节以最简单的"性别"表为例，演示如何创建一个返回性别列表的 Web API 接口。

12.4.2.1　添加性别类

使用代码优先方式，在 Models 文件夹下添加一个 Sex 类。按照约定，模型类的类名和表名、类的属性名和列名必须相同。EF 框架提供了数据注解的方式，可以让任意一个 POCO(Plain Old CLR Object)类映射到数据表。代码清单 12-7 演示了类的定义，它使用数据注解方式映射到"性别"表。

代码清单 12-7　Sex.cs 示例。

```csharp
using System.ComponentModel.DataAnnotations;
using System.ComponentModel.DataAnnotations.Schema;

namespace EduDbAPIs.Models
{
    [Table("性别")]              // 指定类映射到的数据库表
    public class Sex
    {
        [Column("性别代码")]      // 指定属性映射到的数据库列
        [Key]                    // 指定键
        [StringLength(1)]        // 指定字符串的长度
        public string Id { get; set; }
        [Column("性别")]
        [Required]               // 指定所映射的数据库列是必需的
        [StringLength(1)]
        public string Name { get; set; }
    }
}
```

12.4.2.2　创建控制器

可以按照以下步骤创建一个与 Sex 类相关的控制器：

(1) 在"解决方案资源管理器"对话框中，右键单击"Controllers"文件夹，在弹出的快捷菜单中依次选择"添加"→"控制器"命令，如图 12.9 所示。

图 12.9　添加控制器命令

(2) 在弹出的"添加基架"对话框中，选择"Web API 2 Controller with actions, using Entity Framework"，然后单击"添加"按钮，如图 12.10 所示。

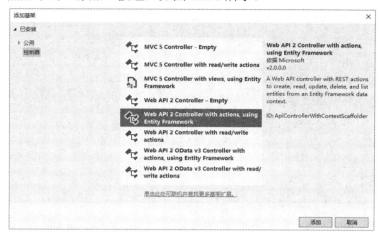

图 12.10 "添加基架"对话框

(3) 在接下来的"Add Controller"(添加控制器)对话框中依次配置 Model class 和 Data context class，如图 12.11 所示。项目模板会自动使用 Sex 的复数形式 Sexes 作为控制器的名称。

图 12.11 "Add Controller"对话框

(4) 配置完毕后，单击"添加"按钮，项目模板会自动在控制器内添加针对"性别"表进行操作的各种 API，如代码清单 12-8 所示。

代码清单 12-8 Controllers.cs 示例。

```
using System.Data.Entity;
using System.Data.Entity.Infrastructure;
using System.Linq;
using System.Net;
using System.Web.Http;
using System.Web.Http.Description;
using EduDbAPIs.Models;


namespace EduDbAPIs.Controllers
{
```

```csharp
public class SexesController : ApiController
{
    private EduContext db = new EduContext();

    // GET: api/Sexes
    public IQueryable<Sex> GetSexes()
    {
        return db.Sexes;
    }

    // GET: api/Sexes/5
    [ResponseType(typeof(Sex))]
    public IHttpActionResult GetSex(string id)
    {
        Sex sex = db.Sexes.Find(id);
        if (sex == null)
        {
            return NotFound();
        }

        return Ok(sex);
    }

    // PUT: api/Sexes/5
    [ResponseType(typeof(void))]
    public IHttpActionResult PutSex(string id, Sex sex)
    {
        if (!ModelState.IsValid)
        {
            return BadRequest(ModelState);
        }

        if (id != sex.Id)
        {
            return BadRequest();
        }

        db.Entry(sex).State = EntityState.Modified;
```

```
    try
    {
        db.SaveChanges();
    }
    catch (DbUpdateConcurrencyException)
    {
        if (!SexExists(id))
        {
            return NotFound();
        }
        else
        {
            throw;
        }
    }

    return StatusCode(HttpStatusCode.NoContent);
}

// POST: api/Sexes
[ResponseType(typeof(Sex))]
public IHttpActionResult PostSex(Sex sex)
{
    if (!ModelState.IsValid)
    {
        return BadRequest(ModelState);
    }

    db.Sexes.Add(sex);

    try
    {
        db.SaveChanges();
    }
    catch (DbUpdateException)
    {
        if (SexExists(sex.Id))
        {
            return Conflict();
```

```
                }
                else
                {
                    throw;
                }
            }
            return CreatedAtRoute("DefaultApi", new { id = sex.Id }, sex);
        }


        // DELETE: api/Sexes/5
        [ResponseType(typeof(Sex))]
        public IHttpActionResult DeleteSex(string id)
        {
            Sex sex = db.Sexes.Find(id);
            if (sex == null)
            {
                return NotFound();
            }
            db.Sexes.Remove(sex);
            db.SaveChanges();
            return Ok(sex);
        }


        protected override void Dispose(bool disposing)
        {
            if (disposing)
            {
                db.Dispose();
            }
            base.Dispose(disposing);
        }


        private bool SexExists(string id)
        {
            return db.Sexes.Count(e => e.Id == id) > 0;
        }
    }
}
```

运行该项目，将会看到项目模板自动生成 5 个 API 接口，如图 12.12 所示。

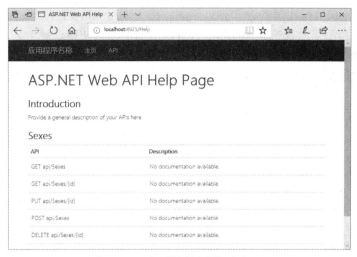

图 12.12　项目模板创建的默认 API

在浏览器中输入地址"http://localhost:4925/Api/Sexes"，则调用第一个 API，其功能是获取如代码清单 12-9 所示格式的性别列表。

代码清单 12-9　接口 api/Sexes 调用结果。

```
[
  {
    "Id": "1",
    "Name": "男"
  },
  {
    "Id": "2",
    "Name": "女"
  }
]
```

默认情况下，ASP.NET Web API 返回 JSON 格式的结果。

12.4.3　教务管理系统数据服务

通过以上简单的示例，我们可以看到，ASP.NET Web API 项目模板已经生成了很多实用的数据服务接口，一般情况下，这些接口不加任何修改就可以直接使用。但是，在复杂业务环境下，需要我们修改这些接口或者自己去写一些接口，来满足实际需要。本节以教务管理系统为例，手动添加一些数据服务。

12.4.3.1　接口：查询指定单位详细信息

在教务管理系统中，最基本的数据服务是，各单位根据系统管理员分配的单位编码，查询隶属于本单位的所有下属单位的详细信息。

以下步骤演示创建该数据服务接口的详细过程：

(1) 创建映射到"单位"表的 POCO 类 Unit，EF 框架还提供了专门的 API 来配置这种映射关系,其功能和数据注解的方式完全相同。由于调用 API 的客户端也会使用数据模型类,因此,为了使模型类看起来清爽干净,本节以后的例子都使用这种方式。代码清单 12-10 演示了 Unit 类的定义。

代码清单 12-10　Unit.cs 示例。

```
using System.Collections.Generic;
namespace EduDbAPIs.Models
{   /// <summary>
    /// 单位实体类
    /// </summary>
    public class Unit
    {   /// <summary>
        /// 单位编码
        /// </summary>
        public string Id { get; set; }
        /// <summary>
        /// 单位名称
        /// </summary>
        public string Name { get; set; }
        /// <summary>
        /// 父级单位编码
        /// </summary>
        public string ParentId { get; set; }
        /// <summary>
        /// 子级单位列表
        /// </summary>
        public List<Unit> SubUnits { get; set; }
    }
}
```

(2) 将 Unit 实体类的集合添加到 EduContext 类中,如代码清单 12-11 中粗体内容所表示。其中,DbSet 表示上下文中给定类型的所有实体的集合或可从数据库中查询的给定类型的所有实体的集合。

代码清单 12-11　EduContext.cs 示例。

```
using System.Data.Entity;

namespace EduDbAPIs.Models
{
    public class EduContext : DbContext
    {
```

```
        public EduContext() : base("name=EduContext")

        {

        }


        public virtual DbSet<Sex> Sexes { get; set; }

        public virtual DbSet<Unit> Units { get; set; }


        protected override void OnModelCreating(

            DbModelBuilder modelBuilder)

        {

        }

    }

}
```

（3）在 OnModelCreating 方法中使用 API 配置实体类 Unit 和数据表"单位"的映射关系，如代码清单 12-12 所示。

代码清单 12-12　在 OnModelCreating 方法中配置映射关系示例。

```
protected override void OnModelCreating(DbModelBuilder modelBuilder)

{

    modelBuilder.Entity<Unit>()

        .ToTable("单位")                    // 配置此实体类型映射到的表名

        .HasKey(k => k.Id);                 // 配置此实体类型的主键属性


    modelBuilder.Entity<Unit>()

        .Property(p => p.Id)

        .HasColumnName("单位代码")          // 配置映射到的列名

        .HasMaxLength(8);                   // 配置属性的最大长度


    modelBuilder.Entity<Unit>()

        .Property(p => p.Name)

        .HasColumnName("单位名称")          // 配置映射到的列名

        .HasMaxLength(20);                  // 配置属性的最大长度


    modelBuilder.Entity<Unit>()

        .Property(p => p.ParentId)

        .HasColumnName("父级单位")          // 配置映射到的列名

        .HasMaxLength(8);                   // 配置属性的最大长度


    modelBuilder.Entity<Unit>()
```

```
            .Ignore(p => p.SubUnits);            // 该属性不映射到数据库

        base.OnModelCreating(modelBuilder);
}
```

(4) 创建 UnitsController 控制器，如代码清单 12-13 所示。

代码清单 12-13　UnitsController.cs 示例。

```csharp
using EduDbAPIs.Models;
using System.Linq;
using System.Web.Http;
using System.Web.Http.Description;

namespace EduDbAPIs.Controllers
{   /// <summary>
    /// 单位表提供的接口
    /// </summary>
    public class UnitsController : ApiController
    {
        private EduContext db = new EduContext();
        /// <summary>
        /// 查询指定单位详情
        /// </summary>
        /// <param name="id">单位编码</param>
        /// <returns>返回指定单位及其所有下属单位的详细信息</returns>
        [ResponseType(typeof(Unit))]
        public IHttpActionResult Get(string id)
        {
            Unit unit = db.Units.Find(id);
            if (unit == null)
            {
                return NotFound();
            }
            this.GetSubUnits(unit);
            return Ok(unit);
        }
        /// <summary>
        /// 递归遍历当前单位的子级单位
        /// </summary>
        /// <param name="unit">当前单位</param>
        private void GetSubUnits(Unit unit)
```

```
        {   // 初始化当前单位的子级单位
            unit.SubUnits = db.Units
                .Where(r => r.ParentId.Equals(unit.Id))
                .ToList();
            // 初始化所有子级单位的子级单位
            foreach (Unit u in unit.SubUnits)
            {
                GetSubUnits(u);
            }
        }
    }
}
```

（5）运行该项目，在浏览器地址栏输入"http://localhost:4925/Api/Units/1144"，该数据服务接口运行结果为如代码清单 12-14 所示的 JSON 格式。

代码清单 12-14　Api/Units/1144 接口返回结果示例。

```
{
    "Id": "1144",
    "Name": "计算机学院",
    "ParentId": "11",
    "SubUnits": [
        {
            "Id": "114401",
            "Name": "学员九大队",
            "ParentId": "1144",
            "SubUnits": [
                {
                    "Id": "11440101",
                    "Name": "学员 25 队",
                    "ParentId": "114401",
                    "SubUnits": []
                },
                {
                    "Id": "11440102",
                    "Name": "学员 26 队",
                    "ParentId": "114401",
                    "SubUnits": []
                },
                {
                    "Id": "11440103",
```

```
            "Name": "学员 27 队",
            "ParentId": "114401",
            "SubUnits": []
        }
    ]
},
{
    "Id": "114402",
    "Name": "学员十大队",
    "ParentId": "1144",
    "SubUnits": [
        {
            "Id": "11440201",
            "Name": "学员 28 队",
            "ParentId": "114402",
            "SubUnits": []
        },
        {
            "Id": "11440202",
            "Name": "学员 29 队",
            "ParentId": "114402",
            "SubUnits": []
        },
        {
            "Id": "11440203",
            "Name": "学员 30 队",
            "ParentId": "114402",
            "SubUnits": []
        }
    ]
},
{
    "Id": "114403",
    "Name": "软件工程教研室",
    "ParentId": "1144",
    "SubUnits": []
},
{
    "Id": "114404",
    "Name": "软件工程教研室",
```

```
        "ParentId": "1144",
        "SubUnits": []
    }
  ]
}
```

12.4.3.2 自动生成接口文档

ASP.NET Web API 项目模板自动为项目定义的接口方法提供了相关的帮助支持。默认情况下，项目模板会自动为具有 XML 注释的接口生成帮助页。通过以下配置可以生成帮助文档：

(1) 在"解决方案资源管理器"对话框中，依次展开"Areas"→"HelpPage"→"App_Start"节点，然后打开"HelpPageConfig.cs"文件。

(2) 在"HelpPageConfig.cs"文件中找到以下语句，并去掉该语句前的注释标记"//"。

config.SetDocumentationProvider(new XmlDocumentationProvider(
   HttpContext.Current.Server.MapPath("~/App_Data/XmlDocument.xml")));

(3) 打开"项目属性"对话框，在"生成"选项中找到输出参数部分，选中"XML 文档文件"复选框，将上述代码中的"App_Data/XmlDocument.xml"部分拷贝到后面的文本框，如图 12.13 所示。

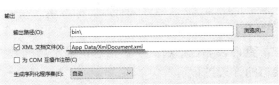

图 12.13 启用生成 XML 文档

(4) 在控制器中所有接口中使用"///"形式的注释，项目会自动为接口生成帮助，如图 12.14 所示。

GET api/Units/{id}

查询指定单位详情

Request Information

URI Parameters

Name	Description	Type	Additional information
id	单位编码	string	Required

Body Parameters

None.

Response Information

Resource Description

返回指定单位及其所有下属单位的详细信息

Unit

Name	Description	Type	Additional information
Id	单位编码	string	None.
Name	单位名称	string	None.
ParentId	父级单位编码	string	None
SubUnits	子级单位列表	Collection of Unit	None.

图 12.14 带有帮助提示的接口

(5) 在项目"Areas"节点下找到相应的文件，将图 12.14 中的部分英文提示修改成相应的中文提示，会提供更好的用户体验，如图 12.15 所示。

GET api/Units/{id}

查询指定单位详情

请求信息

URI 参数

名称	描述	类型	附加信息
id	单位编码	string	Required

Body 参数

None.

响应信息

资源描述

返回指定单位及其所有下属单位的详细信息

Unit

名称	描述	类型	附加信息
Id	单位编码	string	无
Name	单位名称	string	无
ParentId	父级单位编码	string	无
SubUnits	子级单位列表	Collection of Unit	无

图 12.15　带有中文帮助提示的接口

12.4.3.3　接口：查询指定单位的所有学员

在教务管理系统中，查询某单位的所有学员信息也是常用的数据服务接口，以下步骤演示创建该数据服务接口的详细过程：

(1) 创建映射到"生长警官士官研究生"表的 POCO 类 Student，如代码清单 12-15 所示。

代码清单 12-15　Student.cs 示例。

```
using System;

namespace EduDbAPIs.Models
{   /// <summary>
    /// 学生实体类
    /// </summary>
    public class Student
    {   /// <summary>
        /// ID
        /// </summary>
        public Guid Id { get; set; }
        /// <summary>
        /// 学号
        /// </summary>
```

```csharp
public string Sno { get; set; }
/// <summary>
/// 姓名
/// </summary>
public string Sname { get; set; }
/// <summary>
/// 性别代码
/// </summary>
public string SexId { get; set; }
/// <summary>
/// 学员类别代码
/// </summary>
public string StypeId { get; set; }
/// <summary>
/// 入学时间
/// </summary>
public DateTime EnrolDate { get; set; }
/// <summary>
/// 入伍时间
/// </summary>
public DateTime EnlistDate { get; set; }
/// <summary>
/// 出生时间
/// </summary>
public DateTime BornlDate { get; set; }
/// <summary>
/// 所在学员队单位代码
/// </summary>
public string UnitId { get; set; }
/// <summary>
/// 所学专业代码
/// </summary>
public string ProfId { get; set; }
/// <summary>
/// 所在教学班代码
/// </summary>
public Guid ClassId { get; set; }
/// <summary>
/// 籍贯：省/自治区/直辖市级别
```

```
        /// </summary>
        public string Province { get; set; }
        /// <summary>
        /// 籍贯：市/州级别
        /// </summary>
        public string City { get; set; }
        /// <summary>
        /// 籍贯：县/区级别
        /// </summary>
        public string County { get; set; }
    }
}
```

(2) 修改 EduContext 类，将 Student 实体类的相关信息添加到 EduContext 类中，如代码清单 12-16 黑体部分所示。

代码清单 12-16　EduContext.cs 示例。

```
using System.Data.Entity;

namespace EduDbAPIs.Models
{
    public class EduContext : DbContext
    {
        public EduContext() : base("name=EduContext")
        {
        }

        public virtual DbSet<Sex> Sexes { get; set; }
        public virtual DbSet<Unit> Units { get; set; }
        public virtual DbSet<Student> Students { get; set; }

        protected override void OnModelCreating(DbModelBuilder modelBuilder)
        {
            modelBuilder.Entity<Unit>()
                .ToTable("单位")        // 配置此实体类型映射到的表名
                .HasKey(k => k.Id);     // 配置此实体类型的主键属性
            modelBuilder.Entity<Unit>()
                .Property(p => p.Id)
                .HasColumnName("单位代码") // 配置映射到的列名
                .HasMaxLength(8);          // 配置属性的最大长度
```

```
modelBuilder.Entity<Unit>()
    .Property(p => p.Name)
    .HasColumnName("单位名称") // 配置映射到的列名
    .HasMaxLength(20);          // 配置属性的最大长度
modelBuilder.Entity<Unit>()
    .Property(p => p.ParentId)
    .HasColumnName("父级单位") // 配置映射到的列名
    .HasMaxLength(8);           // 配置属性的最大长度
modelBuilder.Entity<Unit>()
    .Ignore(p => p.SubUnits);       // 该属性不映射到数据库


modelBuilder.Entity<Student>()
    .ToTable("生长警官士官研究生").HasKey(k => k.Id);
modelBuilder.Entity<Student>().Property(p => p.Id)
    .HasColumnName("ID");
modelBuilder.Entity<Student>().Property(p => p.Sno)
    .HasColumnName("学号").HasMaxLength(12);
modelBuilder.Entity<Student>().Property(p => p.Sname)
    .HasColumnName("姓名").HasMaxLength(20);
modelBuilder.Entity<Student>().Property(p => p.SexId)
    .HasColumnName("性别").HasMaxLength(1);
modelBuilder.Entity<Student>().Property(p => p.StypeId)
    .HasColumnName("学员类别").HasMaxLength(2);
modelBuilder.Entity<Student>().Property(p => p.EnrolDate)
    .HasColumnName("入学时间");
modelBuilder.Entity<Student>().Property(p => p.EnlistDate)
    .HasColumnName("入伍时间");
modelBuilder.Entity<Student>().Property(p => p.BornDate)
    .HasColumnName("出生时间");
modelBuilder.Entity<Student>().Property(p => p.UnitId)
    .HasColumnName("学员队").HasMaxLength(8);
modelBuilder.Entity<Student>().Property(p => p.ProfId)
    .HasColumnName("专业").HasMaxLength(4);
modelBuilder.Entity<Student>().Property(p => p.ClassId)
    .HasColumnName("教学班");
modelBuilder.Entity<Student>().Property(p => p.Province)
    .HasColumnName("省级单位").HasMaxLength(30);
modelBuilder.Entity<Student>().Property(p => p.City)
    .HasColumnName("地级单位").HasMaxLength(30);
```

```
modelBuilder.Entity<Student>().Property(p => p.County)
    .HasColumnName("县级单位").HasMaxLength(30);

base.OnModelCreating(modelBuilder);
        }
    }
}
```

(3) 创建 StudentsController 控制器，如代码清单 12-17 所示。

代码清单 12-17　　StudentsController.cs 示例。

```csharp
using EduDbAPIs.Models;
using System.Linq;
using System.Web.Http;

namespace EduDbAPIs.Controllers
{   /// <summary>
    /// 生长警官士官研究生等学员接口
    /// </summary>
    public class StudentsController : ApiController
    {
        private EduContext db = new EduContext();

        /// <summary>
        /// 查询指定单位的所有学员详细信息
        /// </summary>
        /// <param name="id">指定单位的单位代码</param>
        /// <returns>隶属指定单位的所有学员</returns>
        public IQueryable<Student> GetStudents(string id)
        {   // 单位编码长度
            int length = id.Length;
            // 学员所在学员队的单位编码前 length 位于 id 相同
            // 都符合要求
            var query = db.Students
                .Where(s => s.UnitId.Substring(0, length).Equals(id));

            return query;
        }
    }
}
```

(4) 运行该项目，在浏览器地址栏输入"http://localhost:4925/Api/Students/1144"，该数据服务接口运行结果为如代码清单 12-18 所示的 JSON 格式。

代码清单 12-18　Api/Students/1144 接口返回结果示例。

```
{
  {
    "Id": "b6e774db-841c-485e-80d3-95b8f30c1c08",
    "Sno": "902021525001",
    "Sname": "赵敏",
    "SexId": "2",
    "StypeId": "03",
    "EnrolDate": "2015-09-01T00:00:00",
    "EnlistDate": "2015-09-01T00:00:00",
    "BornDate": "1997-08-08T00:00:00",
    "UnitId": "11440101",
    "ProfId": "2229",
    "ClassId": "fd8c9c7f-89ae-4d8e-b4f1-56ce5b12da6d",
    "Province": "陕西省",
    "City": "西安市",
    "County": "蓝田县"
  },
  {
    "Id": "328c38d2-ff52-469b-9a0f-caab954779c2",
    "Sno": "902021526001",
    "Sname": "钱多多",
    "SexId": "1",
    "StypeId": "03",
    "EnrolDate": "2015-09-01T00:00:00",
    "EnlistDate": "2015-09-01T00:00:00",
    "BornDate": "1996-07-07T00:00:00",
    "UnitId": "11440102",
    "ProfId": "2229",
    "ClassId": "576cdbf9-60ac-4aee-942d-3f14fd210f39",
    "Province": "安徽省",
    "City": "宿州市",
    "County": "萧县"
  }
}
```

12.4.3.4　使用 Swagger 自动生成接口文档

Swagger 是一款优秀的 Restful 风格的 API 文档自动生成和测试框架。通过以下配置可以使用这一框架。

1. 使用 NuGet 包管理器安装 Swagger 程序包

在"解决方案资源管理器"对话框中，右键单击"引用"节点，在弹出的快捷菜单中选择"管理 NuGet 程序包"命令，如图 12.16 所示。然后在"NuGet 包管理器"面板中搜索"Swashbuckle"，找到相应的软件包并安装，如图 12.17 所示。

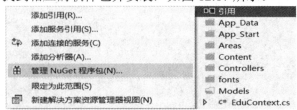

图 12.16　管理 NuGet 程序包命令

图 12.17　NuGet 包管理器

运行项目，在浏览器地址栏输入"http://localhost:4925/swagger/ui/index"就可以看到以上各节所生成的 API 了，如图 12.18 所示。

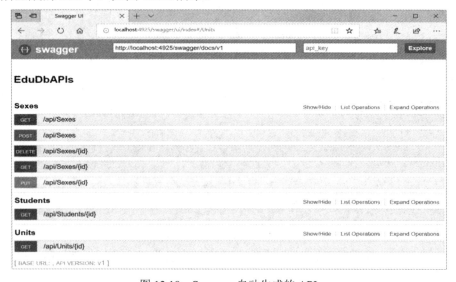

图 12.18　Swagger 自动生成的 API

2. 通过配置将注释自动生成到文档

打开"App_Start"文件夹下的"SwaggerConfig.cs"文件,找到如下内容并去掉前面的注释:

c.IncludeXmlComments(GetXmlCommentsPath());

然后,在"SwaggerConfig"类中添加如代码清单 12-19 所示的方法。

代码清单 12-19　GetXmlCommentsPath 方法示例。

```
private static string GetXmlCommentsPath()
{
    return System.String.Format(@"{0}\bin\EduDbAPIs.XML",
        System.AppDomain.CurrentDomain.BaseDirectory);
}
```

最后,打开"项目属性"面板,在"生成"选项中找到"XML 文档文件"复选框,选中该复选框并将"bin\EduDbAPIs.XML"填入到文本框,如图 12.19 所示。

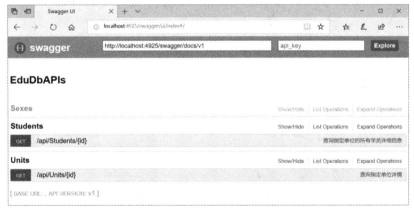

图 12.19　启用生成 XML 文档

运行项目,在浏览器地址栏输入 http://localhost:4925/swagger/ui/index,就可以看到所有 API 都具有自动生成的文档注释,如图 12.20 所示。

图 12.20　Swagger 自动生成的 API 文档

3. 测试接口

Swagger 不仅能自动生成文档,还可以测试接口。

在图 12.21 所示的测试面板中输入指定的单位代码,然后单击"Try it out!"按钮。测试结果如图 12.22 所示,这与 12.4.3.3 节的运行结果是一致的。

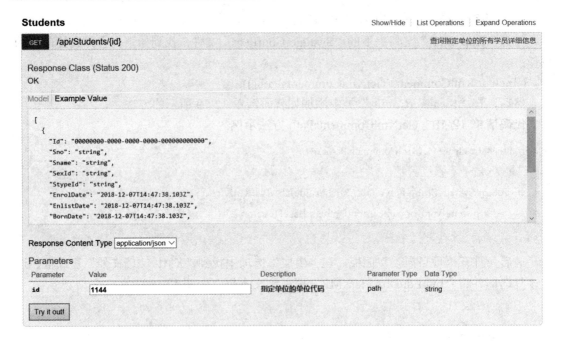

图 12.21　测试/api/Students/1144 接口

图 12.22　接口/api/Students/1144 测试结果

在接下来的示例中，我们将使用 Swagger 工具来测试各个接口。

12.4.3.5　接口：用户登录和修改密码

以下步骤演示创建该接口的详细过程：

(1) 在项目配置文件(Web.config)中配置数据加密相关的参数，如代码清单 12-20 黑体部分所示。

代码清单 12-20　配置加密参数示例。

```xml
<appSettings>
    <add key="webpages:Version" value="3.0.0.0" />
    <add key="webpages:Enabled" value="false" />
    <add key="ClientValidationEnabled" value="true" />
    <add key="UnobtrusiveJavaScriptEnabled" value="true" />
    <add key="arg"value="System.Security.Cryptography.DESCryptoServiceProvider"/>
    <add key="rng"value="System.Security.Cryptography.RNGCryptoServiceProvider"/>
    <add key="key" value="B3+8gmgivm0=" />
    <add key="iv" value="w5XcIC1eh8c=" />
</appSettings>
```

(2) 在 Controllers 文件夹添加配置节访问工具类，如代码清单 12-21 所示。

代码清单 12-21　AppSettingsHelper.cs 示例。

```csharp
using System.Web.Configuration;

namespace EduDbAPIs.Controllers
{   /// <summary>
    /// appSettings 配置节访问工具
    /// </summary>
    public class AppSettingsHelper
    {   /// <summary>
        /// 读取 appSettings 配置节中包含的键/值对
        /// </summary>
        /// <param name="key">指定键/值对中的键</param>
        /// <returns>返回键/值对中的值</returns>
        public static string ReadAppSettings(string key)
        {
            string result;
            // 获取 AppSettingsSection 配置节对象
            var appSettings = WebConfigurationManager.AppSettings;
            // 读取值
            result = appSettings.GetValues(key)[0];
```

```
        return result;
    }

    }

}
```

(3) 在 Controllers 文件夹中添加数据加密工具类，如代码清单 12-22 所示。

代码清单 12-22　CryptographyHelper.cs 示例。

```csharp
using System;
using System.IO;
using System.Security.Cryptography;
using System.Text;

namespace EduDbAPIs.Controllers
{   /// <summary>
    /// 加密、解密等相关的工具类
    /// </summary>
    public class CryptographyHelper
    {   /* 以下是基础工具，包括：
        * 字节数组和字符串之间的相互转换
        * 两个字节数组的合并
        * 随机数的生成等
        */
        /// <summary>
        /// 将 8 位无符号整数的数组转换为
        /// 其用 Base64 数字编码的等效字符串表示形式
        /// </summary>
        /// <param name="inArray">一个 8 位无符号整数数组</param>
        /// <returns>inArray 内容的字符串表示形式，以 Base64 表示</returns>
        public static string ToBase64String(byte[] inArray)
        {
            return Convert.ToBase64String(inArray);
        }


        /// <summary>
        /// 将指定的字符串(它将二进制数据编码为 Base64 数字)
        /// 转换为等效的 8 位无符号整数数组
        /// </summary>
        /// <param name="s">要转换的字符串</param>
        /// <returns>与 s 等效的 8 位无符号整数数组</returns>
```

```csharp
public static byte[] FromBase64String(string s)
{
    return Convert.FromBase64String(s);
}


/// <summary>
/// 使用 UTF-8 编码：将指定字符串中的所有字符编码为一个字节序列
/// </summary>
/// <param name="s">包含要编码的字符的字符串</param>
/// <returns> 一个字节数组，包含对指定的字符集进行编码的结果</returns>
public static byte[] GetBytes(string s)
{
    return Encoding.UTF8.GetBytes(s);
}


/// <summary>
/// 使用 UTF-8 编码：将指定字节数组中的所有字节解码为一个字符串
/// </summary>
/// <param name="bytes">包含要解码的字节序列的字节数组</param>
/// <returns>包含指定字节序列解码结果的字符串</returns>
public static string GetString(byte[] bytes)
{
    return Encoding.UTF8.GetString(bytes);
}


/// <summary>
/// 合并两个字节数组
/// </summary>
/// <param name="first">第一个字节数组</param>
/// <param name="second">第二个字节数组</param>
/// <returns>合并后的字节数组</returns>
private static byte[] Combine(byte[] first, byte[] second)
{
    var ret = new byte[first.Length + second.Length];
    // 将指定数目的字节从起始于特定偏移量的源数组
    // 复制到起始于特定偏移量的目标数组
    Buffer.BlockCopy(first, 0, ret, 0, first.Length);
    Buffer.BlockCopy(second, 0, ret, first.Length, second.Length);
    return ret;
```

```
        }

        /// <summary>
        /// 使用加密随机数生成器，创建加密型强随机值
        /// </summary>
        /// <param name="rngName">要使用的随机数生成器实现的名称</param>
        /// <param name="length">填充随机数的数组的长度</param>
        /// <returns>用经过加密的强随机值序列填充的字节数组</returns>
        public static byte[] GenerateRandom(string rngName, int length)
        {   // 创建加密随机数生成器的指定实现的实例
            using (var randomNumberGenerator =
                RandomNumberGenerator.Create(rngName))
            {

                var randomNumber = new byte[length];
                // 用经过加密的强随机值序列填充的数组
                randomNumberGenerator.GetBytes(randomNumber);
                return randomNumber;

            }

        }


        /* 以下是哈希算法：
         * 哈希算法，将任意长度的二进制字符串映射到具有固定长度
         * 相对较短的二进制字符串
         * 它无法将两个不同的输入哈希成相同的值
         * 通常用于对口令进行编码
         */
        /// <summary>
        /// SHA256 算法的哈希值大小为 256 位
        /// </summary>
        /// <param name="hashName">要使用的 SHA256 的特定实现的名称</param>
        /// <param name="toBeHashed">要计算其哈希代码的输入</param>
        /// <param name="salt">盐值</param>
        /// <returns>一个字节数组，计算所得的哈希代码</returns>
        public static byte[] SHA256WithSalt(string hashName, byte[] toBeHashed, byte[] salt)
        {   // 创建指定实现的实例
            using (var sha256 = SHA256.Create(hashName))
            {

                return sha256.ComputeHash(Combine(toBeHashed, salt));

            }
```

```
    }

    /// <summary>
    /// SHA512 算法的哈希值大小为 512 位
    /// </summary>
    /// <param name="hashName">要使用的 SHA256 的特定实现的名称</param>
    /// <param name="toBeHashed">要计算其哈希代码的输入</param>
    /// <param name="salt">盐值</param>
    /// <returns>一个字节数组，计算所得的哈希代码</returns>
    public static byte[] SHA512WithSalt(string hashName, byte[] toBeHashed, byte[] salt)
    {    // 创建指定实现的实例
        using (var sha512 = SHA512.Create(hashName))
        {
            return sha512.ComputeHash(Combine(toBeHashed, salt));
        }
    }


    /// <summary>
    /// 采用密码、salt 和迭代计数生成密钥
    /// </summary>
    /// <param name="password">用于派生密钥的密码</param>
    /// <param name="salt">用于派生密钥的密钥 salt</param>
    /// <param name="iterations">操作的迭代数</param>
    /// <param name="cb">要生成的伪随机密钥字节数</param>
    /// <returns></returns>
    public static byte[] Rfc2898Password(byte[] password, byte[] salt, int iterations, int cb)
    {
        using (var rfc2898 = new Rfc2898DeriveBytes(password, salt, iterations))
        {    // 返回此对象的伪随机密钥
            // 由伪随机密钥字节组成的字节数组
            return rfc2898.GetBytes(cb);
        }
    }

    /// <summary>
    /// 采用密码、salt 和迭代计数生成密钥
    /// </summary>
    /// <param name="password">用于派生密钥的密码</param>
    /// <param name="salt">用于派生密钥的密钥 salt</param>
    /// <param name="iterations">操作的迭代数</param>
```

```csharp
/// <param name="cb">要生成的伪随机密钥字节数</param>
/// <returns></returns>
public static byte[] Rfc2898Password(string password, byte[] salt, int iterations, int cb)
{
    using (var rfc2898 = new Rfc2898DeriveBytes(password, salt, iterations))
    {   // 返回此对象的伪随机密钥
        // 由伪随机密钥字节组成的字节数组
        return rfc2898.GetBytes(cb);
    }
}


/* 以下是对称加密算法:
 * 需要一个密钥(Key)和一个初始化向量(IV)
 * 通常用于数据加密
 */
/// <summary>
/// 根据指定的对称加密算法加密数据
/// </summary>
/// <param name="algName">要使用的 SymmetricAlgorithm 类的
/// 特定实现的名称</param>
/// <param name="dataToEncrypt">待加密数据</param>
/// <param name="key">密钥</param>
/// <param name="iv">初始化向量</param>
/// <returns>返回密文</returns>
public static byte[] EncryptDataUsingSymmetricAlgorithm(
    string algName, byte[] dataToEncrypt, byte[] key, byte[] iv)
{   // 创建用于执行对称算法的指定加密对象
    using (var alg = SymmetricAlgorithm.Create(algName))
    {
        alg.Mode = CipherMode.CBC;
        alg.Padding = PaddingMode.PKCS7;
        alg.Key = key;
        alg.IV = iv;
        using (var memoryStream = new MemoryStream())
        {   // 用目标数据流、要使用的转换和流的模式
            // 初始化 CryptoStream 类的新实例
            var cryptoStream = new CryptoStream(memoryStream,
                alg.CreateEncryptor(), CryptoStreamMode.Write);
```

```
                // 将一字节序列写入当前的 CryptoStream
                cryptoStream.Write(dataToEncrypt, 0, dataToEncrypt.Length);
                cryptoStream.FlushFinalBlock();

                return memoryStream.ToArray();
            }
        }
    }

    /// <summary>
    /// 根据指定的对称加密算法解密数据
    /// </summary>
    /// <param name="algName">要使用的 SymmetricAlgorithm 类的
    /// 特定实现的名称</param>
    /// <param name="dataToDecrypt">待解密数据</param>
    /// <param name="key">密钥</param>
    /// <param name="IV">初始化向量</param>
    /// <returns>返回明文</returns>
    public static byte[] DecryptDataUsingSymmetricAlgorithm(
        string algName, byte[] dataToDecrypt, byte[] key, byte[] IV)
    {   // 创建用于执行对称算法的指定加密对象
        using (var alg = SymmetricAlgorithm.Create(algName))
        {
            alg.Mode = CipherMode.CBC;
            alg.Padding = PaddingMode.PKCS7;
            alg.Key = key;
            alg.IV = IV;
            using (var memoryStream = new MemoryStream())
            {   // 用目标数据流、要使用的转换和流的模式
                // 初始化 CryptoStream 类的新实例
                var cryptoStream = new CryptoStream(memoryStream,
                    alg.CreateDecryptor(), CryptoStreamMode.Write);

                // 将一字节序列写入当前的 CryptoStream
                cryptoStream.Write(dataToDecrypt, 0, dataToDecrypt.Length);
                cryptoStream.FlushFinalBlock();

                return memoryStream.ToArray();
            }
```

```
            }
        }
    }
}
```

(4) 创建实体类，如代码清单 12-23、12-24 所示。

代码清单 12-23　　Role 实体类示例。

```
using System;

namespace EduDbAPIs.Models
{   /// <summary>
    /// 角色实体类
    /// </summary>
    public class Role
    {   /// <summary>
        /// 角色代码
        /// </summary>
        public Guid Id { get; set; }
        /// <summary>
        /// 角色
        /// </summary>
        public string Name { get; set; }
    }
}
```

代码清单 12-24　　User 实体类示例。

```
using System;
using System.Collections.Generic;

namespace EduDbAPIs.Models
{   /// <summary>
    /// 账号实体类
    /// </summary>
    public class User
    {   /// <summary>
        /// 用户名
        /// </summary>
        public string UserName { get; set; }
        /// <summary>
        /// 盐值
```

```
///  </summary>
public string Salt { get; set; }
///  <summary>
///  密码
///  </summary>
public string Password { get; set; }
///  <summary>
///  是否锁定
///  </summary>
public bool IsLocked { get; set; }


///  <summary>
///  最近一次登录时间
///  </summary>
public DateTime LoginTime { get; set; }
///  <summary>
///  最近一次退出时间
///  </summary>
public DateTime LogoutTime { get; set; }
///  <summary>
///  人员类别
///  </summary>
public string Type { get; set; }
///  <summary>
///  人员 ID
///  </summary>
public string Id { get; set; }
///  <summary>
///  账号角色
///  </summary>
public List<Role> Roles { get; set; }
    }
}
```

(5) 修改 EduContext 类，将 User 和 Role 实体类相关信息添加到 EduContext 类中，如代码清单 12-25 黑体部分所示。

代码清单 12-25　EduContext.cs 示例。

```
using System.Data.Entity;
```

```
namespace EduDbAPIs.Models
{    /// <summary>
    /// 数据访问工具类
    /// </summary>
    public class EduContext : DbContext
    {    /// <summary>
        /// 构造函数
        /// </summary>
        public EduContext() : base("name=EduContext")
        {

        }

        /// <summary>
        /// 性别
        /// </summary>
        public virtual DbSet<Sex> Sexes { get; set; }
        /// <summary>
        /// 单位
        /// </summary>
        public virtual DbSet<Unit> Units { get; set; }
        /// <summary>
        /// 生长警官士官研究生
        /// </summary>
        public virtual DbSet<Student> Students { get; set; }
        /// <summary>
        /// 角色
        /// </summary>
        public virtual DbSet<Role> Roles { get; set; }
        /// <summary>
        /// 账号
        /// </summary>
        public virtual DbSet<User> Users { get; set; }

        /// <summary>
        ///
        /// </summary>
        /// <param name="modelBuilder"></param>
```

```
protected override void OnModelCreating(DbModelBuilder modelBuilder)
{      // 配置单位映射
    modelBuilder.Entity<Unit>()
        .ToTable("单位")           // 配置此实体类型映射到的表名
        .HasKey(k => k.Id);        // 配置此实体类型的主键属性
    modelBuilder.Entity<Unit>()
        .Property(p => p.Id)
        .HasColumnName("单位代码")   // 配置映射到的列名
        .HasMaxLength(8);          // 配置属性的最大长度
    modelBuilder.Entity<Unit>()
        .Property(p => p.Name)
        .HasColumnName("单位名称")   // 配置映射到的列名
        .HasMaxLength(20);         // 配置属性的最大长度
    modelBuilder.Entity<Unit>()
        .Property(p => p.ParentId)
        .HasColumnName("父级单位")   // 配置映射到的列名
        .HasMaxLength(8);          // 配置属性的最大长度
    modelBuilder.Entity<Unit>()
        .Ignore(p => p.SubUnits);  // 该属性不映射到数据库

    // 配置学员映射
    modelBuilder.Entity<Student>()
        .ToTable("生长警官士官研究生").HasKey(k => k.Id);
    modelBuilder.Entity<Student>().Property(p => p.Id)
        .HasColumnName("ID");
    modelBuilder.Entity<Student>().Property(p => p.Sno)
        .HasColumnName("学号").HasMaxLength(12);
    modelBuilder.Entity<Student>().Property(p => p.Sname)
        .HasColumnName("姓名").HasMaxLength(20);
    modelBuilder.Entity<Student>().Property(p => p.SexId)
        .HasColumnName("性别").HasMaxLength(1);
    modelBuilder.Entity<Student>().Property(p => p.StypeId)
        .HasColumnName("学员类别").HasMaxLength(2);
    modelBuilder.Entity<Student>().Property(p => p.EnrolDate)
        .HasColumnName("入学时间");
    modelBuilder.Entity<Student>().Property(p => p.EnlistDate)
        .HasColumnName("入伍时间");
    modelBuilder.Entity<Student>().Property(p => p.BornDate)
```

```
            .HasColumnName("出生时间");
modelBuilder.Entity<Student>().Property(p => p.UnitId)
            .HasColumnName("学员队").HasMaxLength(8);
modelBuilder.Entity<Student>().Property(p => p.ProfId)
            .HasColumnName("专业").HasMaxLength(4);
modelBuilder.Entity<Student>().Property(p => p.ClassId)
            .HasColumnName("教学班");
modelBuilder.Entity<Student>().Property(p => p.Province)
            .HasColumnName("省级单位").HasMaxLength(30);
modelBuilder.Entity<Student>().Property(p => p.City)
            .HasColumnName("地级单位").HasMaxLength(30);
modelBuilder.Entity<Student>().Property(p => p.County)
            .HasColumnName("县级单位").HasMaxLength(30);


// 配置角色映射
modelBuilder.Entity<Role>()
        .ToTable("角色").HasKey(k => k.Id);
modelBuilder.Entity<Role>().Property(p => p.Id)
        .HasColumnName("角色代码").IsRequired();
modelBuilder.Entity<Role>().Property(p => p.Name)
        .HasColumnName("角色").HasMaxLength(30).IsRequired();


// 配置账号映射
modelBuilder.Entity<User>()
        .ToTable("账号").HasKey(k => k.UserName);
modelBuilder.Entity<User>().Property(p => p.UserName)
        .HasColumnName("用户名").HasMaxLength(255).IsRequired();
modelBuilder.Entity<User>().Property(p => p.Salt)
        .HasColumnName("盐值").HasMaxLength(255).IsRequired();
modelBuilder.Entity<User>().Property(p => p.Password)
        .HasColumnName("密码").HasMaxLength(255).IsRequired();
modelBuilder.Entity<User>().Property(p => p.IsLocked)
        .HasColumnName("是否锁定").IsRequired();
modelBuilder.Entity<User>().Property(p => p.LoginTime)
        .HasColumnName("最近一次登录时间");
modelBuilder.Entity<User>().Property(p => p.LogoutTime)
        .HasColumnName("最近一次退出时间");
modelBuilder.Entity<User>().Property(p => p.Type)
```

```
                       .HasColumnName("人员类别").HasMaxLength(2);
                  modelBuilder.Entity<User>().Property(p => p.Id)
                       .HasColumnName("人员 ID");
                  modelBuilder.Entity<User>().Ignore(p=>p.Roles);


                  base.OnModelCreating(modelBuilder);
              }
          }
      }
```

(6) 创建 UsersController 控制器，如代码清单 12-26 所示。

代码清单 12-26　UsersController.cs 示例。

```
using EduDbAPIs.Models;
using System;
using System.Data.Entity;
using System.Globalization;
using System.Linq;
using System.Web.Http;
using System.Web.Http.Description;

namespace EduDbAPIs.Controllers
{   /// <summary>
    /// 账号相关接口
    /// </summary>
    ///
    [RoutePrefix("api/Users")]
    public class UsersController : ApiController
    {   // 用户名使用 DES 算法加密
        private readonly string argName;      // 算法名称
        private readonly string key;          // 密钥
        private readonly string iv;           // 初始化向量
        // 随机数生成器算法名
        private readonly string rngName;


        private EduContext db = new EduContext();


        /// <summary>
        /// 构造函数，设置加密参数
        /// </summary>
```

```csharp
private UsersController()
{    // 读取相应配置节指定键的值
    this.argName = AppSettingsHelper.ReadAppSettings("arg");
    this.rngName = AppSettingsHelper.ReadAppSettings("rng");
    this.key = AppSettingsHelper.ReadAppSettings("key");
    this.iv = AppSettingsHelper.ReadAppSettings("iv");
}
/// <summary>
/// 判断指定用户是否存在
/// </summary>
/// <param name="username">用户名</param>
/// <returns>如果存在则返回 true,否则返回 false</returns>
private bool UserExists(string username)
{
    return db.Users.Count(e => e.UserName == username) > 0;
}


/// <summary>
/// 用户登录
/// </summary>
/// <param name="username">用户名</param>
/// <param name="password">密码</param>
/// <returns>成功登录返回 user 实体,否则返回 NotFoundResult</returns>
[Route("Login")]
[ResponseType(typeof(User))]
public IHttpActionResult PostLogin(string username, string password)
{    // 将明文账号转换为密文
    string name = CryptographyHelper.ToBase64String(
        CryptographyHelper.EncryptDataUsingSymmetricAlgorithm(
            this.argName, CryptographyHelper.GetBytes(username),
            CryptographyHelper.FromBase64String(this.key),
            CryptographyHelper.FromBase64String(this.iv)));

    // 判断账号是否存在，因为是主码，后续省略很多操作
    if (!this.UserExists(name))
    {
        return NotFound();
    }
```

```
// 如果账号存在,才执行后续一系列操作
User user = db.Users.Find(name);


// 将明文的密码转换为密文
string pass = CryptographyHelper.ToBase64String(
    CryptographyHelper.Rfc2898Password(password,
        CryptographyHelper.FromBase64String(user.Salt),
        50000, 64));


// 只有用户名和密码正确,并且账号没有被锁定,才算登录成功
if (!pass.Equals(user.Password) || user.IsLocked)
{
    return NotFound();
}


// 更新登录时间
user.LoginTime = DateTime.Now;
db.Entry(user).State = EntityState.Modified;
db.SaveChanges();


return Ok(user);
}


/// <summary>
/// 修改用户密码
/// </summary>
/// <param name="username">用户名</param>
/// <param name="originalPassword">原始密码</param>
/// <param name="newPassword">修改后密码</param>
/// <returns>成功修改后返回 true，否则返回 false</returns>
[Route("ModifyPassword")]
public bool PostModifyPassword(string username,
    string originalPassword, string newPassword)
{   // 将明文账号转换为密文
    string name = CryptographyHelper.ToBase64String(
        CryptographyHelper.EncryptDataUsingSymmetricAlgorithm(
            this.argName, CryptographyHelper.GetBytes(username),
            CryptographyHelper.FromBase64String(this.key),
```

```
                    CryptographyHelper.FromBase64String(this.iv)));

        // 判断账号是否存在
        if (!this.UserExists(name))
        {
            return false;
        }
        // 如果账号存在，才执行后续一系列操作
        User user = db.Users.Find(name);

        // 将明文的密码转换为密文
        // 原始密码
        string pass = CryptographyHelper.ToBase64String(
            CryptographyHelper.Rfc2898Password(originalPassword,
                CryptographyHelper.FromBase64String(user.Salt),
                50000, 64));
        // 修改后密码
        string newpass = CryptographyHelper.ToBase64String(
            CryptographyHelper.Rfc2898Password(newPassword,
                CryptographyHelper.FromBase64String(user.Salt),
                50000, 64));

        // 只有用户名和原始密码正确，并且账号没有被锁定，才可修改密码
        if (!pass.Equals(user.Password) || user.IsLocked)
        {
            return false;
        }

        // 修改密码
        user.Password = newpass;
        db.Entry(user).State = EntityState.Modified;
        db.SaveChanges();

        return true;
        }
    }
}
```

(7) 测试接口。用户登录测试页面如图 12.23 所示，修改密码页面如图 12.24 所示。

图 12.23　接口 api/Users/Login 测试结果

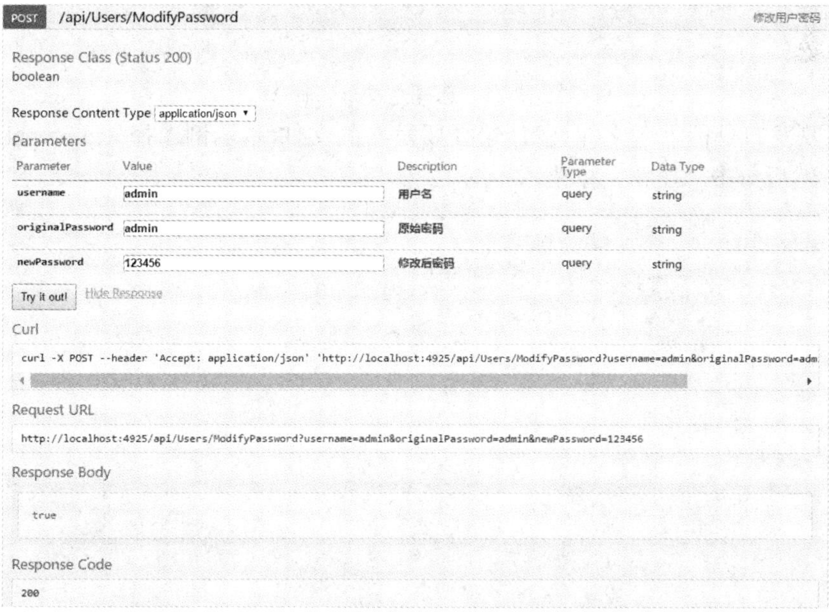

图 12.24　接口 api/Users/ModifyPassword 测试结果

12.4.3.6　接口：成绩查询

教务管理系统中，成绩查询是一个非常复杂的问题。

首先，不同类别的人员查询的范围不同。比如，学员只可以查询自己的成绩，教员只可以查询本人所授课程的成绩，中队领导只可以查询自己中队学员的成绩，大队领导只可以查询本大队所有学员的成绩，学院领导可以查询整个学院所有学员的成绩。

其次，查询方式有多种。比如，可以按课程查询所有选修该课程的学员的成绩，可以根据学号查询该学员所选修所有课程的成绩，可以按单位查询该单位所有学员所选修课程的成绩，可以查询某学员不及格课程的成绩等等。

此部分内容的实现，作为作业留给读者自己完成。

12.5　部署数据服务

12.5.1　发布数据服务

应用程序必须发布到 Web 服务器才能供用户使用。可以使用发布向导将数据服务接口部署到 Web 服务器，以下步骤演示部署过程：

(1) 在"解决方案资源管理器"对话框中，右键单击项目名称，在弹出的快捷菜单中选择"发布"命令，如图 12.25 所示。

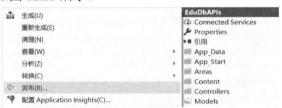

图 12.25　选择"发布"命令

(2) 选取发布目标为"文件夹"，选择要发布的文件(本示例选择 C:\inetpub\wwwroot\EduAPIs)，然后单击"发布"按钮，如图 12.26 所示。

图 12.26　选择发布目标

(3) 打开"IIS 管理器"对话框,在网站节点找到"EduAPIs",右键单击该节点,选择"转换为应用程序"命令,如图 12.27 所示。

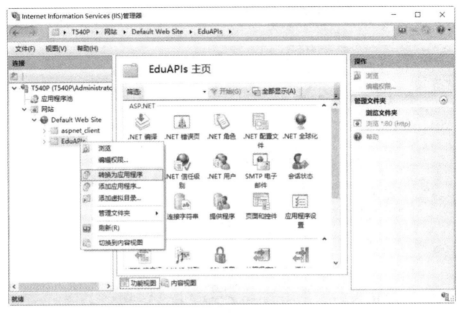

图 12.27　转换应用程序

(4) 在"IIS 管理器"对话框中单击"应用程序池"节点,在中间的应用程序池列表中选择所使用的应用程序池(示例中为 DefaultAppPool),在右侧的操作面板中单击"高级设置",如图 12.28 所示。

图 12.28　设置应用程序池

(5) 在"高级设置"对话框中找到"进程模型"→"标识",将其设置为具有访问数据库权限的账号(示例中为 administrator)，如图 12.29 所示。

图 12.29　应用程序池高级设置

(6) 在浏览地址栏输入地址"http://localhost/EduAPIs/swagger/ui/index"，可以看到部署成功后的页面，如图 12.30 所示。

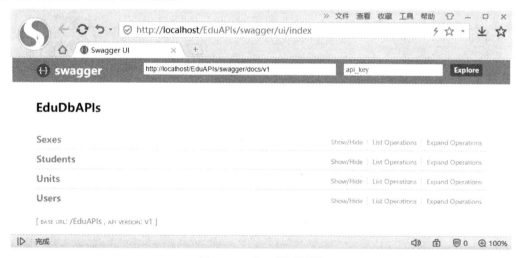

图 12.30　接口测试页面

12.5.2　生成安装程序

比较正式的部署方案是将数据服务接口生成安装程序，由安装程序引导用户执行程序部署。以下步骤演示该过程：

(1) 为解决方案添加一个新建项目，在"添加新项目"对话框中展开"其他项目类型"节点，选择"Visual Studio Installer"项目类型中的"Web Setup Project"项目类型，输入名称和位置后，单击"确定"按钮，如图 12.31 所示。

图 12.31　添加 Web Setup Project 项目

(2) 在新添加的项目节点上右键单击项目名称，在弹出的快捷菜单中依次选择"添加"→"项目输出"命令，如图 12.32 所示。

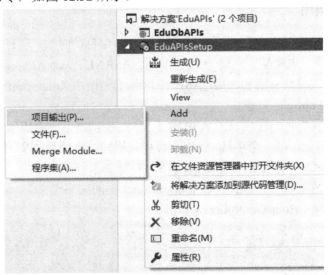

图 12.32　添加项目输出

(3) 在弹出的"添加项目输出组"对话框中确保选中"主输出、内容文件、文档文件"，然后单击"确定"按钮，如图 12.33 所示。

图 12.33　选择项目输出组

(4) 重新生成解决方案,将会在指定的文件夹下生成"setup.exe"和"EduAPIsSetup.msi"两个安装程序文件。运行 setup 文件即可执行数据服务部署过程。

12.6　调用数据服务

数据服务接口部署后,可以被不同的客户端应用程序调用。由于 Web API 默认使用 JSON 进行序列化,当用户调用一个接口时,将自动返回 JSON 格式的数据,因此不同的客户端调用数据服务接口的方式是完全一样的。本节介绍不同客户端下的数据服务调用。

12.6.1　项目内调用

从图 12.2 中可以看出,在创建 ASP.NET Web API 项目的时候,项目模板同时也创建了 ASP.NET MVC 项目。也就是说,同一个项目既是 ASP.NET Web API 项目,又是 ASP.NET MVC 项目。并且,项目具有两套路由:ASP.NET 经典路由(由 RouteConfig 配置)和 Web API 新路由(由 WebApiConfig 配置)。

正因为如此,我们可以在项目的 ASP.NET MVC 控制器中去调用同一项目创建的 Web API 接口,由于它们处在同一个项目中,因此可以共用同一个模型。以下示例使用 ASP.NET MVC 控制器 HomeController 来进行测试,调用 12.4.3.3 节创建的接口来查询指定单位的所有学员信息,代码清单 12-27 演示了 HomeController 类的完整定义。

代码清单 12-27　HomeController.cs 示例。

```
using EduDbAPIs.Models;
using System;
using System.Collections.Generic;
using System.Net.Http;
using System.Web.Mvc;
```

```
namespace EduDbAPIs.Controllers
{   /// <summary>
    /// 客户端调用测试
    /// </summary>
    public class HomeController : Controller
    {   /// <summary>
        /// 调用 Web API，查询指定单位的所有学员详细信息
        /// </summary>
        /// <param name="id">指定单位的单位代码</param>
        /// <returns></returns>
        public ActionResult Index(string id = "1144")
        {   // 定义 HttpClient 实例，
            // 用于发送 HTTP 请求，
            // 和接收来自通过 URI 确认的资源的 HTTP 响应
            using (HttpClient client = new HttpClient())
            {   // 设置发送请求时使用的 URI 的基址
                client.BaseAddress = new Uri("http://" +
                    // 获取服务器主机名和端口号
                    this.HttpContext.Request.Url.Authority);

                // 以异步操作将 GET 请求发送给指定 URI，并返回结果值
                HttpResponseMessage result = client.
                    GetAsync(@"api/Students/" + id).Result;

                // 如果 HTTP 响应成功
                if (result.IsSuccessStatusCode)
                {   // 获取响应消息的内容，并生成指定类型的对象
                    IEnumerable<Student> students = result.Content
                        .ReadAsAsync<IEnumerable<Student>>().Result;

                    return View(students);
                }
            }

            // 返回空实例
            return View(new List<Student>());
        }
    }
}
```

修改项目中"Views"→"Home"节点下的视图文件"Index.cshtml"，如代码清单 12-28 所示。

代码清单 12-28　Index.cshtml 示例。

```
@model IEnumerable<EduDbAPIs.Models.Student>

@{
    ViewBag.Title = "客户端调用测试";
}

<h5>项目内调用测试</h5>

<table class="table">
    <tr>
        <th>学号</th>
        <th>姓名</th>
        <th>入学时间</th>
        <th>入伍时间</th>
        <th>出生时间</th>
        <th>籍贯</th>
    </tr>

    @foreach (var item in Model)
    {
        string nativePlase =
            item.Province + item.City + item.County;
        <tr>
        <td>@item.Sno</td>
        <td>@item.Sname</td>
        <td>@item.EnrolDate.ToLongDateString()</td>
        <td>@item.EnlistDate.ToLongDateString()</td>
        <td>@item.BornDate.ToLongDateString()</td>
        <td>@nativePlase</td>
    </tr>
    }

</table>
```

运行该项目，运行结果如图 12.34 所示。

图 12.34　项目内部调用 Web API 运行结果

12.6.2　项目外调用

12.6.2.1　Windows 客户端调用

以下示例演示在 Windows Form 中使用 TreeView 控件绑定 12.4.3.1 节创建的接口调用结果，来查询指定单位及其所有子单位的详细信息，接口位置在 12.5.1 节部署的本地 IIS 服务器中。

（1）创建一个 Windows 窗体应用项目，项目名称为"CallApiForm"。窗体使用的控件如表 12-3 所示。

表 12-3　CallApiForm 项目使用控件说明

控 件 名 称	控 件 类 型	控 件 功 能
label1	Label	提示信息
textBox1	TextBox	用户输入的单位代码
button1	Button	单击该按钮查询指定单位
groupBox1	GroupBox	容器
treeView1	TreeView	用来显示该单位树状结构

（2）在项目中添加"Models"文件夹，并在该文件夹下创建 Unit 实体类，如代码清单 12-29 所示。

代码清单 12-29　Unit.cs 示例。

```
using System.Collections.Generic;

namespace CallApiForm.Models
{   /// <summary>
    /// 单位实体类
    /// </summary>
    public class Unit
    {
```

```
/// <summary>
/// 单位编码
/// </summary>
public string Id { get; set; }
/// <summary>
/// 单位名称
/// </summary>
public string Name { get; set; }
/// <summary>
/// 父级单位编码
/// </summary>
public string ParentId { get; set; }
/// <summary>
/// 子级单位列表
/// </summary>
public List<Unit> SubUnits { get; set; }
        }
    }
```

(3) 使用 NuGet 包管理器安装如下工具：

① RestSharp：一种简单的 REST 和 HTTP API 客户端工具。

② RestSharp.Newtonsoft.Json：RestSharp 封装了 Newtonsoft.Json 的 JSON 序列化工具。

(4) 在"查询"按钮的 Click 事件中实现 Web API 调用过程，代码清单 12-30 演示了完整的窗体代码。

代码清单 12-30　Form1.cs 示例。

```
using CallApiForm.Models;
using RestSharp;
using RestSharp.Serializers.Newtonsoft.Json;
using System;
using System.Windows.Forms;

namespace CallApiForm
{
    public partial class Form1 : Form
    {
        public Form1()
        {
            InitializeComponent();
        }
```

```
/// <summary>
/// "查询"按钮的 Click 事件
/// </summary>
/// <param name="sender"></param>
/// <param name="e"></param>
private void button1_Click(object sender, EventArgs e)
{
    string uName = this.textBox1.Text.Trim();
    if (!string.IsNullOrEmpty(uName))
    {
        string BaseURL =
            @"http://localhost/EduAPIs/Api/Units/" + uName;

        var client = new RestClient(BaseURL);
        var request = new RestSharp.RestRequest(Method.GET);

        RestResponse response =
            (RestResponse)client.Execute(request);

        var content = response.Content;

        Unit unit = NewtonsoftJsonSerializer.Default.
            Deserialize<Unit>(response);

        if (unit != null)
        {
            this.groupBox1.Text = unit.Name;

            // 禁用任何树视图重绘
            this.treeView1.BeginUpdate();
            // 删除所有树节点
            this.treeView1.Nodes.Clear();
            // 创建根节点
            TreeNode topNode = new TreeNode();
            // 为创建一棵树
            this.CreateTrees(topNode, unit);
            this.treeView1.Nodes.Add(topNode);
            // 使控件重绘其工作区内的无效区域
            this.treeView1.EndUpdate();
            // 展开所有节点
```

```
                    this.treeView1.ExpandAll();
                }
            else
                {
                    this.groupBox1.Text = "";
                    this.treeView1.BeginUpdate();
                    this.treeView1.Nodes.Clear();
                    this.treeView1.EndUpdate();
                }
        }
        else
        {
            MessageBox.Show("请输入单位代码", "提示信息",
            MessageBoxButtons.OK,
            MessageBoxIcon.Information);
        }
}

/// <summary>
/// 以指定的单位为根节点, 创建一棵树
/// </summary>
/// <param name="parentNode">根节点</param>
/// <param name="parentUnit">指定的单位</param>
private void CreateTrees(TreeNode parentNode,
    Unit parentUnit)
{
    parentNode.Text = parentUnit.Name;
    parentNode.Tag = parentUnit.Id;

    // 查询指定单位的所有下级单位
    var childrenUnit = parentUnit.SubUnits;

    // 为指定单位创建子节点
    foreach (var childUnit in childrenUnit)
    {
        TreeNode childNode = new TreeNode();
        childNode.Text = childUnit.Name;
        childNode.Tag = childUnit.Id;
        parentNode.Nodes.Add(childNode);
        // 为子节点创建子节点
```

```
                    CreateTrees(childNode, childUnit);
                }
            }
        }
    }
}
```

(5) 运行程序，运行结果如图 12.35 所示。

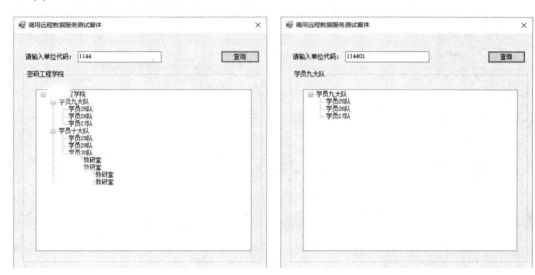

图 12.35　Windows Form 调用 Web API 运行结果

12.6.2.2　ASP.NET 客户端调用

以下示例演示在 Web Form 中使用 GridView 控件绑定 12.4.3.3 节创建的接口调用结果，来查询指定单位的所有学员的详细信息，接口位置在 12.5.1 节部署的本地 IIS 服务器中。

(1) 创建一个 Web 窗体应用项目，项目名称为 "CallApiWebForm"。窗体使用的控件如表 12-4 所示。

表 12-4　CallApiWebForm 项目使用控件说明

控 件 名 称	控 件 类 型	控 件 功 能
Label1	Label	提示信息
TextBox1	TextBox	用户输入的单位代码
Button1	Button	单击该按钮查询指定单位的学员
GridView1	GridView	使用表格方式显示

(2) 在项目中添加 "Models" 文件夹，并在该文件夹下创建 Student 实体类，如代码清单 12-31 所示。

代码清单 12-31　Student.cs 示例。

```
using System;

namespace CallApiWebForm.Models
```

```csharp
{
    public class Student
    {
        /// <summary>
        /// ID
        /// </summary>
        public Guid Id { get; set; }
        /// <summary>
        /// 学号
        /// </summary>
        public string Sno { get; set; }
        /// <summary>
        /// 姓名
        /// </summary>
        public string Sname { get; set; }
        /// <summary>
        /// 性别代码
        /// </summary>
        public string SexId { get; set; }
        /// <summary>
        /// 学员类别代码
        /// </summary>
        public string StypeId { get; set; }
        /// <summary>
        /// 入学时间
        /// </summary>
        public DateTime EnrolDate { get; set; }
        /// <summary>
        /// 入伍时间
        /// </summary>
        public DateTime EnlistDate { get; set; }
        /// <summary>
        /// 出生时间
        /// </summary>
        public DateTime BornDate { get; set; }
        /// <summary>
        /// 所在学员队单位代码
        /// </summary>
        public string UnitId { get; set; }
```

```
/// <summary>
/// 所学专业代码
/// </summary>
public string ProfId { get; set; }
/// <summary>
/// 所在教学班代码
/// </summary>
public Guid ClassId { get; set; }
/// <summary>
/// 籍贯：省/自治区/直辖市级别
/// </summary>
public string Province { get; set; }
/// <summary>
/// 籍贯：市/州级别
/// </summary>
public string City { get; set; }
/// <summary>
/// 籍贯：县/区级别
/// </summary>
public string County { get; set; }
    }
}
```

(3) 在"查询"按钮的 Click 事件中实现 Web API 调用过程，代码清单 12-32 演示了完整的 Web 窗体代码。

代码清单 12-32　Default.aspx.cs 示例。

```
using CallApiWebForm.Models;
using Newtonsoft.Json;
using System;
using System.Collections.Generic;
using System.Net.Http;
using System.Web.UI;

namespace CallApiWebForm
{
    public partial class _Default : Page
    {
        protected void Page_Load(object sender, EventArgs e)
        {
```

```csharp
        this.GridView1.AutoGenerateColumns = true;
    }


protected void Button1_Click(object sender, EventArgs e)
    {
        string uName = this.TextBox1.Text.Trim();

        if (!string.IsNullOrEmpty(uName))
        {
            string baseURL = @"http://localhost/EduAPIs/";

            // 定义 HttpClient 实例，
            // 用于发送 HTTP 请求，
            // 和接收来自通过 URI 确认的资源的 HTTP 响应
            using (HttpClient client = new HttpClient())
            {
                // 设置发送请求时使用的 URI 的基址
                client.BaseAddress = new Uri(baseURL);

                // 以异步操作将 GET 请求发送给指定 URI，并返回结果值
                HttpResponseMessage result = client.
                    GetAsync(@"api/Students/" + uName).Result;

                // 如果 HTTP 响应成功
                if (result.IsSuccessStatusCode)
                {   // 获取响应消息的内容，并生成指定类型的对象
                    string json = result.Content.ReadAsStringAsync().Result;

                    List<Student> students = JsonConvert.
                        DeserializeObject<List<Student>>(json);

                    this.GridView1.DataSource = students;
                    this.GridView1.DataBind();
                }
            }
        }
    }
}
```

(4) 运行程序，运行结果如图 12.36 所示。

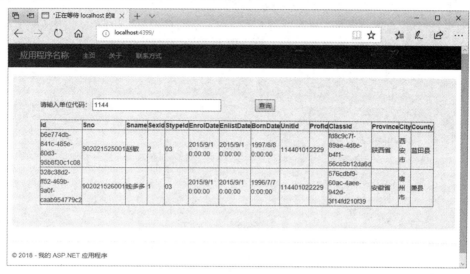

图 12.36　ASP.NET Web Form 调用 Web API 运行结果

12.6.2.3　ASP.NET MVC 客户端调用

与在项目内调用类似，以下示例演示使用 ASP.NET MVC 项目调用 12.4.3.3 节创建的接口调用结果，来查询指定单位的所有学员的详细信息，接口位置在 12.5.1 节部署的本地 IIS 服务器中。

(1) 在"Models"文件夹下，创建 Student 实体类，如代码清单 12-33 所示。

代码清单 12-33　Student.cs 示例。

```
using System;

namespace CallApiWebForm.Models
{
    public class Student
    {
        /// <summary>
        /// ID
        /// </summary>
        public Guid Id { get; set; }
        /// <summary>
        /// 学号
        /// </summary>
        public string Sno { get; set; }
        /// <summary>
        /// 姓名
        /// </summary>
```

```
public string Sname { get; set; }
/// <summary>
/// 性别代码
/// </summary>
public string SexId { get; set; }
/// <summary>
/// 学员类别代码
/// </summary>
public string StypeId { get; set; }
/// <summary>
/// 入学时间
/// </summary>
public DateTime EnrolDate { get; set; }
/// <summary>
/// 入伍时间
/// </summary>
public DateTime EnlistDate { get; set; }
/// <summary>
/// 出生时间
/// </summary>
public DateTime BornDate { get; set; }
/// <summary>
/// 所在学员队单位代码
/// </summary>
public string UnitId { get; set; }
/// <summary>
/// 所学专业代码
/// </summary>
public string ProfId { get; set; }
/// <summary>
/// 所在教学班代码
/// </summary>
public Guid ClassId { get; set; }
/// <summary>
/// 籍贯：省/自治区/直辖市级别
/// </summary>
public string Province { get; set; }
/// <summary>
/// 籍贯：市/州级别
```

```
        /// </summary>
        public string City { get; set; }
        /// <summary>
        /// 籍贯：县/区级别
        /// </summary>
        public string County { get; set; }
    }
}
```

(2) 代码清单 12-34 演示了 HomeController 类的完整定义。

代码清单 12-34　HomeController.cs 示例。

```
using CallApiMVC.Models;
using System;
using System.Collections.Generic;
using System.Net.Http;
using System.Web.Mvc;
using Newtonsoft.Json;

namespace CallApiMVC.Controllers
{
    /// <summary>
    /// 客户端调用测试
    /// </summary>
    public class HomeController : Controller
    {
        /// <summary>
        /// 调用 Web API，查询指定单位的所有学员详细信息
        /// </summary>
        /// <param name="id">指定单位的单位代码</param>
        /// <returns></returns>
        public ActionResult Index(string id = "1144")
        {
            // 定义 HttpClient 实例，
            // 用于发送 HTTP 请求，
            // 和接收来自通过 URI 确认的资源的 HTTP 响应
            using (HttpClient client = new HttpClient())
            {
                // 设置发送请求时使用的 URI 的基址
                string baseURL = @"http://localhost/EduAPIs/";
```

```
        client.BaseAddress = new Uri(baseURL);

        // 以异步操作将 GET 请求发送给指定 URI，并返回结果值
        HttpResponseMessage result = client.
            GetAsync(@"api/Students/" + id).Result;

        // 如果响应成功
        if (result.IsSuccessStatusCode)
        {
            // 获取响应消息的内容，并生成指定类型的对象
            string json = result.Content.ReadAsStringAsync().Result;
            List<Student> students = JsonConvert.
                DeserializeObject<List<Student>>(json);

            return View(students);
        }
    }

    // 返回空实例
    return View(new List<Student>());
    }
  }
}
```

(3) 代码清单 12-35 演示了 Index 视图的完整定义。

代码清单 12-35　Index.cshtml 示例。

```
@model IEnumerable<CallApiMVC.Models.Student>

@{
    ViewBag.Title = "客户端调用测试";
}

<h5>项目内调用测试</h5>

<table class="table">
    <tr>
        <th>学号</th>
        <th>姓名</th>
        <th>入学时间</th>
```

```
        <th>入伍时间</th>
        <th>出生时间</th>
        <th>籍贯</th>
    </tr>

    @foreach (var item in Model)
    {
        string nativePlase =
            item.Province + item.City + item.County;
        <tr>
            <td>@item.Sno</td>
            <td>@item.Sname</td>
            <td>@item.EnrolDate.ToLongDateString()</td>
            <td>@item.EnlistDate.ToLongDateString()</td>
            <td>@item.BornDate.ToLongDateString()</td>
            <td>@nativePlase</td>
        </tr>
    }

</table>
```

运行该项目，运行结果如图 12.37 所示。

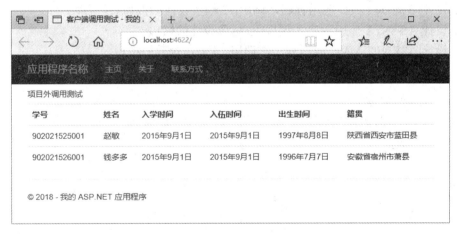

图 12.37　ASP.NET MVC 调用 Web API 运行结果

本 章 小 结

ASP.NET Web API 提供了一种基于 REST 的简单通信技术。本章通过几个典型的例子，详细介绍了 ASP.NET Web API 项目的创建、部署和调用过程。此外，还介绍了几个常用的工具，比如 HttpClient、Swagger、RestSharp、Newtonsoft 等，使用这些工具可以简化 Web API 的测试和调用。

思 考 题

1. 完成教学班查询相关数据服务接口，查询条件自己设计。
2. 完成课程查询相关数据服务接口，查询条件自己设计。
3. 完成教员查询相关数据服务接口，查询条件自己设计。
4. 完成教学班查询相关数据服务接口，查询条件自己设计。
5. 完成开课查询相关数据服务接口，查询条件自己设计。
6. 完成学员查询成绩数据服务接口。
7. 完成教员查询成绩数据服务接口。
8. 完成大队领导查询成绩数据服务接口。
9. 完成中队领导查询成绩数据服务接口。
10. 完成学院领导查询成绩数据服务接口。
11. 设计数据服务接口，查询某课程所有选修学员的成绩。
12. 设计数据服务接口，查询某学员所有选修课程的成绩。
13. 设计数据服务接口，查询所有学员不及格课程的成绩。
14. 设计数据服务接口，查询指定教学班某课程所有学员的成绩。
15. 设计 Windows 窗体应用程序，调用 11 题所设计的接口。
16. 设计 Windows 窗体应用程序，调用 12 题所设计的接口。
17. 设计 ASP.NET 应用程序，调用 13 题所设计的接口。
18. 设计 ASP.NET MVC 应用程序，调用 14 题所设计的接口。

附录　本书案例数据库

　　下面给出本书案例(教务管理系统)数据库的 SQL 数据定义，这是本书第 4 章创建的所有基本表的结构定义，它们是运行教材第 5～12 章相关示例程序的基础。

```
-- ----------------------------
-- Table structure for  单位
-- ----------------------------
DROP TABLE [dbo].[单位]
GO
CREATE TABLE [dbo].[单位] (
[单位代码] nvarchar(8) NOT NULL,
[单位名称] nvarchar(20) NULL,
[父级单位] nvarchar(8) NULL
)


-- ----------------------------
-- Table structure for  工作人员
-- ----------------------------
DROP TABLE [dbo].[工作人员]
GO
CREATE TABLE [dbo].[工作人员] (
[ID] uniqueidentifier NOT NULL,
[身份号] nvarchar(18) NULL,
[姓名] nvarchar(20) NOT NULL,
[性别] nvarchar(1) NOT NULL,
[出生时间] date NULL,
[入伍时间] date NULL,
[工作时间] date NULL,
[所属单位] nvarchar(8) NULL,
[教员标志] nvarchar(2) NULL,
[职称] nvarchar(2) NULL,
[机关标志] nvarchar(2) NULL,
```

```
[职务] nvarchar(2) NULL
)


-- --------------------------------
-- Table structure for  监考
-- --------------------------------
DROP TABLE [dbo].[监考]
GO
CREATE TABLE [dbo].[监考] (
[ID] uniqueidentifier NOT NULL,
[监考] uniqueidentifier NOT NULL
)


-- --------------------------------
-- Table structure for  角色
-- --------------------------------
DROP TABLE [dbo].[角色]
GO
CREATE TABLE [dbo].[角色] (
[角色代码] uniqueidentifier NOT NULL,
[角色] nvarchar(30) NOT NULL
)


-- --------------------------------
-- Table structure for  角色权限
-- --------------------------------
DROP TABLE [dbo].[角色权限]
GO
CREATE TABLE [dbo].[角色权限] (
[角色代码] uniqueidentifier NOT NULL,
[权限代码] uniqueidentifier NOT NULL
)


-- --------------------------------
-- Table structure for  教室
-- --------------------------------
DROP TABLE [dbo].[教室]
GO
CREATE TABLE [dbo].[教室] (
```

```
[教室代码] uniqueidentifier NOT NULL,
[教室名称] nvarchar(10) NULL,
[教室性质] nvarchar(10) NULL,
[容纳人数] smallint NULL,
[所属教学楼] nvarchar(10) NULL
)


-- ---------------------------
-- Table structure for  教学班
-- ---------------------------
DROP TABLE [dbo].[教学班]
GO
CREATE TABLE [dbo].[教学班] (
[教学班代码] uniqueidentifier NOT NULL,
[教学班名称] nvarchar(30) NULL,
[班级人数] smallint NULL,
[所属单位] nvarchar(8) NULL,
[自习教室] uniqueidentifier NULL
)


-- ---------------------------
-- Table structure for  开课
-- ---------------------------
DROP TABLE [dbo].[开课]
GO
CREATE TABLE [dbo].[开课] (
[教学班] uniqueidentifier NOT NULL,
[课程] uniqueidentifier NOT NULL,
[任课教员] uniqueidentifier NOT NULL,
[上课地点] uniqueidentifier NOT NULL,
[开课时间] date NULL ,
[结课时间] date NULL
)


-- ---------------------------
-- Table structure for  考核方式
-- ---------------------------
DROP TABLE [dbo].[考核方式]
GO
```

```
CREATE TABLE [dbo].[考核方式] (
[考核方式代码] nvarchar(2) NOT NULL,
[考核方式] nvarchar(10) NOT NULL
)


-- ---------------------------
-- Table structure for  考试
-- ---------------------------
DROP TABLE [dbo].[考试]
GO
CREATE TABLE [dbo].[考试] (
[ID] uniqueidentifier NOT NULL,
[教室] uniqueidentifier NOT NULL,
[教学班] uniqueidentifier NOT NULL,
[考试课程] uniqueidentifier NOT NULL,
[开始时间] datetime NULL,
[结束时间] datetime NULL
)


-- ---------------------------
-- Table structure for  课程
-- ---------------------------
DROP TABLE [dbo].[课程]
GO
CREATE TABLE [dbo].[课程] (
[课程代码] uniqueidentifier NOT NULL,
[课程名称] nvarchar(30) NULL,
[课程类别] nvarchar(2) NULL,
[考核方式] nvarchar(2) NULL,
[开课单位] nvarchar(8) NULL
)


-- ---------------------------
-- Table structure for  课程类别
-- ---------------------------
DROP TABLE [dbo].[课程类别]
GO
CREATE TABLE [dbo].[课程类别] (
[课程类别代码] nvarchar(2) NOT NULL,
```

```
[课程类别] nvarchar(20) NOT NULL
)


-- -------------------------
-- Table structure for 联系方式
-- -------------------------
DROP TABLE [dbo].[联系方式]
GO
CREATE TABLE [dbo].[联系方式] (
[人员 ID] uniqueidentifier NOT NULL,
[联系方式] nvarchar(15) NOT NULL
)


-- -------------------------
-- Table structure for 权限
-- -------------------------
DROP TABLE [dbo].[权限]
GO
CREATE TABLE [dbo].[权限] (
[权限代码] uniqueidentifier NOT NULL,
[权限] nvarchar(30) NOT NULL
)


-- -------------------------
-- Table structure for 人员类别
-- -------------------------
DROP TABLE [dbo].[人员类别]
GO
CREATE TABLE [dbo].[人员类别] (
[类别编码] nvarchar(2) NOT NULL,
[类别含义] nchar(10) NOT NULL
)


-- -------------------------
-- Table structure for 生长警官士官研究生
-- -------------------------
DROP TABLE [dbo].[生长警官士官研究生]
GO
CREATE TABLE [dbo].[生长警官士官研究生] (
```

```
[ID] uniqueidentifier NOT NULL,

[学号] nvarchar(12) NOT NULL,

[姓名] nvarchar(20) NOT NULL,

[性别] nvarchar(1) NOT NULL,

[学员类别] nvarchar(2) NOT NULL,

[入学时间] date NULL,

[入伍时间] date NULL,

[出生时间] date NULL,

[学员队] nvarchar(8) NULL,

[专业] nvarchar(4) NULL,

[教学班] uniqueidentifier NULL,

[省级单位] nvarchar(30) NULL,

[地级单位] nvarchar(30) NULL,

[县级单位] nvarchar(30) NULL
)


-- ----------------------------
-- Table structure for  现役警官学员
-- ----------------------------
DROP TABLE [dbo].[现役警官学员]
GO
CREATE TABLE [dbo].[现役警官学员] (
[ID] uniqueidentifier NOT NULL ,

[身份号] nvarchar(18) NULL,

[姓名] nvarchar(20) NOT NULL,

[性别] nvarchar(1) NOT NULL,

[学员类别] nvarchar(2) NOT NULL,

[入学时间] date NULL,

[入伍时间] date NULL,

[出生时间] date NULL,

[学员队] nvarchar(8) NULL,

[专业] nvarchar(4) NULL,

[部职别] nvarchar(50) NULL
)


-- ----------------------------
-- Table structure for  性别
-- ----------------------------
DROP TABLE [dbo].[性别]
```

```
GO
CREATE TABLE [dbo].[性别] (
[性别代码] nvarchar(1) NOT NULL,
[性别] nvarchar(1) NOT NULL
)


-- ---------------------------
-- Table structure for 学员评价教员
-- ---------------------------
DROP TABLE [dbo].[学员评价教员]
GO
CREATE TABLE [dbo].[学员评价教员] (
[学员 ID] uniqueidentifier NOT NULL,
[教员 ID] uniqueidentifier NOT NULL,
[分数] smallint NULL,
[评价时间] datetime NULL
)


-- ---------------------------
-- Table structure for 学员选修课程
-- ---------------------------
DROP TABLE [dbo].[学员选修课程]
GO
CREATE TABLE [dbo].[学员选修课程] (
[学员 ID] uniqueidentifier NOT NULL,
[课程代码] uniqueidentifier NOT NULL,
[成绩] float(53) NULL
)


-- ---------------------------
-- Table structure for 账号
-- ---------------------------
DROP TABLE [dbo].[账号]
GO
CREATE TABLE [dbo].[账号] (
[用户名] nvarchar(255) NOT NULL,
[盐值] nvarchar(255) NOT NULL,
[密码] nvarchar(255) NOT NULL,
[是否锁定] bit NOT NULL,
```

```
[最近一次登录时间] datetime NULL,
[最近一次退出时间] datetime NULL,
[人员类别] nvarchar(2) NULL,
[人员 ID] uniqueidentifier NULL
)


-- ---------------------------
-- Table structure for 账号角色
-- ---------------------------
DROP TABLE [dbo].[账号角色]
GO
CREATE TABLE [dbo].[账号角色] (
[用户名] nvarchar(255) NOT NULL,
[角色代码] uniqueidentifier NOT NULL
)


-- ---------------------------
-- Table structure for 职称
-- ---------------------------
DROP TABLE [dbo].[职称]
GO
CREATE TABLE [dbo].[职称] (
[职称代码] nvarchar(2) NOT NULL,
[职称] nvarchar(10) NOT NULL
)


-- ---------------------------
-- Table structure for 职务
-- ---------------------------
DROP TABLE [dbo].[职务]
GO
CREATE TABLE [dbo].[职务] (
[职务代码] nvarchar(2) NOT NULL,
[职务] nvarchar(10) NOT NULL
)


-- ---------------------------
-- Table structure for 专业
-- ---------------------------
```

```
DROP TABLE [dbo].[专业]
GO
CREATE TABLE [dbo].[专业] (
[专业代码] nvarchar(4) NOT NULL,
[专业名称] nvarchar(30) NOT NULL
)


-- ------------------------
-- Primary Key structure for table 单位
-- ------------------------
ALTER TABLE [dbo].[单位] ADD PRIMARY KEY ([单位代码])
GO


-- ------------------------
-- Primary Key structure for table 工作人员
-- ------------------------
ALTER TABLE [dbo].[工作人员] ADD PRIMARY KEY ([ID])
GO


-- ------------------------
-- Primary Key structure for table 监考
-- ------------------------
ALTER TABLE [dbo].[监考] ADD PRIMARY KEY ([ID], [监考])
GO


-- ------------------------
-- Primary Key structure for table 角色
-- ------------------------
ALTER TABLE [dbo].[角色] ADD PRIMARY KEY ([角色代码])
GO


-- ------------------------
-- Primary Key structure for table 角色权限
-- ------------------------
ALTER TABLE [dbo].[角色权限] ADD PRIMARY KEY ([角色代码], [权限代码])
GO


-- ------------------------
-- Primary Key structure for table 教室
```

```
-- --------------------------
ALTER TABLE [dbo].[教室] ADD PRIMARY KEY ([教室代码])
GO


-- --------------------------
-- Primary Key structure for table  教学班
-- --------------------------
ALTER TABLE [dbo].[教学班] ADD PRIMARY KEY ([教学班代码])
GO


-- --------------------------
-- Primary Key structure for table  开课
-- --------------------------
ALTER TABLE [dbo].[开课] ADD PRIMARY KEY ([教学班], [课程], [任课教员])
GO


-- --------------------------
-- Primary Key structure for table  考核方式
-- --------------------------
ALTER TABLE [dbo].[考核方式] ADD PRIMARY KEY ([考核方式代码])
GO


-- --------------------------
-- Primary Key structure for table  考试
-- --------------------------
ALTER TABLE [dbo].[考试] ADD PRIMARY KEY ([ID])
GO


-- --------------------------
-- Primary Key structure for table  课程
-- --------------------------
ALTER TABLE [dbo].[课程] ADD PRIMARY KEY ([课程代码])
GO


-- --------------------------
-- Primary Key structure for table  课程类别
-- --------------------------
ALTER TABLE [dbo].[课程类别] ADD PRIMARY KEY ([课程类别代码])
GO
```

```
-- ----------------------------
-- Primary Key structure for table  联系方式
-- ----------------------------
ALTER TABLE [dbo].[联系方式] ADD PRIMARY KEY ([人员 ID], [联系方式])
GO


-- ----------------------------
-- Primary Key structure for table  权限
-- ----------------------------
ALTER TABLE [dbo].[权限] ADD PRIMARY KEY ([权限代码])
GO


-- ----------------------------
-- Primary Key structure for table  人员类别
-- ----------------------------
ALTER TABLE [dbo].[人员类别] ADD PRIMARY KEY ([类别编码])
GO


-- ----------------------------
-- Indexes structure for table  生长警官士官研究生
-- ----------------------------
CREATE UNIQUE CLUSTERED INDEX [ClusteredIndexOnSno] ON [dbo].[生长警官士官研究生]
([学号] ASC)
WITH (IGNORE_DUP_KEY = ON)
GO


-- ----------------------------
-- Primary Key structure for table  生长警官士官研究生
-- ----------------------------
ALTER TABLE [dbo].[生长警官士官研究生] ADD PRIMARY KEY NONCLUSTERED ([ID])
GO


-- ----------------------------
-- Primary Key structure for table  现役警官学员
-- ----------------------------
ALTER TABLE [dbo].[现役警官学员] ADD PRIMARY KEY ([ID])
GO
```

```
-- ----------------------------
-- Primary Key structure for table 性别
-- ----------------------------
ALTER TABLE [dbo].[性别] ADD PRIMARY KEY ([性别代码])
GO


-- ----------------------------
-- Primary Key structure for table 学员评价教员
-- ----------------------------
ALTER TABLE [dbo].[学员评价教员] ADD PRIMARY KEY ([学员 ID], [教员 ID])
GO


-- ----------------------------
-- Primary Key structure for table 学员选修课程
-- ----------------------------
ALTER TABLE [dbo].[学员选修课程] ADD PRIMARY KEY ([学员 ID], [课程代码])
GO


-- ----------------------------
-- Primary Key structure for table 账号
-- ----------------------------
ALTER TABLE [dbo].[账号] ADD PRIMARY KEY ([用户名])
GO


-- ----------------------------
-- Primary Key structure for table 账号角色
-- ----------------------------
ALTER TABLE [dbo].[账号角色] ADD PRIMARY KEY ([用户名], [角色代码])
GO


-- ----------------------------
-- Primary Key structure for table 职称
-- ----------------------------
ALTER TABLE [dbo].[职称] ADD PRIMARY KEY ([职称代码])
GO


-- ----------------------------
-- Primary Key structure for table 职务
-- ----------------------------
```

```
ALTER TABLE [dbo].[职务] ADD PRIMARY KEY ([职务代码])
GO


-- ---------------------------
-- Primary Key structure for table 专业
-- ---------------------------
ALTER TABLE [dbo].[专业] ADD PRIMARY KEY ([专业代码])
GO


-- ---------------------------
-- Foreign Key structure for table [dbo].[单位]
-- ---------------------------
ALTER TABLE [dbo].[单位] ADD FOREIGN KEY ([父级单位]) REFERENCES [dbo].[单位] ([单位代码]) ON DELETE NO ACTION ON UPDATE NO ACTION
GO


-- ---------------------------
-- Foreign Key structure for table [dbo].[工作人员]
-- ---------------------------
ALTER TABLE [dbo].[工作人员] ADD FOREIGN KEY ([所属单位]) REFERENCES [dbo].[单位] ([单位代码]) ON DELETE NO ACTION ON UPDATE NO ACTION
GO
ALTER TABLE [dbo].[工作人员] ADD FOREIGN KEY ([教员标志]) REFERENCES [dbo].[人员类别] ([类别编码]) ON DELETE NO ACTION ON UPDATE NO ACTION
GO
ALTER TABLE [dbo].[工作人员] ADD FOREIGN KEY ([机关标志]) REFERENCES [dbo].[人员类别] ([类别编码]) ON DELETE NO ACTION ON UPDATE NO ACTION
GO
ALTER TABLE [dbo].[工作人员] ADD FOREIGN KEY ([性别]) REFERENCES [dbo].[性别] ([性别代码]) ON DELETE NO ACTION ON UPDATE NO ACTION
GO
ALTER TABLE [dbo].[工作人员] ADD FOREIGN KEY ([职称]) REFERENCES [dbo].[职称] ([职称代码]) ON DELETE NO ACTION ON UPDATE NO ACTION
GO
ALTER TABLE [dbo].[工作人员] ADD FOREIGN KEY ([职务]) REFERENCES [dbo].[职务] ([职务代码]) ON DELETE NO ACTION ON UPDATE NO ACTION
GO


-- ---------------------------
```

```
-- Foreign Key structure for table [dbo].[监考]
-- ----------------------------
ALTER TABLE [dbo].[监考] ADD FOREIGN KEY ([监考]) REFERENCES [dbo].[工作人员] ([ID]) ON
DELETE NO ACTION ON UPDATE NO ACTION
GO
ALTER TABLE [dbo].[监考] ADD FOREIGN KEY ([ID]) REFERENCES [dbo].[考试] ([ID]) ON
DELETE NO ACTION ON UPDATE NO ACTION
GO


-- ----------------------------
-- Foreign Key structure for table [dbo].[角色权限]
-- ----------------------------
ALTER TABLE [dbo].[角色权限] ADD FOREIGN KEY ([角色代码]) REFERENCES [dbo].[角色] ([角色
代码]) ON DELETE NO ACTION ON UPDATE NO ACTION
GO
ALTER TABLE [dbo].[角色权限] ADD FOREIGN KEY ([权限代码]) REFERENCES [dbo].[权限] ([权限
代码]) ON DELETE NO ACTION ON UPDATE NO ACTION
GO


-- ----------------------------
-- Foreign Key structure for table [dbo].[教学班]
-- ----------------------------
ALTER TABLE [dbo].[教学班] ADD FOREIGN KEY ([所属单位]) REFERENCES [dbo].[单位] ([单位
代码]) ON DELETE NO ACTION ON UPDATE NO ACTION
GO
ALTER TABLE [dbo].[教学班] ADD FOREIGN KEY ([自习教室]) REFERENCES [dbo].[教室] ([教室
代码]) ON DELETE NO ACTION ON UPDATE NO ACTION
GO


-- ----------------------------
-- Foreign Key structure for table [dbo].[开课]
-- ----------------------------
ALTER TABLE [dbo].[开课] ADD FOREIGN KEY ([任课教员]) REFERENCES [dbo].[工作人员] ([ID])
ON DELETE NO ACTION ON UPDATE NO ACTION
GO
ALTER TABLE [dbo].[开课] ADD FOREIGN KEY ([教学班]) REFERENCES [dbo].[教学班] ([教学班
代码]) ON DELETE NO ACTION ON UPDATE NO ACTION
GO
ALTER TABLE [dbo].[开课] ADD FOREIGN KEY ([上课地点]) REFERENCES [dbo].[教室] ([教室代
```

码]) ON DELETE NO ACTION ON UPDATE NO ACTION

　　GO

　　ALTER TABLE [dbo].[开课] ADD FOREIGN KEY ([课程]) REFERENCES [dbo].[课程] ([课程代码])
ON DELETE NO ACTION ON UPDATE NO ACTION

　　GO

-- ----------------------------

-- Foreign Key structure for table [dbo].[考试]

-- ----------------------------

　　ALTER TABLE [dbo].[考试] ADD FOREIGN KEY ([教室]) REFERENCES [dbo].[教室] ([教室代码])
ON DELETE NO ACTION ON UPDATE NO ACTION

　　GO

　　ALTER TABLE [dbo].[考试] ADD FOREIGN KEY ([教学班]) REFERENCES [dbo].[教学班] ([教学班
代码]) ON DELETE NO ACTION ON UPDATE NO ACTION

　　GO

　　ALTER TABLE [dbo].[考试] ADD FOREIGN KEY ([考试课程]) REFERENCES [dbo].[课程] ([课程
代码]) ON DELETE NO ACTION ON UPDATE NO ACTION

　　GO

-- ----------------------------

-- Foreign Key structure for table [dbo].[课程]

-- ----------------------------

　　ALTER TABLE [dbo].[课程] ADD FOREIGN KEY ([开课单位]) REFERENCES [dbo].[单位] ([单位
代码]) ON DELETE NO ACTION ON UPDATE NO ACTION

　　GO

　　ALTER TABLE [dbo].[课程] ADD FOREIGN KEY ([考核方式]) REFERENCES [dbo].[考核方式] ([考核
方式代码]) ON DELETE NO ACTION ON UPDATE NO ACTION

　　GO

　　ALTER TABLE [dbo].[课程] ADD FOREIGN KEY ([课程类别]) REFERENCES [dbo].[课程类别] ([课程
类别代码]) ON DELETE NO ACTION ON UPDATE NO ACTION

　　GO

-- ----------------------------

-- Foreign Key structure for table [dbo].[生长警官士官研究生]

-- ----------------------------

　　ALTER TABLE [dbo].[生长警官士官研究生] ADD FOREIGN KEY ([学员队]) REFERENCES [dbo].
[单位] ([单位代码]) ON DELETE NO ACTION ON UPDATE NO ACTION

　　GO

　　ALTER TABLE [dbo].[生长警官士官研究生] ADD FOREIGN KEY ([教学班]) REFERENCES [dbo].

[教学班] ([教学班代码]) ON DELETE NO ACTION ON UPDATE NO ACTION

GO

ALTER TABLE [dbo].[生长警官士官研究生] ADD FOREIGN KEY ([学员类别]) REFERENCES [dbo].[人员类别] ([类别编码]) ON DELETE NO ACTION ON UPDATE NO ACTION

GO

ALTER TABLE [dbo].[生长警官士官研究生] ADD FOREIGN KEY ([性别]) REFERENCES [dbo].[性别] ([性别代码]) ON DELETE NO ACTION ON UPDATE NO ACTION

GO

ALTER TABLE [dbo].[生长警官士官研究生] ADD FOREIGN KEY ([专业]) REFERENCES [dbo].[专业] ([专业代码]) ON DELETE NO ACTION ON UPDATE NO ACTION

GO

-- ---------------------------

-- Foreign Key structure for table [dbo].[现役警官学员]

-- ---------------------------

ALTER TABLE [dbo].[现役警官学员] ADD FOREIGN KEY ([学员队]) REFERENCES [dbo].[单位] ([单位代码]) ON DELETE NO ACTION ON UPDATE NO ACTION

GO

ALTER TABLE [dbo].[现役警官学员] ADD FOREIGN KEY ([学员类别]) REFERENCES [dbo].[人员类别] ([类别编码]) ON DELETE NO ACTION ON UPDATE NO ACTION

GO

ALTER TABLE [dbo].[现役警官学员] ADD FOREIGN KEY ([性别]) REFERENCES [dbo].[性别] ([性别代码]) ON DELETE NO ACTION ON UPDATE NO ACTION

GO

ALTER TABLE [dbo].[现役警官学员] ADD FOREIGN KEY ([专业]) REFERENCES [dbo].[专业] ([专业代码]) ON DELETE NO ACTION ON UPDATE NO ACTION

GO

-- ---------------------------

-- Foreign Key structure for table [dbo].[学员选修课程]

-- ---------------------------

ALTER TABLE [dbo].[学员选修课程] ADD FOREIGN KEY ([课程代码]) REFERENCES [dbo].[课程] ([课程代码]) ON DELETE NO ACTION ON UPDATE NO ACTION

GO

-- ---------------------------

-- Foreign Key structure for table [dbo].[账号]

-- ---------------------------

ALTER TABLE [dbo].[账号] ADD FOREIGN KEY ([人员类别]) REFERENCES [dbo].[人员类别] ([类别

编码]) ON DELETE NO ACTION ON UPDATE NO ACTION

    GO

-- ----------------------------

-- Foreign Key structure for table [dbo].[账号角色]

-- ----------------------------

ALTER TABLE [dbo].[账号角色] ADD FOREIGN KEY ([角色代码]) REFERENCES [dbo].[角色] ([角色代码]) ON DELETE NO ACTION ON UPDATE NO ACTION

    GO

ALTER TABLE [dbo].[账号角色] ADD FOREIGN KEY ([用户名]) REFERENCES [dbo].[账号] ([用户名]) ON DELETE NO ACTION ON UPDATE NO ACTION

    GO

参 考 文 献

[1]　SCHILDT H. C# 4.0: The Complete Reference. New York: McGraw-Hill, 2010.

[2]　NAGEL C, EVJEN B, GLYNN J, et al. Professional C# 2012 and .NET 4.5. Indiana: Wiley Publishing, Inc., 2016.

[3]　NAGEL C. Professional C# 6 and .NET Core 1.0. Indiana: Wiley Publishing, Inc., 2016.

[4]　TROELSEN A, JAPIKSE P. Pro C# 7 With .NET and .NET Core, 8th Edition. California: Apress., 2017.

[5]　Microsoft Corporation. Visual Studio 联机帮助文档.

[6]　BOOCH G, et al. Object-Oriented Analysis and Design with Applications, 3rd Edition. Boston: Addison-Wesley, 2007.

[7]　HALL G M. Adaptive Code via C#: Agile Coding with Design Patterns and SOLID Principles. Washington: Microsoft Press, 2014.

[8]　GAMMA E, et al. Design Patterns：Elements of Reusable Object-Oriented Software. Boston: Addison-Wesley, 1994.

[9]　葛瀛龙，等. 数据库应用与设计：基于案例驱动的 Oracle 实现. 北京：机械工业出版社, 2014.

[10]　郭鑫，等. 数据库项目开发实践. 长沙：中南大学出版社, 2015.

[11]　王珊，陈红. 数据库系统原理教程. 北京：清华大学出版社, 1998.

[12]　王珊，萨师煊. 数据库系统概论. 4 版. 北京：高等教育出版社, 2006.

[13]　王珊，萨师煊. 数据库系统概论. 5 版. 北京：高等教育出版社, 2014.

[14]　CONNOLLY T M. 数据库系统：设计、实现与管理. 3 版. 宁洪，等译. 北京：电子工业出版社, 2004.

[15]　CONNOLLY T M. 数据库系统：设计、实现与管理(基础篇). 6 版. 宁洪，贾丽丽等译. 北京：机械工业出版社, 2016.

[16]　BAGUI S, EARP R. Database Design Using Entity-Relationship Diagrams, 2nd ed. Florida: CRC Press. 2012.

[17]　AGARWAL V V. C# 2012 数据库编程入门经典. 5 版. 沈刚，谭明红，译. 北京：清华大学出版社, 2013.

[18]　AGARWAL V V. Beginning C# 5.0 Databases, 2nd ed. California: Apress., 2012.

[19]　LERMAN J. Programming Entity Framework, 2nd ed. Sebastopol: O'Reilly Media, Inc., 2010.

[20]　LERMAN J, MILLER R. Programming Entity Framework: DbContext. Sebastopol: O'Reilly Media, Inc., 2012.

[21]　DRISCOLL B, GUPTA N, et al. Entity Framework 6 Recipes, 2nd ed. California: Apress., 2013.

[22]　SINGH R R. Mastering Entity Framework. Birmingham: Packt Publishing., 2015.

[23]　KANJILAL J. Entity Framework Tutorial, 2nd Edition. Birmingham: Packt Publishing., 2015.

[24]　BARSKIY S. Code-First Development with Entity Framework. Birmingham: Packt Publishing., 2015.

[25]　NAGEL C. Professional C# 7 and .NET Core 2.0. Indiana: John Wiley & Sons., 2018.

[26]　HAUNTS S. Cryptography in .NET Succinctly. North Carolina: Syncfusion Inc., 2015.

[27]　LERMAN J, Rowan Miller. Programming Entity Framework: Code First. Sebastopol: O'Reilly Media, Inc., 2012.

[28]　AMBILY, ASP.NET Web API 2: Beginner Guide. http://ambilykk.com.

[29]　KOCER J. ASP.NET Web API with Examples. Amazon KDP Publish., 2018

[30]　BLOCK G, Pablo Cibraro, et al. Designing Evolvable Web APIs with ASP.NET. Sebastopol: O'Reilly Media, Inc., 2014.

[31]　KANJILAL J. ASP.NET Web API: Build RESTful Web Applications and Services. Birmingham: Packt Publishing., 2013

[32]　PATTANKAR M, HURBUNS M. Mastering ASP.NET Web API. Birmingham: Packt Publishing., 2017

[33]　GALLOWAY J, WILSON B, et al. Professional ASP.NET MVC 5. Indiana: John Wiley & Sons, Inc, 2014.

[34]　ESPOSITO D. Programming Microsoft ASP.NET MVC, 3rd Edition. Washington: Microsoft Press, 2014.

[35]　NAYLOR L. ASP.NET MVC with Entity Framework and CSS. California: Apress., 2016.